人工智能出版工程
国家出版基金项目

人工智能
智能人机交互

王宏安 田 丰 范向民 陈 辉 马翠霞 编著

电子工业出版社
Publishing House of Electronics Industry
北京·BEIJING

内 容 简 介

本书在介绍人机交互基本概念和发展状况的基础上，详细讨论了智能人机交互基础理论、生理计算与交互、手势理解与交互、草图计算与交互、情感计算与交互、言语计算与交互、智能仿真与交互、交互式机器学习等内容。

本书适合从事人机交互研究、开发和应用的人员阅读。

未经许可，不得以任何方式复制或抄袭本书之部分或全部内容。
版权所有，侵权必究。

图书在版编目（CIP）数据

人工智能．智能人机交互/王宏安等编著．—北京：电子工业出版社，2020.12
人工智能出版工程
ISBN 978-7-121-40204-3

Ⅰ．①人…　Ⅱ．①王…　Ⅲ．①人工智能　②人-机系统　Ⅳ．①TP18

中国版本图书馆 CIP 数据核字（2020）第 247987 号

责任编辑：夏平飞
印　　刷：北京盛通印刷股份有限公司
装　　订：北京盛通印刷股份有限公司
出版发行：电子工业出版社
　　　　　北京市海淀区万寿路 173 信箱　邮编：100036
开　　本：720×1000　1/16　印张：19　字数：334.4 千字
版　　次：2020 年 12 月第 1 版
印　　次：2022 年 3 月第 2 次印刷
定　　价：89.00 元

凡所购买电子工业出版社图书有缺损问题，请向购买书店调换。若书店售缺，请与本社发行部联系，联系及邮购电话：(010) 88254888，88258888。

质量投诉请发邮件至 zlts@phei.com.cn，盗版侵权举报请发邮件至 dbqq@phei.com.cn。
本书咨询和投稿联系方式：(010) 88254498，xpf@phei.com.cn。

人工智能出版工程

丛书编委会

主　　　任：高　文（院士）　方滨兴（院士）

常务副主任：黄河燕

副　主　任（按姓氏笔画排序）：

　　　　　　王宏安　　朱小燕　　刘九如　　杨　健
　　　　　　陈熙霖　　郑庆华　　俞　栋　　黄铁军

委　　　员（按姓氏笔画排序）：

　　　　　　邓　力　　史树敏　　冯　超　　吕金虎
　　　　　　朱文武　　朱　军　　刘继红　　李　侃
　　　　　　李　波　　吴　飞　　吴　枫　　张　民
　　　　　　张重生　　张新钰　　陆建峰　　范向民
　　　　　　周　沫　　赵丽松　　赵　耀　　胡　斌
　　　　　　顾钊铨　　钱建军　　黄民烈　　崔　翔

前　言

人机交互（Human-Computer Interaction，HCI），作为一个术语，首次使用在由 Stuart K. Card、Allen Newell 和 Thomas P. Moran 撰写的著作 *The Psychology of Human-Computer Interaction*（《人机交互心理学》）中，它是一门研究系统与用户之间的交互关系的学问。系统可以是各种各样的机器，也可以是计算机化的系统和软件。人机交互界面通常是指用户可见的部分。用户通过人机交互界面与系统交流，并进行操作。人机交互技术是计算机用户界面设计中的重要内容之一，与认知学、人机工程学、心理学等学科领域有密切的联系。

人机交互与人工智能是智能信息时代备受关注的两大重要研究领域。通过人机交互与人工智能发展历程可以发现，二者的关系从过去的此起彼伏逐渐变成了当下的相互促进，基于二者深度融合的典型应用也在教育、医疗等关键领域不断涌现。人机交互为人工智能提供了应用需求和研究思路，而人工智能也驱动了人机交互技术的发展和变革。放眼未来，人机交互与人工智能将保持当下这种相互促进、相互驱动的关系，从而更加深入地融合并协同发展。

从人机交互历史的发展规律来看，人机交互的发展模式可以归纳为技术的革新、范式的变迁、关键人和事件三者之间的关系：技术的革新导致范式的变迁，范式的变迁产生关键人和事件；而关键人和事件实现了范式的变迁，范式的变迁又进一步促进了技术的革新。伴随这一过程的结果是人机交互技术从概念提出到研究实现，再走向应用。

1997 年，计算机"深蓝"战胜国际象棋冠军。这场"人机大战"是人机竞争的序幕，展现了一个新时代，即一个被称为"智能时代"的来临。随着深度学习方法成功应用于多个领域，人工智能迎来了第三个发展高潮。在最新的一场"人机大战"中，Google 的人工智能 AlphaGo 打败了曾获得多项世界冠军的围棋高手李世石，再次揭开人们对"智能革命"的关注。另外，可穿戴设备等新的交互设备的出现，使得人机交互空间发生了极大变化。与此同时，语音分析、手势识别、运动跟踪、凝视控制等技术不断进步，使用心电图、声音、面部特征等独特个人特征的安全认证技术的发展，都在引导着人机交互技术的发展轨迹和范围。

本书从一个相对全面的角度对人机交互的相关概念、方法、技术和应用进行了介绍，希望能为从事人机交互研究、开发和应用的人员提供参考。

第 1 章为绪论。本章首先从人机交互的定义入手，介绍人机交互过去的发展历程以及人机交互的核心问题，之后对人工智能与人机交互交替沉浮、协同共进的关系进行了分析，最后探讨了智能人机交互的发展趋势。

第 2 章为智能人机交互基础理论。智能人机交互面临的一个关键问题是如何通过量化人类的感知、认知和运动执行能力，对交互行为进行建模，并预测人类在不同环境下与不同系统交互的行为表现。本章将分别对现有的主流模型进行阐释：用户认知模型对用户的感知、认知和决策过程进行建模；用户运动模型对用户的运动和执行能力进行建模；智能人机交互模型则对用户和机器的交互过程进行建模。

第 3 章为生理计算与交互。生理计算是人机交互领域的一个重要分支。本章首先介绍生理学的基础概念，紧接着介绍常用的生理信号采集和分析方法，然后分析在设计生理交互系统过程中应当考虑的问题，最后通过三类实例介绍经典的生理计算应用。

第 4 章为手势理解与交互。手势理解与手势交互是一个既有理论研究意义又有重要应用前景的挑战性问题，已引起了国内外研究者的广泛关注。本章以面向手势交互中的核心问题（包含手势理解与交互模型、人手检测与姿态估计、手势识别模型等）介绍代表性的工作和思路。

第 5 章为草图计算与交互。草图交互是重要的自然人机交互技术之一。草图作为一种具有抽象特性的形象化信息，是自然、直接的思维外化和交流方式，可以有效地描述用户意图，真实地反映用户个性化特点。本章首先介绍草图表征方法与认知模型，然后重点介绍草图智能处理技术，包括草图手势、草图研判以及草图补全，最后介绍基于草图交互的技术在视频操作方面的应用。

第 6 章为情感计算与交互。随着人工智能和人机交互技术的发展，人们对于如何使计算机能够识别用户的情感并进行智能反馈的应用需求越来越强烈，使得情感计算成为人机交互领域的主要研究内容之一。人类在进行社会活动时，与环境和人类个体之间不断进行着各种类型的情感交互，在这些交互活动中产生、传递着大量的情感信息。这些信息直接或间接地反映着人们在整个过程中的活动。与人类可以自然而然地进行情感的表达、领会和运用相比，对信息系统而言，情感是最难被分析、处理和加工的一类信息。本章将围绕着如何将人类情感引入人机交互系统这一问题展开，详细介绍人机情感交互的一些方法和技术。

第 7 章为言语计算与交互。言语交互已成为人与计算机之间交互的重要通道，也可看作智能时代"自然交互"的重要方式。本章首先介绍语音识别技术及其发展过程；然后建立言语表示模型，以及基于语义三角形的人机交互模型，刻画言语交互过程中的知识转移过程，实现人机之间知识空间的共享；在此基础上，重点介绍"开发（Exploitation）-探索（Exploration）融合"的言语交互意图理解和计算方法；最后通过金融审计领域的一个实例进行说明。

第 8 章为智能仿真与交互。MR（Mixed Reality，虚实融合）的核心是人机交互。MR 未来的发展将走向网络化、智能化、泛在化，深化 MR 和人机交互的基础理论研究，支持云计算、移动互联网、人工智能、大数据技术等新一代计算技术与 MR 的融合将具有重大意义。本章首先介绍虚拟仿真环境下的界面范式、交互任务和交互设备，然后对包括三维交互、语音交互、多通道交互等在内的交互技术进行介绍。

第 9 章为交互式机器学习。本章首先介绍交互式机器学习界面范式，系统是如何通过界面使用户与机器学习模型进行交互从而优化算法的；其次介绍交互式机器学习在相关领域的应用（推荐系统、信息检索、情境感知系统），一些较为成熟的应用已经和人们的日常生活息息相关；接着通过回顾几个典型实例，总结了它们如何利用丰富的交互设计来实现人与机器有效沟通理解并实现高效学习；最后总结了交互式机器学习领域现存的开放性问题和未来的研究机遇。

本书在写作过程中，邓小明、朱嘉奇、何小伟、姚乃明等提供了相应帮助，在此表示感谢。

限于作者水平，本书难免会有疏漏和不足之处，敬请广大读者朋友批评指正。

作　者

2020 年 11 月于北京

目　录

第1章　绪论 ··· 1
1.1　人机交互的发展历程 ··· 1
1.1.1　人机交互的定义 ··· 1
1.1.2　人机交互的发展 ··· 2
1.1.3　人机交互的核心问题 ··· 3
1.1.4　人机交互的新进展 ··· 7
1.2　人机交互与人工智能 ··· 11
1.2.1　交替沉浮的历史 ··· 11
1.2.2　相互驱动的当下 ··· 14
1.2.3　协同共进的未来 ··· 18
1.3　智能人机交互的发展趋势 ··· 18
参考文献 ··· 22

第2章　智能人机交互基础理论 ··· 25
2.1　用户认知模型 ··· 25
2.1.1　MHP 模型 ··· 26
2.1.2　GOMS 模型 ··· 28
2.1.3　SOAR 模型 ··· 30
2.1.4　ACT-R 模型 ··· 32
2.1.5　EPIC 模型 ··· 35
2.2　用户运动模型 ··· 37
2.2.1　用户运动时间模型 ··· 37
2.2.2　用户运动错误率模型 ··· 40
2.2.3　用户运动控制模型 ··· 42
2.3　智能人机交互模型 ··· 44

  2.3.1　人机合作心理模型 ………………………………………………… 45
  2.3.2　基于语义三角形的自然人机交互模型 ……………………………… 48
 参考文献 …………………………………………………………………………… 51

第3章　生理计算与交互 …………………………………………………………… 54
 3.1　概述 …………………………………………………………………………… 54
 3.2　生理计算理论 ………………………………………………………………… 56
  3.2.1　生理学概念 …………………………………………………………… 57
  3.2.2　生理信号采集手段 …………………………………………………… 60
  3.2.3　生理信号分析 ………………………………………………………… 61
  3.2.4　小结 …………………………………………………………………… 70
 3.3　生理交互系统设计 …………………………………………………………… 71
  3.3.1　硬件 …………………………………………………………………… 71
  3.3.2　信号处理 ……………………………………………………………… 72
  3.3.3　状态推断 ……………………………………………………………… 73
  3.3.4　反馈规则 ……………………………………………………………… 74
  3.3.5　总结 …………………………………………………………………… 76
 3.4　实例 …………………………………………………………………………… 76
 参考文献 …………………………………………………………………………… 81

第4章　手势理解与交互 …………………………………………………………… 86
 4.1　概述 …………………………………………………………………………… 86
 4.2　手势交互中的核心概念与功用 ……………………………………………… 88
  4.2.1　手势的概念与意义 …………………………………………………… 88
  4.2.2　手势的分类 …………………………………………………………… 88
  4.2.3　手势在应用中的功能 ………………………………………………… 90
 4.3　手势理解与交互模型 ………………………………………………………… 90
 4.4　人手检测 ……………………………………………………………………… 92
  4.4.1　现状总结 ……………………………………………………………… 92
  4.4.2　实例 …………………………………………………………………… 94
 4.5　人手姿态估计 ………………………………………………………………… 102
  4.5.1　主要难点 ……………………………………………………………… 104
  4.5.2　现状总结 ……………………………………………………………… 105

  4.5.3 实现 ·········· 108
 4.6 基于视觉输入的手势识别 ·········· 112
  4.6.1 现状总结 ·········· 112
  4.6.2 实例 ·········· 115
 参考文献 ·········· 117

第5章 草图计算与交互 ·········· 119
 5.1 概述 ·········· 119
 5.2 草图表征方法与认知模型 ·········· 122
  5.2.1 草图表征方法 ·········· 122
  5.2.2 草图认知模型 ·········· 125
 5.3 草图智能处理技术 ·········· 126
  5.3.1 草图手势 ·········· 127
  5.3.2 草图研判 ·········· 131
  5.3.3 草图补全 ·········· 133
 5.4 基于草图交互的多模态视频摘要生成与可视化分析 ·········· 135
  5.4.1 基于场景结构图的视频创作 ·········· 136
  5.4.2 视频螺旋摘要（SpiralTape Video Summarization） ·········· 140
  5.4.3 视频地图（Video Map） ·········· 144
 参考文献 ·········· 150

第6章 情感计算与交互 ·········· 152
 6.1 概述 ·········· 152
 6.2 情感计算与交互模型 ·········· 154
  6.2.1 情感计算 ·········· 154
  6.2.2 情感交互模型 ·········· 155
 6.3 自发情感跟踪与识别 ·········· 159
  6.3.1 综述 ·········· 159
  6.3.2 基于三维头部信息的连续情感识别与跟踪 ·········· 164
  6.3.3 头部姿态鲁棒的连续情感识别 ·········· 172
  6.3.4 人脸自遮挡和用户身份鲁棒的情感识别 ·········· 178
 6.4 情感生成 ·········· 185
  6.4.1 情感生成综述 ·········· 185

6.4.2　几何引导的连续面部表情生成 ⋯⋯⋯⋯⋯⋯⋯⋯⋯⋯⋯⋯⋯⋯ 187
　6.5　实例 ⋯⋯⋯⋯⋯⋯⋯⋯⋯⋯⋯⋯⋯⋯⋯⋯⋯⋯⋯⋯⋯⋯⋯⋯⋯⋯⋯ 192
　参考文献 ⋯⋯⋯⋯⋯⋯⋯⋯⋯⋯⋯⋯⋯⋯⋯⋯⋯⋯⋯⋯⋯⋯⋯⋯⋯⋯⋯ 197

第 7 章　言语计算与交互 ⋯⋯⋯⋯⋯⋯⋯⋯⋯⋯⋯⋯⋯⋯⋯⋯⋯⋯⋯⋯ 201
　7.1　概述 ⋯⋯⋯⋯⋯⋯⋯⋯⋯⋯⋯⋯⋯⋯⋯⋯⋯⋯⋯⋯⋯⋯⋯⋯⋯⋯⋯ 201
　7.2　语音识别技术 ⋯⋯⋯⋯⋯⋯⋯⋯⋯⋯⋯⋯⋯⋯⋯⋯⋯⋯⋯⋯⋯⋯⋯ 202
　7.3　言语表示与交互模型 ⋯⋯⋯⋯⋯⋯⋯⋯⋯⋯⋯⋯⋯⋯⋯⋯⋯⋯⋯⋯ 204
　　7.3.1　言语信息的特点 ⋯⋯⋯⋯⋯⋯⋯⋯⋯⋯⋯⋯⋯⋯⋯⋯⋯⋯⋯ 204
　　7.3.2　语义三角形 ⋯⋯⋯⋯⋯⋯⋯⋯⋯⋯⋯⋯⋯⋯⋯⋯⋯⋯⋯⋯⋯ 205
　　7.3.3　言语表示模型 ⋯⋯⋯⋯⋯⋯⋯⋯⋯⋯⋯⋯⋯⋯⋯⋯⋯⋯⋯⋯ 207
　　7.3.4　言语交互模型 ⋯⋯⋯⋯⋯⋯⋯⋯⋯⋯⋯⋯⋯⋯⋯⋯⋯⋯⋯⋯ 212
　7.4　言语交互意图理解 ⋯⋯⋯⋯⋯⋯⋯⋯⋯⋯⋯⋯⋯⋯⋯⋯⋯⋯⋯⋯⋯ 217
　　7.4.1　言语交互意图理解的基本框架 ⋯⋯⋯⋯⋯⋯⋯⋯⋯⋯⋯⋯⋯ 218
　　7.4.2　基于知识图谱的意图表示 ⋯⋯⋯⋯⋯⋯⋯⋯⋯⋯⋯⋯⋯⋯⋯ 219
　　7.4.3　言语交互意图的计算过程 ⋯⋯⋯⋯⋯⋯⋯⋯⋯⋯⋯⋯⋯⋯⋯ 221
　7.5　实例 ⋯⋯⋯⋯⋯⋯⋯⋯⋯⋯⋯⋯⋯⋯⋯⋯⋯⋯⋯⋯⋯⋯⋯⋯⋯⋯⋯ 224
　　7.5.1　领域知识图谱构建 ⋯⋯⋯⋯⋯⋯⋯⋯⋯⋯⋯⋯⋯⋯⋯⋯⋯⋯ 225
　　7.5.2　基本意图划分 ⋯⋯⋯⋯⋯⋯⋯⋯⋯⋯⋯⋯⋯⋯⋯⋯⋯⋯⋯⋯ 227
　　7.5.3　交互意图理解与计算 ⋯⋯⋯⋯⋯⋯⋯⋯⋯⋯⋯⋯⋯⋯⋯⋯⋯ 228
　参考文献 ⋯⋯⋯⋯⋯⋯⋯⋯⋯⋯⋯⋯⋯⋯⋯⋯⋯⋯⋯⋯⋯⋯⋯⋯⋯⋯⋯ 230

第 8 章　智能仿真与交互 ⋯⋯⋯⋯⋯⋯⋯⋯⋯⋯⋯⋯⋯⋯⋯⋯⋯⋯⋯⋯ 232
　8.1　概述 ⋯⋯⋯⋯⋯⋯⋯⋯⋯⋯⋯⋯⋯⋯⋯⋯⋯⋯⋯⋯⋯⋯⋯⋯⋯⋯⋯ 232
　8.2　MR 环境中的交互模型 ⋯⋯⋯⋯⋯⋯⋯⋯⋯⋯⋯⋯⋯⋯⋯⋯⋯⋯⋯ 234
　　8.2.1　MR 的界面范式 ⋯⋯⋯⋯⋯⋯⋯⋯⋯⋯⋯⋯⋯⋯⋯⋯⋯⋯⋯ 235
　　8.2.2　MR 的交互任务 ⋯⋯⋯⋯⋯⋯⋯⋯⋯⋯⋯⋯⋯⋯⋯⋯⋯⋯⋯ 236
　　8.2.3　MR 的交互设备 ⋯⋯⋯⋯⋯⋯⋯⋯⋯⋯⋯⋯⋯⋯⋯⋯⋯⋯⋯ 237
　8.3　智能仿真交互技术 ⋯⋯⋯⋯⋯⋯⋯⋯⋯⋯⋯⋯⋯⋯⋯⋯⋯⋯⋯⋯⋯ 239
　　8.3.1　三维交互技术 ⋯⋯⋯⋯⋯⋯⋯⋯⋯⋯⋯⋯⋯⋯⋯⋯⋯⋯⋯⋯ 239
　　8.3.2　语音交互技术 ⋯⋯⋯⋯⋯⋯⋯⋯⋯⋯⋯⋯⋯⋯⋯⋯⋯⋯⋯⋯ 249
　　8.3.3　多通道交互技术 ⋯⋯⋯⋯⋯⋯⋯⋯⋯⋯⋯⋯⋯⋯⋯⋯⋯⋯⋯ 250
　　8.3.4　面向增强现实的交互 ⋯⋯⋯⋯⋯⋯⋯⋯⋯⋯⋯⋯⋯⋯⋯⋯⋯ 254

8.4 问题与展望 259
 8.4.1 存在的问题 259
 8.4.2 展望 260
参考文献 261

第 9 章　交互式机器学习　264

9.1 概述 264
9.2 交互式机器学习系统框架 267
9.3 领域应用 271
 9.3.1 推荐系统 271
 9.3.2 信息检索 272
 9.3.3 情境感知系统 273
9.4 实例 274
 9.4.1 Crayons：交互式的构造用于图像分割的像素分类器 274
 9.4.2 CueFlik：交互式的构造图片分类器 275
 9.4.3 ManiMatrix：通过调整混淆矩阵训练个性化分类器 276
 9.4.4 EnsembleMatrix：通过交互式地调整子分类器的权重构造集成分类器 277
 9.4.5 MindMiner：交互式机器学习用于聚类分析中的距离度量学习 279
 9.4.6 SmartEye：交互式地对用户构图偏好进行建模 280
 9.4.7 ReGroup：交互式地为用户推荐相关的群组成员 282
 9.4.8 小结 283
9.5 讨论与展望 284
参考文献 285

第 1 章

绪论

1.1 人机交互的发展历程

1.1.1 人机交互的定义

计算机是 20 世纪最重要的科学技术发明之一，对人类的生产活动和社会活动产生了极其重要的影响，并仍将以强大的生命力持续发展。计算机技术的应用领域从最初的军事科研扩展到社会的各个领域，带动了全球范围的技术进步，由此引发了深刻的社会变革。计算机已遍及各行各业，并且走进了寻常百姓家，成为信息社会中必不可少的工具。

人机交互的本质就是人类用户与计算机间的信息交流和互动，即通过人机接口技术，使计算机理解人类用户的交互意图，并将计算结果以某种形式的界面呈现给人类用户。一般来说，人机交互涉及计算机、人类工效学、认知科学、心理学等多个学科领域。国际计算机学会（Association for Computing Machinery，ACM）下的人机交互兴趣小组（Special Interest Group on Computer-Human Interaction，SIGCHI）把人机交互定义为一门对人类使用的交互式计算机系统进行设计、评估和实现，并对其所涉及的主要现象进行研究的学科。

人机交互（Human-Computer Interaction，HCI）研究计算机技术的设计和使用，主要研究人类用户与计算机之间的交互界面，属于计算机科学、行为科学、设计、媒体研究等多个研究领域的交叉领域。人机交互这个术语是由 Stuart K. Card、Allen Newell 和 Thomas P. Moran 在 1983 年出版的影响深远的著作《人机交互心理学》中推广开来的，尽管他们在 1980 年才首次使用这个术语[1]。与其他用途单一的工具不同，计算机有多重用途，这体现出用户和计算机之间交互的开放性。用户满意度是刻画人机交互技术的一个重要方面。

人机交互研究的是交流中的人与机器，从机器和人两方面的知识中获取支持。在机器方面，计算机图形学、操作系统、编程语言和开发环境中的技术是相关的。在人的方面，传播学理论、平面与工业设计学科、语言学、社会科学、认知心理学、社会心理学以及计算机用户满意度等人的因素都是相关的。由于人机交互的多学科性质，因此不同背景的人促成了它的繁荣与成功。

1.1.2 人机交互的发展

人机交互的发展过程伴随着计算机技术的发展过程。人与计算机的交互方式从穿孔纸带到命令行（Command Line）交互，发展到现在占据主流的图形用户界面交互，已经具有直接操控（Direct Manipulation）和"所见即所得"（What You See Is What You Get）的特点。图形用户界面的出现使得计算机成为普通用户可以操控的工具，使比尔·盖茨"每个人有一台电脑"的理想逐渐成为现实。

伴随着图形用户界面的出现，研究人员开始关注交互模型、界面范式和开发平台的研究，在近三十年的发展中取得了不菲的成就。然而，近年来，随着多媒体、多通道、虚拟现实、移动计算和人工智能等技术的迅速发展，新的交互形式和交互需求不断涌现，诸如笔式交互、语音交互、情感交互以及多通道交互等。尽管计算机的处理速度和性能在迅猛提升，但是用户使用计算机的交互能力或交互带宽并没有得到相应的提高。其主要原因就是缺少与新式人机交互需求相适应的、高效自然的交互界面，缺少成熟统一的可满足新式人机交互需求的界面技术。这也是人机交互研究领域面临的一个重要挑战，既包括人机交互基础理论问题，如认知模型、分布式认知理论、基于场景上下文的知识表示等，也包括交互技术问题，如用户界面工具、无处不在的交互计算模式、人机协同的交互技术、支持创新工程的交互技术等。

20 世纪末，在美国总统顾问委员会的报告中将"人机交互和信息处理"列为 21 世纪信息技术基础研究的四个主要方向之一。2007 年，美国国家科学基金会（National Science Foundation，NSF）在其信息和智能系统分支（Information and Intelligent Systems，IIS）中把以人为本的计算列为三个核心技术领域之一。其具体主题包含多媒体和多通道界面、智能界面和用户建模、信息可视化以及高效的以计算机为媒介的人人交互模型等。同年，欧盟第七框架计划也包含了自然人机交互的内容。从 2012 年开始，ACM 在计算机学科领域分类系统中把人机交互列为计算机学科的重要分支领域，标志着人机交互在计算机学科中开始占据重要位置。2016 年，中国国家自然科学基金委员会在《国家自然科学基金"十三五"发展规划》中把人机交互列为重点支持的课题。目前，全球专注于人机交互的学术期刊有 25 个，学术会议更是多达 100 个。活跃的研究单位包括国内外的许多知名大学和研究机构，如麻省理工学院、卡耐基梅隆大学、斯坦福大学、北京大学、清华大学等大学，以及微软研究院、谷歌研究院、中国科学院软件研究所等研究机构。

1.1.3 人机交互的核心问题

1. 界面范式

从人机交互历史的发展规律来看，当技术的革新导致已有界面范式不能满足技术发展的需求时，新的交互方式就会不断产生，如何从这些新的交互方式中凝练出具有一定普适性的界面范式是我们必须面对的一个重要问题。

20 世纪初，第二次工业革命完成后所积累的大量信息数据需要处理，需要的运算能力远远超出了个体人类大脑处理能力的极限。1945 年，Vannevar Bush 提出 Memex，展望了一种具有强大的信息采集、信息存储、信息检索功能并配有一系列如显示器、照相机等实现功能的其他外部设备的系统。次年，标志现代计算机诞生的 ENIAC 在美国公之于世。

随着计算机计算能力的发展，人与计算机的信息交流成了阻碍计算机继续发展的瓶颈。1963 年，Ivan Sutherland 实现了 Sketchpad，使用图形化的方法与计算机进行交互，对人机交互和图形交互界面具有启蒙作用。1964 年，Douglas C. Engelbart 发明了鼠标，开启了个人计算机和图形用户界面的黄金时代。

在摩尔定律的推动下，单位计算成本急剧下降，随时随地使用计算机的需求推动了可携带计算机的出现。1977 年，Alan C. Kay 提出了一种平板电脑 Dynabook，展现了一种移动的计算设备，可以认为是现代平板电脑和智能手机的雏形。1991 年，Mark Weiser 提出了普适计算的概念，通过在各种类型的设备中嵌入计算机，以建立一个将计算和通信融入人类生活空间的交互环境，从而极大地提高了个人或与他人合作的工作效率。

在计算机应用发展的过程中，界面范式的变迁起着关键的作用。例如WIMP（Window，Icon，Menu，Pointing）范式的出现使应用图形用户界面的技术门槛大大降低，极大促进了基于图形用户界面的应用发展和繁荣，创造了个人计算机时代的辉煌。但是随着计算能力和交互场景的发展，WIMP 界面无法满足日新月异的交互需求。事实上，WIMP 范式的"桌面"隐喻、使用感知通道有限、输入/输出带宽不平衡等特征无法适应普适计算下的交互场景。

为突破这种限制，需要新的界面范式来满足新交互技术的需求。为此，一些学者提出了 Post-WIMP 和 Non-WIMP 的概念，力图突破图形用户界面限制，以满足新的应用场景交互需求，使交互过程更为自然。例如，针对笔式交互场景的 PIBG（Physical Object，Icon，Button，Gesture）范式，面向普适计算交互场景的实物用户界面（Tangible User Interface），基于可控变形材料的基原子交互界面（Radical Atom）等。这些新范式正在推动着人机交互向前发展，激发未来的研究。

2. 心理学模型

在人机交互研究中，心理学模型主要用于描述用户如何与计算机系统进行交互，通过对用户交互行为的描述与预测，指导交互系统的设计者设计出更加高效、友好的人机交互界面。针对人机交互过程中的用户认知建模，Card 等人提出了著名的心理学认知模型框架，其中包含人类处理器（the Model Human Processor，MHP）模型和 GOMS（Goals，Operations，Methods，Selection rules）模型。MHP 模型描述了人类信息处理系统的系统架构和量化参数。它的主要思想是将人比喻成计算机，把人脑处理信息的方法看作像计算机一样对外界信息进行加工。在人与计算机的交互过程中，把人的认知模型简化成感知系统、运动系统和认知系统。GOMS 模型是关于用户在与计算机系统交互过程中使用知识和认知过程的模型，可以用来预测用户会用什么方法和操作，并且可以计算熟练用户在一定的界面设计条件下所消耗的时间。在很长一段时期里，GOMS 模型在人机交互界面的设计和评价上体现出非常重要的价值。

从心理学模型的描述能力来看，GOMS 模型最根本的局限性在于更多关注熟练用户在执行具体操作时的感知运动过程，忽略高层信息加工中的认知处理过程。为了解决这些问题，不少学者在 GOMS 框架下进行了各种新的尝试。任务-动作语法模型（Task-Action Grammar，TAG）用来描述用户在成功处理并执行任务时大脑所需要掌握并处理的规则，为用户掌握任务时所需付出的学习代价提供了良好的量化基础。SOAR（State Operator And Result）模型能够解决非熟练用户的行为建模与预测问题，能够就用户发现僵局的时间、为打破僵局而查找解决策略的时间以及找到解决方案前所需消耗的步骤提供合适的判断细节。ACTR（Adaptive Control of Thought-Rational）是一种严格从认知基础理论出发的认知框架，对人类大脑中的认知和感知操作进行了基本元素的定义，用不可分的认知操作元素和相应的构成框架对用户的认知行为进行建模，在认知研究中具有相当强的描述和预测能力。

随着人机交互研究的关注点越来越倾向于多通道、多任务的自然交互场景，多媒体学习的认知理论研究成果表明，视觉通道和听觉通道的信息融合要优于单独的视觉通道和听觉通道。EPIC（Executive-Process/Interactive-Control）模型把人类感知和运动处理方面的关键因素整合到认知理论框架中，对相应机制在人类行为中的影响进行建模，刻画了交互常用的眼、耳、手等多通道的人类感知和运动系统，以及注意力、工作记忆、大脑处理规则等认知系统的相关描述，为复杂的多通道、多任务场景建模提供了比较完整的可计算描述。

上述的 MHP、GOMS、SOAR、ACT-R、EPIC 等心理学模型虽然都能够用来对人类的交互操作任务进行认知心理学建模，但是我们还需要更加严谨的认知理论——更容易理解、更加准确并且可计算的心理学模型。

3. 用户界面

用户界面（User Interface，UI）是指支持人与计算机之间进行交互的软件和硬件系统。用户界面发展到现在经历了三个主要时代，分别是批处理界面（Batch Interface，BI）、命令行界面（Command Line Interface，CLI）和图形用户界面（Graphical User Interface，GUI）。批处理界面的主要特征是通过纸带打孔编码的方式进行输入，也被称作"无交互"的用户界面。这种交互界面需要用户高度集中注意力，工作负荷超重，出错概率高，用户体验差，不适用于普通用户。命令行界面的主要特征是用户通过键盘和一系列编码进行输入。这些编码输入命令的语法严格，使用前需要学习专业的知识，只适用于专业人员。受益于鼠标的发明，人机交互不再局限于命令行，而是进入了具有空间特征的"图形用户界面"时代。图形用户界面借用"桌面隐喻"与屏幕上的内容或对象进行交互，用户可以更容易地学习鼠标的移动或操作，更多地探索界面空间。例如，"桌面"和"拖动"是视觉的界面元素，通过严格的编码语言，计算机能实现这些直观的界面元素。

随着新的交互场景和交互技术的出现，图形用户界面已经无法满足新的用户交互需求。因此更加自然直观、更为人性化的自然用户界面（Natural User Interface，NUI）被认为是下一代用户界面的主流。在自然用户界面下，用户可以用自然的交流方式（如自然语言和肢体动作）来与计算机交互，与计算机的交互就如同与一个真实的人交流一样。自然用户界面时代，键盘和鼠标等将会逐渐消失，取而代之的是更为自然、更具直觉性的交互工具，如触摸控制器、动作控制器、自然语言操控装置等。但是，有了更自然的交互工具未必就有了好的交互界面。正如 Norman 所指出的，新的技术需要新的方法，但是拒绝遵循既定的原则，可能会导致可用性的灾难。例如在任天堂推出保龄球游戏时，把甩动和释放游戏中的保龄球设计为与真实情况一致，通过手持控制器上的开关进行控制。释放开关类似于从手中释放球，这是易于学习和使用的。但是在比赛进入高潮时，玩家也会释放他们手中的控制器，其后果是控制器会从手中飞出，甚至把电视屏幕打破。在开发一个新的交互平台时，尝试全新的技术有其合理性，但由于缺乏完整的交互控制说明，忽视与已建立操作习惯的一致性以及对历史的无知等原因会给用户带来极大的困扰。因此，如何设计或评估自然用户界面仍是我们面临的重要挑战性问题。

4. 研究框架

当计算机的技术潜能首次被认识到时，Nickerson 就曾经总结道："未来的需求将不再是面向计算机的人，而是面向人的计算机。"如果希望设计一个有用、安全、高效、令人满意的系统，就必须对正在使用或者将要使用系统的人有充分的了解。而了解这些人的特点、能力、相同点和不同点，需要涉及很多学科领域，包括传统的人因工程、人机交互、社会计算等。设计人员和开发人员在学习这些理论和方法时，通常需要去查找、搜集和参考不同领域的书籍和文献，但把来自不同领域的内容融合为一个体系化的知识结构对很多人来说还是一个严峻的挑战。为了把相关学科的知识综合在一起，帮助与设计相关的人类特征，Frank 等人提出了一个被称为 ABCS（Anthropometrics, Behavior, Cognition, Social Factors）的框架。ABCS 框架的缩写代表了在设计系统时需要审视与用户相关的人体测量学、行为、认知和社会因素四个方面。

ABCS框架提供了一种组织用户特征信息的方法，因此关于设计与用户能力相关的信息可以使用 ABCS 框架来组织，将人的体态、感知、思考，以及与其他人交流的方式都整合起来。但是从系统开发的角度来看，人机交互系统开发的过程归根到底是一个软件开发的过程，因此需要一个软件开发研究框架来指导和支撑人机交互系统的研究和发展。

ACM SIGCHI 2005 会议举办了关于"未来用户界面设计工具"的专题讨论会，指明了方法论和研究框架对人机交互发展的重要性，提出了下一代的用户界面应该从范式、模型和软件框架三个层次展开。通过对人机交互核心问题的研究，我们提出了人机交互的研究框架，如图 1.1 所示。整体研究框架由多个人机交互的核心研究内容组成，如用户界面范式、交互设计原则、心理学模型等。这些研究内容可以被归类到范式、模型和软件框架三大部分：用户界面范式和交互设计原则共同指导界面设计，是用户界面开发的重要组成部分；通过心理学模型的研究构建用户模型，结合应用场景定义语义模型；语义模型和界面设计进一步对界面描述语言的定义和结构起关键作用；心理学模型的成果形成界面评估准则，对界面软件的评估有着指导性的影响；支撑算法和数据结构也是软件开发框架的重要组成部分，它们决定框架的软件结构，是用户界面管理系统软件开发层面的基石。

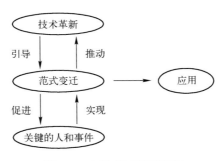

图 1.1　人机交互研究框架

1.1.4　人机交互的新进展

人机交互是一个不断变化的领域。这种变化是为了响应技术革新以及随之而来的新的用户需求。从应用场景来看，人机交互从图形用户界面过渡到自然用户界面，更人性化的交互界面会成为迫在眉睫的需求。从研究层面来看，人机交互从微观上升到宏观，使用计算机技术使个人参与到社会管理活动中的方法成为人机交互关注的重点。从研究重心来看，人机交互从交互导向转移到实践导向，其分析单元由个体交互行为上升到日常的社会实践活动。从研究范围来看，人机交互由人类、计算机的二元空间扩展到由人类、计算机和环境组成的三元空间，人类自身所处的环境也成为人机交互研究重点关注的一部分。为适应智能时代，人机交互应用场景提出的新思想理论包括自然用户界面、基于现实的交互、技术媒介的社会参与、实践导向的设计方法、人机共生系统等。

1. 自然用户界面

自然用户界面是人机交互界面的新兴范式转变。通过研究现实世界环境和情况，利用新兴的技术能力和感知解决方案实现物理和数字对象之间更准确和更优化的交互，可达到用户界面不可见或者交互的学习过程不可见的目的。其重点关注的是传统的人类能力（如触摸、视觉、言语、手写、动作）和更重要、更高层次的过程（如认知、创造力和探索）。因此，自然用户界面具有简单易学、交互自然和基于直觉操作的优点，能够支持新用户在短时间内学会并适应用户界面，并为用户提供愉悦的使用体验。

20世纪90年代，Steve开发了许多用户界面策略，使用与现实世界的自然交互作为图形用户界面的替代品，并将这项工作称为"自然用户界面""直接用户界面"和"无隐喻计算"。2008年，微软的用户体验总监August将自然用户界面（NUI）描述为类似于从命令行用户界面（CLI）转向图形化用户界面（GUI）的下一个演进阶段。2010年，Daniel Wigdor和Dennis Wixon在他们的书中详细介绍了自然用户界面，并提供了建立自然用户界面的操作以及可用于实现的技术。简而言之，自然用户界面应该是以人为中心、多通道、非精确性、高带宽的。

2. 基于现实的交互

基于现实的交互（Reality-Based Interaction，RBI）是对新一代人机交互方式的概括，涵盖自然用户界面、虚拟现实技术、增强现实技术、上下文感知计算、手持或移动交互、感知和情感计算、语音交互及多模态界面等。RBI强调利用用户的已有知识和技能，不需要额外学习太多新的知识。RBI从不同层面来对新的交互模式进行描述，包括人们对基本常识的理解、对自身肢体动作的理解、对环境的理解以及对其他人的理解，并基于这四个层面建立了基于现实的感知框架。框架从底至上分为以下四个层级：简单物理感知、身体意识和技能、环境意识和技能、社交意识和技能。简单物理感知处于框架的底层，包含人类对外部世界的感知和常识性知识，例如重力、惯性等；框架的第二层是身体意识和技能，包含人类对身体的感知以及控制和协调身体运动的能力；框架的第三层是环境意识和技能，包含人类对周围环境的感知、操作以及导航的技能；框架的顶层是社会意识和技能，包含人类对社会环境中其他人的感知及与其他人进行交流的技能。

RBI 框架能够用于分析自然用户界面的真实感特性，为自然交互提供了一个基本的原则，使人与计算机的交互方式更像是在自然世界中的交互，对指导自然用户界面的设计和研究具有非常重要的作用。Flying Kite 是基于 RBI 框架开发的用户界面反馈设计方法的系统原型，通过实验证明了使用 RBI 框架指导用户界面开发可以显著提升人机交互系统的用户体验。

3. 技术媒介的社会参与

随着互联网技术的迅速发展以及互联网在全球范围内的快速普及，越来越多的公众开始接触、熟悉和运用网络平台这一高效沟通工具。他们通过各种表达方式在网络平台上发表对于公共事务及公共话题的意见和建议，促使网络民意表达迅速发展。典型事例如 2013 年雅安地震事件，救援组织不仅通过社会媒体的方式进行资源协调，还有数百万人向红十字会提供捐款援助，以支持应急响应和救灾重建。可见，以互联网社交工具等为技术媒介，可以让公众更多地参与到共同协作、社会事件和公共管理中来。例如维基百科和百度百科等宏大知识全库的编制、知乎等社会化问答网站的建立等。

可以预见，技术媒介的社会参与（Technology-Mediated Social Participation，TMSP）可在增强个人创造力、促进家庭成员交流、增加社区繁荣、启发企业创新、引导公民参与政策、解决国际冲突等方面大有裨益。TMSP 潜在的应用领域和期望产生的效果是多方面的，具体包括医疗、灾难响应、能源、教育、文化多样性、环境和气候、公民科学、经济健康、全球化和发展、政治参与、本地公民参与和公共安全等。

卡耐基梅隆大学的 Ben Shneiderman 教授等人提出了读者-领导者框架，激励公众通过社会技术媒介参与到社会管理中来。当用户开始关注社会媒体时，他们成了读者，随着参与度的加深，这些读者部分会成为贡献者，再成为合作者，甚至成为管理者。

4. 实践导向的设计方法

在早期阶段，人机交互所使用的概念框架是基于认知心理学的 MHP 方法。其关注点在于人与计算机之间的交互关系，通过用户界面使人的运动和认知状况与计算机的接口之间取得更好的相互适应。在这个框架内，人们做了大量有意义的工作并且许多工作还在进行中。这类工作把主要精力集中在更普遍的界面可用性问题上，寻求制定有助于设计更高可用性界面的措施和方法，其代表性工作是以用户为中心的设计。这一传统理论框架最大的问题在于所采用的用户界面设计方法是基于实验室的研究。而实验室研究作为获取界面使用知识或者新系统设计方法的来源，早已被证明适用性是有限的。

相比于传统的界面设计方法，面向实践的设计方法（Practice-Oriented Approaches，POA）将视角从交互转移到实践活动上，其分析单元由个体行动转变为人的日常实践活动，关注点从个人行为或者社会规范上升到了到日常活动的组织和重组。Shove 提出了 POA 的三个研究主题，包括人机交互研究中的人与计算机去中心化、实践活动的动态和情境本质、设计向实践的转变。

近年来，随着人机交互技术应用范围迅速扩大，组织机构、就业率、物质性甚至社会责任等问题成了热点。虽然主流人机交互的研究重点仍然在系统的交互性和可用性上，但是越来越多的研究人员逐渐表现出对实践活动和个人经验的兴趣，开始探索一些基于 POA 的研究课题。

5. 人机共生系统

计算机在我们生活的各个方面都发挥越来越大的作用，社会和信息技术在复杂的过程中不断相互渗透和相互影响。在这种情况下，人机共生系统（Cyber-Human System，CHS）由人机交互、以人为中心的计算、通用接入、数字社会与技术等发展而来，并进一步扩展到数字政府、信息隐私、人与机器人交流等概念，其目的是探索潜在的变革和颠覆性的思想以及相关的基本理论和技术创新，研究人与计算机之间日益密切的关系，提出增强人类能力的广泛目标。

人机共生系统是一个迅速发展的领域，得到了美国国家科学基金会研究计划的大力支持。其资助的研究主题包括人类、计算机和环境在内的三个维度。人类维度是把团体作为目标一致的群体和把社会作为非结构化连通的人的集合，将其范围扩展，包括从支持、拓展人的能力到满足人的需求；计算机维度包含从固定的计算设备，到人类随身携带的移动设备及嵌入在周围物理环境中的传感器和视觉/音频设备的计算系统；环境维度包含从离散的物理计算设备到沉浸式虚拟环境及其中间的混合现实系统等。

1.2 人机交互与人工智能

人机交互与人工智能是智能信息时代备受关注的两大重要研究领域。通过人机交互与人工智能发展历程可以发现，二者的关系从过去的此起彼伏逐渐变成了当下的相互促进，基于二者深度融合的典型应用也在教育、医疗等关键领域不断涌现。人机交互为人工智能提供了应用需求和研究思路，而人工智能也驱动了人机交互技术的发展和变革。放眼未来，人机交互与人工智能将保持当下这种相互促进、相互驱动的关系，从而更加深入地融合并协同发展。

1.2.1 交替沉浮的历史

人工智能（Artificial Intelligence，AI）最早出现在 1956 年召开的达特茅斯"人工智能夏季研讨会"上。参加这次研讨会的人员多数是当时著名的数学家和逻辑学家，包括达特茅斯学院的约翰·麦卡锡（John McCarthy）、哈佛大学的马文·明斯基（Marvin Minisky）、IBM 的纳撒尼尔·罗彻斯特（Nathaniel Rochester）和贝尔电话实验室的克劳德·香农（Claude Shannon）等。他们被认为是人工智能领域的开拓者。人工智能概念一经提出，就被当时的人们赋予了很高的期望。1960 年，诺贝尔奖获奖者、人工智能先驱之一赫伯特·西蒙（Herbert Simon）写道："机器在 20 年内将可以从事任何人类可以从事的工作。" 1970 年，马文·明斯基（Marvin Minisky）写道："我们将在 3~8 年的时间内拥有一台达到人类平均智力水平的具有通用智慧的机器，它可以阅读莎士比亚的作品，给汽车添加润滑油，玩弄办公室政治，讲笑话或者吵架。机器会以不可思议的速度自我学习，并在几个月后达到天才的水平并拥有不可估量的能力。" 不难看出，当时的研究人员对人工智能发展的期望是构建能复制

人工智能：智能人机交互

或超越人类行为和智慧的智能体。这样雄心勃勃的愿景，使得对人工智能的研究备受各方关注和经费支持，迅速成为一个初具规模的研究领域。

人机交互可以说是伴随着计算机的诞生而出现的。它的科学起源可以追溯到 1960 年约瑟夫·利克莱德（J. C. Licklider）发表的一篇名为《人机共生》（Man-Computer Symbiosis）的文章[2]，其中提到人应与计算机进行交互并协作完成任务。然而，在当时人工智能如火如荼的时代，人与计算机交互中的相关问题似乎显得有些微不足道。比如怎样优化界面布局、命令名称、文字编辑器等。人们更愿意相信即将出现的智能机器能解决包括这些问题在内的所有问题。尽管大环境如此，还是有极少数的实验室和一些研究人员专注于人机交互的研究。比如在 1963 年，MIT 的博士生伊凡·苏泽兰特（Ivan Sutherland）在其博士论文中提出一种崭新的交互技术"SketchPad"，其中就涉及了很多与界面相关的概念，包括第一个图形用户界面的雏形。这项技术被认为对后来人机交互技术的发展起到重要推动作用，尤其是在图形用户界面发展方面取得突破性进展。他也因此获得了 1988 年的图灵奖。1971 年，温伯格（Weinberg）的著作《计算机编程心理学》是人机交互领域研究重要的心理学基础。然而，该著作局限于针对当时那些能够操作昂贵机器的程序员，而非广大的普通用户。可以说，人机交互在人工智能的第一次热潮中萌芽并缓慢发展。在之后相当长的一段时期内，两个领域的发展呈现交替浮沉的规律，即在一方发展迅猛的时候，另一方相对沉寂，反之亦然。这种规律实则体现了两个领域在经费、人力等资源上的竞争关系[3]。

1973 年，詹姆斯·莱特希尔（James Lighthill）向英国科学研究委员会提交报告，介绍了人工智能研究的现状。他认为："迄今为止，人工智能在各领域的发现并没有带来像预期一样的重大影响。"这个报告最终导致政府对人工智能研究的热情迅速下降，成为人工智能第一次寒冬开始的标志。人工智能的研究者因为设定的目标过高而陷入窘境。他们错误地估计了为实现自己设定的目标所需要付出的努力。冷静下来后，人们自然想到的问题是怎样才能让人工智能更加实用。1977 年，《人工智能》期刊发表了一篇由人工智能和早期人机交互研究者共同署名的文章，讨论了自然语言理解领域中的"可用性"问题[4]。在某种意义上，这篇文章成为当时人们思想转变的代表性标志：如何让人工智能变得实用？在紧接着的 10 年里，人机交互迅速发展。一批具有巨大影响力的人机交互实验室建立，推动了 ACM SIGCHI（ACM 人机交互研究兴趣组）于 1982 年成立。加州大学圣地亚哥分校的唐·诺曼（Don Norman）教授在 20 世纪 70 年代和 80 年代在人工智能论坛上发表了与人机交互相关的研究工作。事实上，70 年代中后期，人工智能的第一次寒冬成就了人机交互发展的第一个黄金时期。

1981 年，日本国际贸易和工业部向"第五代计算机"项目投入 8.5 亿美元。该项目的目标是开发出可以对话、翻译并像人一样推理的计算机。这个事件又将人工智能推到风口浪尖，使其进入第二次热潮。美国和欧洲多个国家相继投入大量经费。尽管研究的内容还是像第一次热潮一样，以逻辑表达和启发式搜索为代表，但人们这次明显要谨慎很多。比如，在这次人工智能热潮中，"人工智能"这个词语相对来说被使用的频率并不高，更多被提到的是"智能知识系统""专家系统""知识工程""医疗诊断"等。人们的目标由最初的"通用智慧"逐渐降低到"领域智慧"，更多地希望人工智能能真正解决特定领域的一些难题。然而，以符号为主的表达与推理还是离现实世界太远，难以真正解决现实世界的实际问题。我们很少能够看到这些专家系统取代医生或者其他领域专家，不过这些研究依然为我们提供了有用的技术，并在生产管理与决策优化中得到一些应用。

在 20 世纪 80 年代的人工智能热潮中，人工智能研究人员和主流的媒体认为，语音和语言理解将会成为未来人与计算机沟通的主要渠道。虽然图形用户界面在 1985 年，发布的 Macintosh 电脑中大获成功，但这些进展依旧无法跟人工智能宏伟的愿景相提并论。1982 年，ACM SIGCHI 成立，次年召开了第一届 ACM CHI（ACM International Conference on Human Factors in Computing Systems）会议。尽管 ACM 是主要赞助方之一，但初期的 ACM CHI 却鲜有计算机科学家参加，更多的是认知心理学家和人因工程师。1985 年，GUI 成功的商业化使得基于 GUI 的研究不必再基于昂贵的计算机，极大扩展了人机交互相关研究的空间，也因此吸引了大量的计算机科学家参加 ACM CHI。与此同时，人机交互和人工智能开始出现了一些融合的迹象。人机交互吸引了一些致力于研究如何辅助用户更好地使用工具的人工智能学者，包括当时在加利福尼亚大学圣地亚哥分校和海军研究办公室的吉姆·霍兰（Jim Hollan）。其建模和可视化的早期成果发表在人工智能会议[5]上。还有格哈德·菲舍尔（Gerhard Fischer）专注于教练系统和评论系统，其研究成果同时发表在人机交互和人工智能会议上[6]。越来越多的人机交互文章涉及当时流行的人工智能技术，比如建模、自适应界面等。政府也对"Usable AI"的概念非常感兴趣，资助了不少研究语音系统、专家系统和知识工程的项目。

人工智能在20世纪80年代末再次因为没有做出实际能够落地的成果而陷入低谷。从人工智能主流会议AAAI的参会人数可见一斑。1986—1988年，AAAI参会每年4000~5000人，1990年降到3000人，1991年不足2000人，后来相当长一段时间稳定在1000人左右。另一方面，人机交互进入了又一个黄金时期。很多学校的计算机系将人机交互列入核心课程，并聘用人机交互教员。人机交互毕业生人数也大幅上升。不少之前在人工智能领域的研究人员开始在ACM CHI上发文章，包括推荐系统的研究人员麻省理工学院的佩蒂·梅斯（Patti Maes）[7]、密歇根大学的保罗·瑞斯尼克（Paul Resnick）[8]、明尼苏达大学的乔·康斯坦（Joe Konstan）[9]等，以及语音识别的研究人员莎伦·奥维亚特（Sharon Oviatt）[10]和机器学习的研究人员埃里克·霍维茨（Eric Horvitz）[11]。这一时期，ACM CHI的投稿数量和参与人数均在稳步上升。

1.2.2 相互驱动的当下

在经历了人机交互与人工智能的两次大起大落之后，人们不再抱有让计算机的能力全面超过人类这种在当前技术条件下不太可能实现的幻想，转而更加注重真正能够落地的更实际的研究工作。这种转变造成的结果就是人工智能领域逐渐分化为以概率模型和随机计算为基础的五大相对独立的学科方向，包括计算机视觉、自然语言理解、认知科学、机器学习和机器人学。关于通用人工智能，即在各个方面都能达到或超过人类水平的智能体的呼声越来越少，而针对特定场景和任务的人工智能研究取得了很大的进展和成功。在图像和语音识别方面，机器已经达到了普通人类的水平；在棋类游戏方面，1997年深蓝在国际象棋上、2017年AlphaGo在围棋上均已经击败了当时最顶尖的人类棋手。这些方面的进展大大驱动了人机交互的发展。以图形用户界面和键盘、鼠标等直接操控设备为主流的人机交互方式很难使人与计算机实现如同人与人之间那样高效自然的交互，而语音识别、手势识别、语义理解、大数据分析等人工智能技术能帮助计算机更好地感知人类意图和用户状态，增强人机之间的交互带宽，使计算机更"懂"用户，实现以人为中心的计算和自然的交互。可以说，人工智能的发展不断驱动着人机交互由传统方式向更智能、更自然的方式发展[12]。

与此同时，人机交互同样驱动着人工智能的发展。机器学习先驱迈克·乔丹（Michael Jordan）提出"人工智能最先获得突破的领域是人机对话，更进一步的成果则是能帮助人类处理日常事务甚至做出决策的家庭机器人"。人机对话的需求推动了相关人工智能技术的研究与发展，例如苹果的 Siri、微软的小冰、谷歌的 Google Home、亚马逊的 Echo 等，都是为了解决传统人机对话方式低效不自然的问题而催生的人工智能应用。当前，以图形用户界面为主流的人机交互方式依然面临着交互带宽不足、交互方式不自然等局限，要解决这些交互中的挑战，需要在情境感知、意图理解、语音和视觉等方面取得更大的突破。这些来自人机交互的需求也在不断驱动着人工智能的发展与进步。

近年来，人机交互与人工智能的融合达到了空前高度。专注于人机交互+人工智能的期刊和会议越来越多，论文数量和影响力不断提升。第一届 ACM IUI（Intelligent User Interfaces，智能交互领域主流国际会议）在 1993 年召开（1997 年召开第二届，之后每年一届），专注于利用最新的人工智能技术，包括机器学习、自然语言处理、数据挖掘、知识表达与推理等提高交互的效率和体验。IUI 的投稿数量在 2018 年达到了历史最高水平（371 篇）。另外，"Usable AI"会议也从 2008 年开始举办，目的是填补人机交互和人工智能系统设计的鸿沟，使得人工智能的成果能够真正用到人们日常使用的系统中。同时，ACM 也创立了专注于智能交互系统的期刊 TiiS（Transactions on Interactive Intelligent Systems），并得到了学术界和业界广泛的关注和认可。各大科技公司也先后启动了相关项目，包括谷歌的"Human-Centered Machine Learning"、IBM 的"Human Machine Inference Networks"、华为的"Intention Based UI"等，旨在通过研究人工智能和人机交互的融合方法，将人工智能技术变得更加可靠，同时将人机交互变得更加自然和方便。

在早期，我国学者在人机交互领域做了许多研究工作，如语音交互、笔/手势交互、多通道感知、行为理解等，均取得了一定的成果。由北京大学、杭州大学和中国科学院软件研究所三家单位合作承担的国家自然科学基金重点项目"多通道用户界面研究"（1995—1997），是我国学者首次对多通道用户界面进行的系统性研究工作，对多通道用户界面的模型、描述方法、整合算法、开发环境、评估等方面都进行了一定的探索并取得了基础性的研究成果[13]。除此以外，中国科学院软件研究所、中国科学院计算技术研究所、清

人工智能：智能人机交互

华大学等单位在笔式人机交互、智能界面、自然语言交互等方向也都做了大量工作[14-17]。2011年11月的《中国计算机学会通讯》"人机交互"专题围绕自然人机交互的基础研究、概念、关键技术和方法等多个层次，邀请了国内多位人机交互领域的专家撰文，从不同角度进行介绍和探讨。2018年5月，《中国计算机学会通讯》组织专题"自然人机交互"，邀请了多位学者从不同角度诠释了自然人机交互的理论、方法、进展及挑战，涵盖了自然交互场景中的心理模型、动作模型等多个基础模型及触觉交互、生理交互等多项交互技术。我国中长期科技发展计划已经把人机交互列入前沿技术和基础研究的重要内容。2009年发布的《中国至2050年信息科技发展路线图》将人机交互列为重要发展内容[18]。2011年，"自然高效的人机交互"被写入《10000个科学难题：信息科学卷》[19]。此外，国家还支持了一批包括重点研发计划"云端融合的自然交互设备与工具"和"人机交互自然性的计算原理"、自然科学重点基金"自然人机交互基础理论和方法研究"等项目，不断推动人机交互与人工智能的融合和发展。

笔/手势交互是人机交互领域重要的研究方向，而将人工智能方法引入笔/手势交互，可以实现更智能、更自然的交互效果。中国科学院软件研究所人机交互研究团队在笔/触控交互方面进行了深入研究，其理论成果笔式界面范式、笔式用户模型、笔式用户界面描述语言、草图用户界面等[14]在国内外产生了深远的影响，应用成果包括笔式电子教学系统、笔式体育训练系统等已成功应用在教学、体育等领域并起到了重要作用。在手写笔迹识别方面，华南理工大学团队提出了基于全卷积多层双向递归网络的Ink识别新方法，研发了CNN手写识别模型的高性能压缩及加速技术，实现了基于云计算平台的云端手写识别引擎。该方法的性能突出，在ICDAR手写中文文本行识别竞赛中正确率达96.6%，联机手写单字符识别准确率达到97.9%，速度比主流方法快30倍，处于世界领先水平[20]。

随着可穿戴设备的兴起，在普适计算环境下，人机交互成为人机协同发展的瓶颈。清华大学在智能交互、普适计算等方面的应用研究做出了重要成果，例如COMPASS[16]、One-Dimensional Handwriting[17]等方法有效解决了智能手表、智能眼镜等普适计算环境下的文本输入问题。同时，清华大学与阿里巴巴宣布达成战略合作，依托清华大学美术学院共同成立清华大学-阿里巴巴自然交互体验联合实验室，探索"下一代人机自然交互"的未来。双方将以"人"为中心，探索"人-机器-环境"之间的关系，让机器以更自然的方式与人类互动，服务人类。双方将在实体交互、多通道感知等领域开展研究，让机器具备听觉、视觉、触觉等"五感"，并理解人类情感，以推动人机交互变革。

情感认知计算是自然人机交互中的一个重要方面，赋予计算系统情感智能，使计算机能够"察言观色"，将极大提高计算机系统与用户之间的协同工作效率。情感认知与理解离不开人工智能方法的支撑。例如，针对人脸自发表情实时跟踪与识别过程中存在的环境复杂度高、面部信息不完整等具有挑战性的问题，中国科学院软件研究所借助内嵌三维头部数据库恢复个性化的三维头部模型研发的人脸情感识别引擎，在非限制用户无意识动作情况下可实现人脸表情稳定准确跟踪，已在上海智臻智能网络科技股份有限公司的"小i机器人"系列产品中进行了应用，获得了业界广泛好评。此外，由中国科学院软件研究所、中国电子技术标准化研究院和上海智臻智能网络科技股份有限公司联合提出的国际标准"Information Technology-Affective Computing User Interface-Model"于2017年2月的ISO/IEC JTC1/SC35工作组会议上获得正式立项。此标准不仅是由中国牵头的第一个人机交互领域国际标准，也是国际上首个关于情感计算的标准。该标准将于2021年发布，可填补国内外该领域标准的空白，并对今后情感交互的发展产生深远影响，推动人机交互往更加人性化、智能化的方向发展。

基于人工智能和人机交互深度融合的典型应用也在教育、医疗等关键领域不断涌现。其中，中国科学院软件研究所和北京协和医院在神经系统疾病的非干扰、定量化辅助诊断方面做了大量的研究工作并取得了突出成果[21]。该工作基于人机交互、医学、心理学等学科理论基础，融合前沿人工智能方法和技术，对笔/触控、步态、伸展等运动建立多通道交互模型，从用户语音、书写、手机触控等日常交互行为中提取关键特征，实现神经系统疾病的早期预警和辅助诊断。相关系统软件作为脑血管神经疾病的常规检测工具，应用在了国家脑血管神经疾病的流行病学调查中，已经在协和医院、湘雅医院等得到了有效应用，并同时扩展到了北京、天津、长沙、大连等多家三甲医院。在工业界，腾讯公司推出了一个可以帮助医生诊断帕金森病的AI辅助诊断技术，将原本需要30分钟甚至更久的帕金森病诊断过程，提速到只需要3分钟就能完成。科大讯飞公司将人工智能引进教育行业，不仅能使未来学校、机构运转的效率更高，还有可能帮助人类实现孔子时代就在提及的教育理想——"因材施教"。

1.2.3 协同共进的未来

放眼未来，我们有理由相信人机交互和人工智能将能保持当下这种相互促进、相互驱动的关系，更加深入地融合并协同发展。回顾历史，人工智能的发展历程在很大程度上反映了计算机技术的发展历程，而计算机技术发展的最终目的是为人类服务。为了让人工智能很好地服务于人类，我们不仅需要不断突破人工智能技术瓶颈，还需要研究人的特性以及人与人工智能技术交互过程中出现的可用性问题。这些也同样是人机交互所关心和研究的问题。因此，人机交互和人工智能具有相同的研究目标和研究对象，是相辅相成、相互促进的关系。在人工智能发展遇到瓶颈之时，人机交互往往能够提供新的研究思路。同时，人工智能的发展会不断突破和创新人机交互技术并最终驱动人机交互的发展。我们相信，两者此消彼长的时代已经结束，将进入一个大融合、大变革的时代。

1.3 智能人机交互的发展趋势

智能人机交互是人工智能与人机交互不断发展和融合的产物。《埃森哲技术展望2017》指出："AI is the new UI"。人工智能将从后台运营工具转变为更简洁、更方便的用户服务工具。人机交互必将是实现人工智能这个角色转变的关键所在。随着计算机处理与存储能力的不断提升，使用人工智能技术门槛和成本不断降低，意味着人工智能会越来越多地被应用到人机交互领域。人机交互与人工智能间的纽带将不断增强。2017年7月，国务院发布《新一代人工智能发展规划》，描绘了未来十几年我国人工智能发展的宏伟蓝图。在这个发展规划中，"人机混合智能"被列为亟须突破的基础理论瓶颈之一，重点研究"人在回路"的混合增强智能、人机智能共生的行为增强与脑机协同及人机群组协同等关键理论和技术。从目前的发展来看，我们认为，智能人机交互的发展会朝着下述六个方向进行。

1. 多通道交互

由于更符合人与人之间的交互模式，因此多通道交互被认为是更为自然的人机交互方式。相对于传统的单一通道交互方式，多通道人机交互在移动计算和万物互联时代存在着更为广泛的应用潜力，如智能家居、智能人机对话、体感交互、个性化教育等。近年来，人工智能技术的发展使得单一通道感知认知技术，如语音识别、人脸识别、情感理解、手势理解、姿态分析、笔迹理解、眼动跟踪、触觉感知等性能得到快速提升，计算机能够比较准确地理解用户单通道行为。同时，高速发展的便携式硬件技术，催生了一些价格低廉却便于随身穿戴的小巧便捷的传感器。这些传感技术和设备为准确判断用户行为意图提供了更多信息。传统的单一通道人机交互方式，如广泛使用的鼠标、键盘，或者基于笔触的图形界面交互方式，因为输入设备信息精确和直观，所以计算机不用关注用户行为。然而在多通道人机交互环境下，系统需要准确地判断用户在做什么和要做什么，才可能对用户行为进行准确反馈。如何根据不同通道信号进行有效融合并计算是交互意图准确理解的重要手段[22]。

2. 用户意图推理

自然交互的目标是让用户方便、有效地表达交互意图。人机交互领域近年来在持续研究各种具有低学习成本的自然交互技术，让计算机能够准确识别用户意图。其中的重点内容是对用户动作数据的理解和处理。动作数据包括手指、手部、头部以及身体运动等，是当前用户表达交互意图的主要通道。用户交互意图准确判断是计算机做出正确决策和响应的依据，也是高效完成交互任务的关键。在解释用户的交互意图时，既可以使用"黑盒子"的机器学习方法，也可以利用"白盒子"的基于用户行为建模的方法。用户建模的本质是通过计算的方法来刻画用户的行为能力，对于理解用户意图和探索自然交互的计算原理具有重要的科学意义[23]。实现交互意图理解的关键技术和难点在于：①如何创建计算机知识图谱并使其实现自我更新；②如何有效结合识别的用户数据和环境数据来实现对用户意图的准确理解。众所周知，人与人之间的交互往往是建立在共同的认知基础上的，使得人之间的交互带有很多意图的推理成分。而对于计算机而言，要想与人类进行自然有效的交互也需要建立一个共同的认知基础，有效的方法之一就是构建与交互情境相关的知识图谱。其中包括常识性的知识推理和个性化的知识更新，计算机不仅可以通过感知到的信息对知识图谱进行自动更新，还可以采取主动交互策略来确认不可靠的推理结果。计算机通过利用知识图谱中的相关知识，形成对交互情境中所涉及的人、物、环境的整体认识。

3. 智能人机交互范式

智能计算系统的快速发展对交互设计提出了新的挑战。智能计算系统中的人机界面设计往往采用语音、姿态等灵活、自然的模式，简化了用户与系统间的交互操作。但学习和适应各类智能计算系统不同的用户界面也无疑会增加用户的认知负担，影响用户体验。如何为智能计算系统设计好具有一定通用性的用户界面呢？从人机交互领域的发展历史来看，好的用户界面设计往往依赖于某种界面范式，例如个人计算机系统界面设计中的 WIMP（Windows，Icons，Menus，a Pointing Device）界面范式和笔式交互系统中的 PGIS（Paper，Gadget，Icon，Sketch）界面范式。迄今为止，针对智能系统界面范式的研究还是一个空白。目前，智能系统的侧重点在交互层面，即用户如何为系统提供信息输入、如何对系统的输出做出响应。多数交互系统都包含前端和后端两部分：前端负责接收用户的输入信息，并向用户展示相关的系统和结果信息；后端则根据用户的输入信息，产生用户需要的结果。一个交互系统的智能性可以体现在系统的前端、后端，或者二者兼而有之。前端的智能性往往表现为可以接受灵活、复杂的用户信息输入方式，例如语音、手势等方式。后端的智能性往往体现在对信息的处理和整合方面，如对照片的识别和分类、对文本数据的自动翻译等。一个后端智能的系统并不一定要求前端具有智能性，例如百度识图等智能图片识别系统依然依靠基于鼠标、键盘等传统前端交互方式。为此，文献[24]分析了目前智能系统中常见交互界面的特点，并提出包含有角色（Role）、交互模态（Modal）、交互命令（Commands），以及信息展示方式（Presentation Style）4 个基本要素的 RMCP 界面范式。智能系统的界面范式，力图为今后智能系统交互界面设计方法提供一些思路。

4. 实物用户界面

实物用户界面的主要研究范畴是人通过抓握、操作、组装等自然行为与实物对象发生交互。相对于图形用户界面（GUI）主要信息均以虚拟方式呈现的形式，实物用户界面（Tangible User Interface，TUI）更强调通过信息与物理实体耦合的方式，实现物理化操作与物理形态的信息呈现。自 20 世纪 90 年代 TUI 概念出现时起，经过 20 多年的发展，实物用户界面的相关研究工作取得了广泛的成果。然而，使用实物对象进行信息处理并不是近些年才出现的新方法。事实上，无论是古罗马的算板，还是我国古代广泛应用的算盘，都可以看作实物用户界面最早的概念雏形，尽管它们与今天的实物用户界面看起来非常不同，但是其基本原理——使用实物对象（算珠）表示信息已非常接近 TUI 的概念。进入 21 世纪以来，人类对于自然交互的需求越来越迫切。而 TUI 则是面向下一代自然用户界面的重要范式之一。其接近人类自然操作行为模式的交互方式也蕴含着巨大的应用潜力。尤其在一些有国家重大需求的研究方向，TUI 也可以发挥重要的作用。这些潜在的应用包括：基于城市建筑物和主要设施实物模型的互动规划模拟和信息可视化方法；基于对象区域的物资、救援配置的实物模型进行推演模拟和实时信息集成与呈现；基于战斗单位实物模型的战役推演电子沙盘系统；通过实物组装把设计与调试融为一体；在未来教育领域基于 TUI 的 STEAM 教育方法；等等。实物用户界面是未来重要的交互界面研究领域之一，代表了未来人机交互竞争的热点和高地。

5. 智能人机合作心理模型

从最早的命令行到图形用户界面，再到当前蓬勃发展的虚拟现实和增强现实技术，以及各种智能语音交互、手势交互、眼动追踪交互、脑机接口等，人机交互的方式越来越丰富，技术越来越多样，但是人机交互的理论研究却相对比较滞后，现在开展人机交互研究时仍然是基于将近 40 年前的理论。早在 1983 年，Card 等人出版了最早的一本有关人机交互的著作——《人机交互的心理学》，其中不但提出了人机交互的概念，而且提出了至今仍被大多数研究者奉为经典的人类处理器模型（Model Human Processor，MHP），及其衍生版本 GOMS。在过去的 30 多年里，这些模型虽然为人机交互研究和设计提供了必要的理论指导，但是随着人机交互方式的逐渐变革，现有的理论或模型已经不能满足当前的技术发展需求。计算机越来越接近人类的智能和情感处理水平，人与计算机的交互追求更加自然、和谐，力图更加符合人类的认知和行为习惯。但是已有的人机交互模型仍然停留在传统人机交互模式的阶段，无法满足当前人机交互方式多种多样的局面[25]，迫切需要一个新的理论模型来指导相关的研究和设计工作。

6. 人类智能增强

人工智能的蓬勃发展，使得机器智能不断提高，引发了人们对机器智能是否会对人类智力造成挑战的担忧。在人工智能研究的同时，一些学者致力于另一条路径——智能增强（Intelligence Augmentation，IA）。1963年，几乎在人工智能研究起步的同时，计算机科学家Douglas C. Engelbart——鼠标的发明者，发表了题为《增加人类智慧的概念性架构》的论文，随后成立了"增智研究中心"。如果说人工智能是让机器像人类一样思考，即"让机器变得更聪明"，那么Douglas C. Engelbart的研究就是试图利用科技手段提升人脑现有的能力。与人工智能不同，智能增强是以基因科技、智能科技、心理学、脑神经提升技术与微生物科技等多学科共同推动的一个领域，其目的是增强以人为核心的人机交互，增强人体自身的智慧与技能。智能增强为人机交互的研究提供了新需求和新动力。当前，人机交互的焦点是机器如何更自然地为人类提供服务。在机器能力增强的同时，如何增强人的能力，尤其是人的认知能力，实现人机共生或者人机和谐，成为人机交互中一个新的研究课题。随着人工智能技术的发展与应用，人与智能机器的交互、混合、共生将成为未来社会的形态特征之一[26]。

参考文献

[1] CARD S K, MORAN T P, NeWELL A. The keystroke-level model for user performance time with interactive systems [J]. Communications of the ACM, 1980, 23（7）：396-410.

[2] LICKLIDER J C R. Man-computer symbiosis [J]. IRE transactions on human factors in electronics, 1960（1）：4-11.

[3] GRUDIN J. AI and HCI：Two fields divided by a common focus [J]. AI Magazine, 2009, 30（4）：48-48.

[4] BOBROW D G, KAPLAN R M, KAY M, et al. GUS, a frame-driven dialog system [J]. Artificial intelligence, 1977, 8（2）：155-173.

[5] HOLLAN J, RICH E, HILL W, et al. An introduction to HITS：Human interface tool suite [C]//Intelligent user interfaces. ACM, New York, 1991, 293：337.

[6] FISCHER G, LEMKE A, SCHWAB T. Knowledge-based help systems [J]. ACM SIGCHI Bulletin, 1985, 16（4）：161-167.

[7] SHARDANAND U, MAES P. Social information filtering：algorithms for automating "word of mouth" [C]//Proceedings of the SIGCHI conference on Human factors in computing systems. 1995：210-217.

[8] RESNICK P. Filtering information on the Internet [J]. Scientific American, 1997, 276(3): 62-64.

[9] GOOD N, SCHAFER J B, KONSTAN J A, et al. Combining collaborative filtering with personal agents for better recommendations [J]. AAAI/IAAI, 1999: 439.

[10] OVIATT S. Mutual disambiguation of recognition errors in a multimodel architecture [C]//Proceedings of the SIGCHI conference on Human Factors in Computing Systems. 1999: 576-583.

[11] HORVITZ E. Principles of mixed-initiative user interfaces [C]//Proceedings of the SIGCHI conference on Human Factors in Computing Systems. 1999: 159-166.

[12] 范俊君, 田丰, 杜一, 等. 智能时代人机交互的一些思考 [J]. 中国科学: 信息科学, 2018, 48 (4): 361-375.

[13] 董士海, 王坚, 戴国忠. 人机交互和多通道用户界面 [M]. 北京: 科学出版社, 1999.

[14] 戴国忠, 田丰. 笔式用户界面 [M]. 2版. 合肥: 中国科学技术大学出版社, 2014.

[15] 胡包钢, 谭铁牛, 王珏. 情感计算——计算机科技发展的新课题 [J]. 科学时报, 2000.

[16] YI X, YU C, XU W, et al. Compass: Rotational keyboard on non-touch smartwatches [C]//Proceedings of the 2017 CHI Conference on Human Factors in Computing Systems. 2017: 705-715.

[17] YU C, SUN K, ZHONG M, et al. One-dimensional handwriting: Inputting letters and words on smart glasses [C]//Proceedings of the 2016 CHI Conference on Human Factors in Computing Systems. 2016: 71-82.

[18] 中国科学院信息领域战略研究组. 中国至2050年信息科技发展路线图 [M]. 北京: 科学出版社, 2009.

[19] "10000个科学难题" 信息科学编委会. 10000个科学难题: 信息科学卷 [M]. 北京: 科学出版社, 2011.

[20] 金连文, 钟卓耀, 杨钊, 等. 深度学习在手写汉字识别中的应用综述 [J]. 自动化学报, 2016, 42 (8): 1125-1141.

[21] 李洋, 黄进, 田丰, 等. 云端融合的神经系统疾病多通道辅助诊断研究 [J]. 中国科学: 信息科学, 2017 (09): 42-60.

[22] 杨明浩, 陶建华. 多通道人机交互信息融合的智能方法 [J]. 中国科学F辑, 2018, 48 (4): 433-448.

[23] 易鑫, 喻纯, 史元春. 普适计算环境中用户意图推理的Bayes方法 [J]. 中国科学: 信息科学, 2018, 48 (4): 65-78.

[24] 张小龙，吕菲，程时伟. 智能时代的人机交互范式 [J]. 中国科学：信息科学，2018，48（4）：406-418.

[25] 刘烨，汪亚珉，卞玉龙，等. 面向智能时代的人机合作心理模型 [J]. 中国科学：信息科学，2018，48（4）：22-35.

[26] 王党校，郑一磊，李腾，等. 面向人类智能增强的多模态人机交互 [J]. 中国科学：信息科学，2018，48（4）：95-111.

第 2 章
智能人机交互基础理论

　　智能人机交互面临的一个关键问题是如何通过量化人类的感知、认知和动作执行能力，对交互行为建模，并预测人类在不同环境下与不同系统交互的行为表现。利用这类模型，人们可以量化地评价用户体验，进而优化交互设计。不过，构建能够尽可能描述人类表现广度和深度的模型是一项复杂的科学实践。由于人类行为的模糊性及现实环境的复杂性，因此这类模型的构建或多或少会涉及对交互任务和行为的抽象和简化，同时也需要明确定义模型的使用场景和前提条件。本章将分别对现有的主流模型进行阐释：用户认知模型对用户的感知、认知和决策过程建模；用户运动模型对用户的运动和执行能力建模；智能人机交互模型对用户和机器的交互过程建模。值得一提的是，这些模型仍在发展完善之中。

2.1 用户认知模型

　　用户认知模型通常可以用来预测人类用户如何与系统进行交互，通过这种对人类感知和认知能力的预测，可设计出更高效、更友好的人机交互界面[1]。现有主流用户认知模型包括 MHP、GOMS、SOAR、ACT-R、EPIC 等，可以用来对人类的交互操作任务进行认知建模。其中，MHP 的主要思想是将人比喻成计算机，把人脑处理信息的过程类比为与计算机处理外界信息一样的过程；GOMS 模型是关于用户在与计算机系统交互过程中使用知识和认知过程的模型，可以用来预测用户会用什么方法和操作，并且可以计算熟练用户在给定的用户界面条件下所需要的任务执行时间；SOAR 模型是一种围绕算子的选择和应用功能组织的通用认知模型，可为解决复杂环境下通过自动使用知识、持续学习来完成任务而提供灵活的计算框架；ACT-R 模型试图将认知过程表达成一种模式，用不可分的认知操作元素和相应的构成框架，对用户的认知行为建模；EPIC 模型进一步通过工作记忆将视听感知、运动行为和认知行为整合，为更为复杂的交互场景提供可计算、可描述的用户模型。通过人机交互的认知行为模型对人类行为模拟，不仅能够实现定量或定性地预测人类行为，而且也能够解释多重任务情境下的用户交互行为。

2.1.1 MHP 模型

MHP（Model Human Processor）模型[2]主要用来计算用户完成特定任务时所需要的时间。它的主要思想是把人看成一个类似于计算机的信息处理系统，将计算机的处理、存储区域与用户的感知、动作、认知和记忆区域进行类比。

具体而言，MHP 模型将人类的心理加工过程概括为感知、认知、动作三个处理器，用于工作记忆、长时记忆的若干存储单元，以及这些处理器与存储单元之间相互联结的通路（见图 2.1）。除此之外，MHP 模型建立了这些处理器和存储单元所遵循的一系列原则。这些原则最终被定义为一些确定的参数，用于分析信息加工系统的经济性。

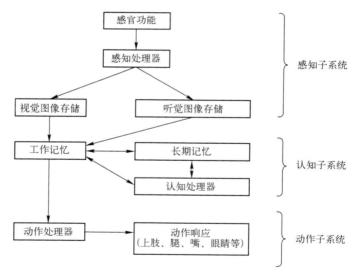

图 2.1 人类处理器模型

使用 MHP 模型预测用户完成任务的时间，大致可以分为以下几步：
- 根据工作原型的仿真模拟写出任务的主要步骤；
- 根据图 2.1 过程将任务分解（分解得越详细，预测就越准确）；
- 根据表 2.1 确定每个操作的时间；

- 确定每个操作的时间是否需要调整（对于老年人、残障人士等情况可能会更慢）；
- 累计整体时间；
- 根据需要迭代检查原型。

表 2.1 MHP 模型中的关键参数

参　　数	均　值	范　围
眼睛动作时间	230ms	70~700ms
视觉图像存储的半衰期	200ms	90~1000ms
视觉容量	17letters（单词）	7~17letters（单词）
听觉储存的半衰期	1500ms	90~3500ms
听觉容量	5letters（单词）	4.4~6.2letters（单词）
感知处理器周期	100ms	50~200ms
认知处理器周期	70ms	25~170ms
动作处理器周期	70ms	30~100ms
工作记忆的半衰期	7s	5~226s

例如，对于一项文本阅读的任务，首先写出该任务涉及的具体步骤，并将这些具体步骤分解为基本过程：看文字时需要用到感知处理器的视觉信息存储模块，理解文字内容时需要用到认知处理器的工作记忆模块（包括认知处理与长期记忆），阅读完一段文字进入到下一段文字时，需要用到动作处理器的动作响应模块（包括眼睛的移动、手动翻页等）。将每一步需要的时间分别计算，并根据阅读用户的自身情况，对每一步的时间进行调整，最终累加这些时间，就能预测出用户完成文本阅读任务所需要的时间。

尽管 MHP 模型为模拟和预测人机交互的行为绩效提供了一个简单、有效，而且可操作的计算方法，但也存在明显的不足[3]。首先，MHP 模型提出于 20 世纪 80 年代，当时心理学家对人类认知机理的认识还存在较大的局限性，比如对三个处理器的环路循环周期时间的设定是比较随意和主观的。其次，MHP 模型将认知过程假设为一个序列加工的过程，虽然存在从动作到感知的反馈通路，但是与近年来大量认知心理学的研究发现不相符。最后，MHP 模型将人机交互的心理过程划分为三个处理器执行的处理过程，虽然这个划分对后续工作具有较大的指导意义，但是对三个处理器内容的描述还比较笼统，很难满足当前对越来越复杂场景中的人机交互任务进行准确描述的需求。

2.1.2 GOMS 模型

GMOS 模型是一种用于定量分析交互行为复杂性的用户模型，在早期人机交互领域应用十分广泛。其核心思想在于将用户行为拆分成基本行为单元，通过建模，这些基本行为单元就能预测行为序列以及完成行为序列所需要的时间。

具体而言，GOMS 模型包括一系列的描述模型，描述用户在实现计算机任务时需要具备的知识和四个认知组成部分，即目标（Goal）、操作（Operators）、实现目标的方法（Methods）以及用于选择实现目标方法的选择规则（Selection Rules）。这四种认知组成之间的关系如图 2.2 所示。目标是指用户试图完成的任务的最终状态。操作是指用户为实现目标所需执行的知觉、运动或者认知加工等基本行为。这些基本行为的执行对于改变用户的心理状态或者影响任务环境非常必要。实现目标的方法是指为了实现目标所需要执行的一系列步骤。由于实现目标的方法可能有很多种，因此需要通过选择规则这一控制结构，以便选择恰当的方法。GOMS 模型是人机交互和界面设计领域中最常用的信息加工模型，尤其在可用性测试领域被广泛应用。

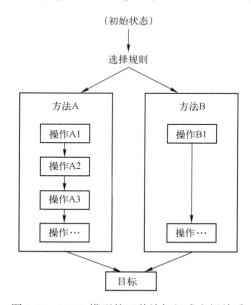

图 2.2　GOMS 模型的四种认知组成之间关系

GOMS 模型基于两个假设：①用户对操作十分熟练，其行为目标由最终目标和一系列子目标组成，用户会根据不同目标选择恰当的操作方法；②用户操作时间由基础认知时间、感知时间以及执行动作时间组合而成。基于 GOMS 框架所构建的模型，可以用来预测用户会选择什么方法和操作，并且能够计算熟练用户在给定的界面设计条件下所消耗的时间。总体而言，GOMS 模型强调实现特定目标所选择的方法，由于目标具有层级性，因此实现目标的方法也是一个层级结构。当实现目标的方法有多种时，选择规则就会发挥作用。

在推出 GOMS 模型后，人们又推出了简化版的模型——KLM 击键模型，用于预测文本输入以及鼠标执行的选择性操作耗时。它的预测方法相对简单，可操作性更强，设计人员可以在短时间内独立完成耗时度量。在 KLM 击键模型中，用户的交互行为被分解为几个元操作，每个元操作通过大量测试得出一个平均时长（见表 2.2），通过这些元操作的累加得出界面设计方案需要的操作时间，进而验证和对比各种方案的优劣。

表 2.2　KLM 击键模型元操作平均时长

元　操　作	平均时长	含　　义
击键（Keying）	0.2s	敲击键盘或鼠标上的一个键所需的时间
指向（Pointing）	1.1s	用户（用鼠标）指向显示屏上某一位置所需的时间
归位（Homing）	0.4s	用户将手从键盘移动到图形输入设备（鼠标），或者从图形输入设备移动到键盘需要的时间
心理准备（Mentally Preparing）	1.35s	用户进入下一步所需的心理准备时间
响应（Responding）	—	用户等待计算机响应输入的时间

GOMS 模型的预测能力来自一系列关于人类操作和大脑处理能力的基础实验数据。研究者在做实验时，把任务中各分解步骤的数据都记录下来，而非粗粒度的整体数据。经过大量实验后，他们发现有些数据在很多任务之间具有一致性，如击键时间、选择时间等。这些相应的量化方法和经验数据成为 GOMS 框架的重要组成部分。在很长一段时期，GOMS 模型体现出在人机交互中的重要价值。比如，基于台式电脑的键盘操作、鼠标操作或其他能够被良好分解的、序列化的人与机械界面的操作形式，都可

以通过 GOMS 模型进行分析和预测。但是 GOMS 模型假设用户对操作十分熟练，而且其目标由明确的最终目标和一系列子目标组成，用户会根据不同目标选择恰当的操作方法，导致 COMS 模型仅仅适用于熟练的使用者，而无法预测初学者的试错过程[4]。同时，GOMS 模型更适合用于模拟和预测任务目标简单明确、目标可以清晰分解的交互任务和场景，但是随着当前人机交互方式和任务复杂度的大幅增加，会面临无法适应新需求的困境。

2.1.3 SOAR 模型

SOAR（State Operator And Result）模型[4]是一种可计算程序体系结构表达的通用认知模型。其研究目的在于开发通用智能体所必需的基本计算块。这些智能体可以执行各种各样的任务，编码、使用和学习各种类型的知识，以实现人的认知能力，如决策、解决问题、规划能力和自然语言理解能力。SOAR 模型为解决人工智能在动态复杂环境下能够自动使用知识、持续学习来完成任务提供了灵活的计算框架。

简单来说，SOAR 模型是由 State、Operator、Result 组成的，即运用算子、改变状态、产生结果。在 SOAR 模型中，所有问题的求解过程均被看成是在问题空间中目标导向的搜索过程，在此过程中，不断地尝试应用当前的算子（一个状态只能选择一个算子），改变问题求解状态，直至目标。状态、算子、结果的定义如下[5]。

1. 状态（State）

状态是问题空间的点集，表示为问题求解过程中每一步问题状态的数据结构，可能由多个属性组成，可形式化地表示为

$$S_k = \{S_{k_0}, S_{k_1}, \cdots\} \tag{2.1}$$

在这种表示方式中，当每一个分量都给予确定的值时，就得到一个具体的状态。目标（Goal）是状态的驱动力，状态存在的原因与实现目标有关，即目标决定状态（G→S）。当某一状态的结果值与问题目标值相同时，则该状态为最终状态。

2. 算子（Operator）

算子即操作，用来实现问题当前状态向新的状态发生转移，SOAR 模

型的决策过程是围绕算子的提出、选择和应用进行的。算子就像人们解决问题的方法，人们解决一个问题可能有多种方法，在某一情境下，从中选择最合适的方法来解决问题。SOAR 模型的基本操作就是提出算子、选择算子、应用算子，使状态发生转移，通过不断的循环，最终达到目标状态而停止。

3. 结果（Result）

结果即目标（Goal），是一个特殊的状态，当状态的各属性值等于目标的特殊值时即为结果。结果可以根据具体问题指定，也可以人为控制，比如在 SOAR 模型运行时，强制暂停而获得结果。

SOAR 模型的框架结构如图 2.3 所示，其中，基于符号的长期记忆是指被编码为产生式规则的单一的长时记忆，基于符号的工作记忆是指被编码为符号图结构的工作记忆。基于符号的工作记忆存储了智能体对当前环境及情况的评估，利用长时记忆回忆相关知识，经过输入、状态描述、提议算子、比较算子、选择算子、算子应用、输出等这样的决策过程，循环选择下一步操作，直到达到目标状态。

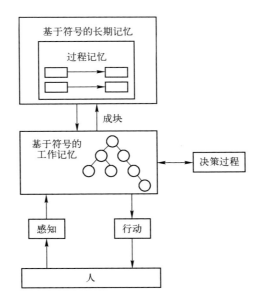

图 2.3　SOAR 模型的框架结构

SOAR模型的独到之处在于把问题空间作为面向目标的基本组织单元。与将单个规则的选择作为决策的关键不同，SOAR模型会借由规则提出、评估和应用来选择算子，以实现决策。算子会由测试当前状态的规则提出，在工作记忆中创建算子的表征形式以及可接受的偏好。附加规则会去匹配提议的算子，通过评估其他算子来创建附加偏好。在决策过程中分析偏好，选择最优算子。匹配到当前算子的规则将触发应用，并修改工作记忆。修改工作记忆可以是简单的推论、查询以提取SOAR模型的长期语义记忆或情节记忆、对运动系统下达指令来执行环境动作。对工作记忆的修改会导致系统提出和评估新的算子，然后选择并采用新的算子。

与GOMS模型受限于熟练用户不同，SOAR模型能够解决非熟练用户的行为建模与预测问题。作为一个认知框架，基于SOAR模型能够建立起可运行、可发展的用户模型。SOAR模型的风格更接近于认知工程，能处理非熟练用户在交互过程中遇到的"僵局"（Impasse）。当交互中用户遇到不知道怎么解决的问题时，就需要找到能够解决问题的操作方案，这种局面就是SOAR模型中所谓的僵局。在SOAR框架下，建模者能够就用户发现僵局的时间、为打破僵局而查找解决策略的时间以及找到解决方案前所需消耗的步骤提供合适的判断细节。这些参数为非熟练用户或者日常用户的行为提供了可用的预测方法。不过，与前述基于GOMS框架的相关方法类似，要实现SOAR框架下对系统任务的良好分析与相应的细节定义，仍然是一项比较困难的任务。

2.1.4 ACT-R模型

ACT-R（Adaptive Control of Thought-Rational）模型[6]是一种从认知基础理论出发的认知框架。其目的在于揭示人类组织知识、产生智能行为的思维运动规律。该理论试图将认知过程表达成一种模式，定义人类大脑中的认知和感知操作的基本元素，用不可分的认知操作元素和相应的构成框架对人的认知行为建模。

总体而言，人们获得新知识有三个阶段：陈述性阶段、知识编辑阶段和程序性阶段。在陈述性阶段，人们获得的是有关现实的陈述性知识，并且运用可行的程序来处理或理解知识。陈述性知识是以组块结构表征的，一个组块由一独特的识别器和许多具有一定值的空位组成。空位可以是另一组块，也可以是一个或一系列外部客体，从而实现了各个知识点的连接。在知识编辑阶段，学习者通过形成新的产生式规则或用新规则代替旧规则使得新旧知识产生联系。最后是程序性阶段，学习者形成与任务相适应的产生式规律，这些产生式规则的执行结果被写回各个子模块中。产生式可以被扩展概括，根据使用程度不同得到强化或削弱[7]。

图 2.4 展现了 ACT-R 5.0 的基本体系结构。该结构包含一系列模块，每个模块用于加工不同种类的信息。主要模块包括：用来辨别视野中物体的视觉模块（Visual Module）；控制手部运动的手动模块（Manual Module）；明确当前目标和意图的意图模块（Intentional Module）；获得记忆中信息表征的陈述性模块（Declarative Module）；产生式（Productions）规则对大部分模块中的信息不敏感，仅仅针对存储在模块缓冲器中的信息做出响应，类似人的反应过程，人们不会关注视野中的所有信息，仅仅在意需注意的信息；提取缓冲器（Retrieval Buffer）用于保存长时记忆所获得的信息；手动缓冲器（Manual Buffer）用于控制和调节手部运动；视觉缓冲器（Visual Buffer）用于保存物体的位置，辨别物体的特点。

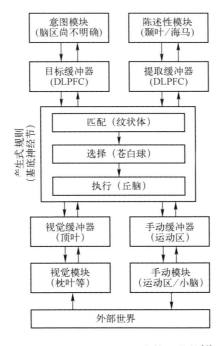

图 2.4　ACT-R 5.0 的基本体系结构[6]

视觉模块与手动模块：人类通过视觉模块和手动模块与外部自然环境交互，由中央产生式系统统一调配。例如，当一个产生式系统需要定位一个物体时，首先产生式规则详细描述一系列约束条件，然后位置系统返回满足这些约束条件的位置的堆。约束条件是一些属性价值对。属性价值对是以对象的空间位置（例如顶部）和对象的属性（例如红色）为条件来进行搜索的。

意图模块：人类在问题求解过程中常常需要用到问题选择和目标逼近的方法。汉诺塔是一个经典的目标操作性研究范例。目标模块存储着类似汉诺塔中的子目标。

陈述性模块：陈述性模块存储了大量的知识，并以堆块的形式存储，由诸如"华盛顿特区是美国首都""法国是欧洲国家"或"2＋3＝5"等事实组成。

产生式规则：产生式规则实现模块间行为的调节和信息的处理，仅仅对堆积在其他模块缓冲器中的信息做出响应。执行过程将其他模块中的信息调入缓冲器中，缓冲器中的信息再经基本神经中枢系统中的产生式规则改变，写回相应的子模块。

认知体系结构同时存在着串行加工与并行加工。例如，视觉系统需要处理整个视野，陈述性系统需要提取请求并通过记忆执行并行搜索。不同模块都可以同步或异步执行。串行加工一方面体现在任何缓冲器一次只能提取一个记忆，或者编码单个个体，另一方面体现在每个周期内只能选择一个产生式进行激发。

此外，ACT-R区别于同类其他理论的重要特征之一是已有大量实验信息可以直接被研究工作使用。这为许多研究工作提供了很好的研究环境。从表面看来，ACT-R类似编程语言平台，平台的构建基于许多心理学研究的成果，但基于ACT-R构造的模型反映的是人类的认知行为。ACT-R通过编程实现特定任务的认知模型构建，研究人员利用ACT-R内建的认知理论再加上特定任务的必要性假设和知识描述构造特定任务的认知模型，通过对模型结果和实验结果的比较来验证模型的有效性，再利用符合人类认知行为的模型指导工作，从而实现预期的任务预测、指导和控制的目的。

2.1.5 EPIC 模型

EPIC（Executive-Process/Interactive-Control）模型[8,9]是由一种能够用于多通道、多任务行为建模的认知框架。EPIC 框架不仅要把人类感知和运动处理方面的关键因素整合到认知理论框架，还要对相应机制在人类行为表现中的影响建模。

EPIC 架构具体到交互中常用的眼、耳、手等多通道的人类感知和运动系统，还显式地包括了注意力、工作记忆、大脑处理规则等认知系统的相关描述，为比较复杂的多通道、多任务场景的建模提供了比较完整的可计算、可运行的描述基础，能够实现对任务执行时间的量化估计。EPIC 模型假设：①恰当的指导语能够促进多任务的并行加工；②用户能够通过练习将陈述性知识转化为程序性知识，促进多任务的并行加工；③在知觉（视觉、听觉）加工阶段和动力加工阶段，环境会导致认知加工阶段出现瓶颈。与其他理论模型不同，EPIC 模型从知觉（视觉、听觉）加工、认知加工及动力加工等方面来解释实际环境中的用户行为[10]，如图 2.5 所示。

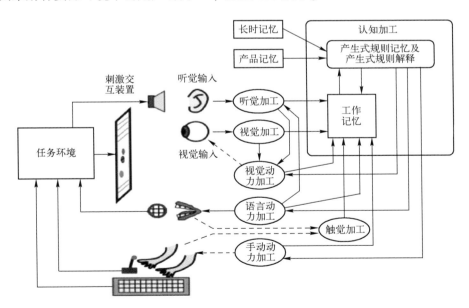

图 2.5 EPIC 模型图解[10]

(1) 知觉加工：知觉加工系统用于监测和辨别虚拟任务环境中的刺激，并将该刺激存入工作记忆中备用，不同感觉通道采用并行方式对信息进行加工和存储。知觉加工包含听觉加工（Auditory Processor）与视觉加工（Visual Processor）。

(2) 认知加工：认知加工系统由工作记忆（Working Memory）、产生式规则记忆（Production Memory）及产生式规则解释（Production Rule Interpreter）这三个子系统组成。工作记忆子系统存储多种信息元素。这些元素使多重任务的同时进行成为可能。产生式规则记忆子系统存储有关任务进行所需要的应用规则。当用户进行技术性任务时，产生式规则记忆与工作记忆子系统共同发挥作用，使多任务行为突破了知觉动力系统的限制。该子系统用于解释用户执行任务时选择的规则，对产生式规则记忆子系统中存储的规则条件进行解释和检测，选择与当下工作记忆元素相匹配的规则传递给认知加工系统。

(3) 动力加工：动力加工系统将认知加工系统传递来的信息转化为具体动作特征，在特定条件下，某些特征与预先准备的反应动作相匹配，从而向用户发出执行动作的指令。动力加工包含视觉动力加工（Ocular Motor Processor）、语言动力加工（Vocal Motor Processor）、手动动力加工（Manual Motor Processor）与触觉加工（Tactile Processor）。

真实情景中的人机交互是在多元化、复杂的环境中进行的，不同感觉器官协同合作，将外界的刺激信息传递给大脑，大脑皮层接收到刺激信息后，再通过编码将相应的行为反应方式传递给各感觉器官，个体才能够做出相应的行为反应。EPIC模型是一个更加贴近真实情景的用户行为预测模型，它从知觉和注意的角度对用户行为进行多角度的测量和分析，让用户在多重环境中实现多目标任务成为可能。利用EPIC模型对用户界面进行可用性评估有助于界面设计师从用户角度思考用户的操作行为，从而设计出更加适合在多元环境中进行多重任务的高可用性界面。随着人机交互研究的关注点越来越倾向于自然化的多通道、多任务的交互场景，这一模型也在一定时期引起了研究者的重视，但是由于与多数认知框架同样的局限，EPIC框架中所需考虑的参数和所能提供的参数范围都远远大于人机交互研究所需要考虑的范畴，所以由此带来的额外代价也极大地限制了在人机交互中所能起到的作用。

2.2 用户运动模型

在用户与系统进行交互时，其运动行为往往不是一种预期的结果，而是在一个"观察–决策"的动态过程中形成的，如何对该过程进行合理的描述和解释是人机交互用户运动建模研究的主要内容。我们可以将相关用户运动模型研究分为两类，一类与用户的运动表现相关，包括用户在与系统交互过程中的运动时间、准确性；另一类与用户的运动过程相关，包括运动的控制，即用户运动过程中的位置、速度、加速度等物理量随时间的变化。

2.2.1 用户运动时间模型

1. Fitts' Law（菲茨定律）

Fitts' Law[11]是由保罗·费茨于1954年提出的。针对人机交互中的目标获取任务，Fitts' Law能够精准预测用户获取目标的运动时间（Movement Time，MT）。

具体而言，对于图2.6所示的一个目标获取任务，用户需要尽可能快速并且准确地从光标初始位置选中宽度为 W 的目标，完成任务的运动时间MT可以由式（2.2）给出，即

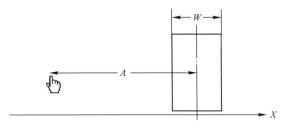

图2.6 Fitts' Law 目标获取任务

$$\text{MT} = a + b\log_2\left(\frac{A}{W} + 1\right) \tag{2.2}$$

式中，MT为完成任务的运动时间；A 为光标起始点到目标中心的距离；W 为目标的宽度；a 和 b 为由指点设备、操作人员和环境因素决定的经验参数[12]。式（2.2）中的对数项被称为难度系数 ID（Index of Difficulty）：

$$ID = \log_2\left(\frac{A}{W}+1\right) \tag{2.3}$$

该系数越大，意味着完成任务的难度越高。难度系数的提出有着重要意义，它直观地提示了任务的完成难度与运动幅值 A（Amplitude，目标的距离）正相关，与目标的宽度 W 负相关。实际上，这种由完成任务的运动时间表现出的任务难度，其背后的作用机制来自人类运动控制的速度准确性权衡原则（Speed-Accuracy Tradeoff Rule）。

由于 Fitts' Law 对运动时间的准确估计，因此被广泛地用于人机交互研究和设计当中，包括计算机输入设备评估、新型交互界面的优化、复杂手势识别算法的预测元素和复杂交互任务的建模基础等。例如，在主流操作系统的菜单设计中，默认都将底栏（Dock）放到屏幕的最下方，通过增大目标以缩短定位时间（边缘无限大）。用户向着底栏方向做出大幅度移动光标的操作会使光标始终落在底栏上。Fitts' Law 鼓励减小距离，增加目标大小以提升用户效率，但反过来应用也会有意想不到的效果，比如 iPhone 手机关机，不采用按钮单击，而采用滑动操作，虽然降低了用户操作效率，但增加用户操作时间可以起到警示用户谨慎操作的目的。

Fitts' Law 描述的交互任务是一个简单的 1D 目标获取任务，然而，2D 或 3D 的目标获取任务在交互系统中则更为常见。出于这个目的，麦肯齐[13]对 Fitts' Law 进行了 2D 目标获取任务的拓展，如图 2.7 所示。他利用一个简单但巧妙的原则解决了 2D 目标获取问题，将 2D 矩形目标中相对较小的边替换式（2.2）中的 W，因为目标获取对于准确性的要求是由"相对较小的边"决定的，在原始 Fitts' Law 的 1D 实验中，目标的高度被设置为足够大，以至于用户不必考虑其影响，这个"相对较小的边"一直为 W，因此 Fitts' Law 的 1D 目标获取实际上是麦肯齐二维目标获取的特殊情况。

村田[14]进一步将 Fitts' Law 拓展到 3D 空间，如图 2.8 所示，他发现除了距离和目标大小，目标所在的垂直平面（Board）与用户视野中心构成的方向角度 θ 对获取运动时间有着显著影响，因此将方向角度 θ 加入原始的难度系数表达式，如式（2.4）所示，得到了 3D 空间目标获取运动时间更为精准的预测。

$$ID_3 = \log_2\left(\frac{d}{s}+1\right) + c\sin\theta \tag{2.4}$$

式中，d 即为目标距离；s 为目标直径（它们为了简明使用了一个球形目标）；c 为与任务和设备相关的常数。

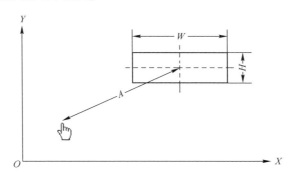

图 2.7　麦肯齐定义的 2D 目标获取任务

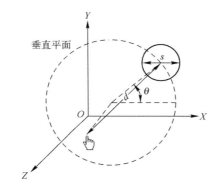

图 2.8　村田定义的 3D 目标获取任务

2. Steering Law

Steering Law 是由约翰尼·阿科特和翟树民在文献 [15] 中提出的，用于对轨迹任务的运动时间进行预测。例如，在嵌套菜单列表中移动、绘制曲线、在虚拟 3D 场景中移动，这些交互场景存在着大量的基于轨迹的交互任务，无法使用 Fitts' Law 建模。

基于轨迹的交互任务可以被抽象为用户控制光标移动并通过一个有大小和长短约束的通道的过程，如图 2.9 所示。

光标通过该通道的运动时间可以由式（2.5）给出：

$$\text{MT} = a + b\frac{A}{W} \qquad (2.5)$$

式中，A 为通道的长度；W 为通道的宽度；a 和 b 为常数。

图 2.9　Steering Law 中一个长为 A、宽为 W 的笔直通道

经过推导，Steering Law 可以拓展到任意有理通道上，如图 2.10 所示。在一般情况下，完成任务时间可以表示为对无数多个微小的笔直通道的积分：

$$T = a + b\int_c \frac{\mathrm{d}s}{W(s)} \tag{2.6}$$

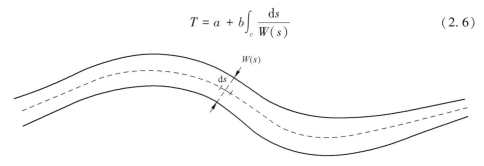

图 2.10　Steering Law 中一个以 c 为曲线、$W(s)$ 为宽度的弯曲通道

事实上，在 Steering Law 中，轨道的长度与 Fitts' Law 的目标距离有着同样的含义，在"尽量快且准确"的要求下，从运动距离上对完成任务的速度给出了限制，而 Steering Law 中的通道宽度与 Fitts' Law 中的目标宽度则是对完成任务的准确度给出了限制。成功预测目标获取任务和轨迹任务这两类任务的运动时间，都是基于对人类运动控制中的速度准确性原则的把握。

2.2.2　用户运动错误率模型

错误率是人机交互中最为重要的因素之一。错误率模型广泛应用于文本输入和计算机游戏等各种交互场景。对于一个需要用户获取的目标，例如虚拟键盘中的按键或者游戏中的敌人，给出目标距离、大小和完成目标获取所限定的时间，利用错误率模型便能预测用户选中它们的概率，对设计者重新修改和完善界面设计将给予很大的提示和指导，例如增大虚拟键盘按钮的尺寸或者降低游戏中敌人的移动速度。

在目标获取任务中，错误率被定义为所有目标获取尝试中失败的比例。

对于基础的目标获取技术，当用户获取目标的落点落在目标的范围之外时，则认为尝试失败。尽管对错误率的研究在大多数人机交互工作中都有涉及，但仅有为数不多的工作对错误率本身进行了建模。沃布罗克[16]利用 Fitts' Law 和有效宽度，对落点分布规律进行分析，推导出了一个 1D 目标获取的错误率模型：

$$P(E) = 1 - \text{erf}\left(\frac{2.066\frac{W}{A}\left(2^{\frac{MT_e - a}{b}} - 1\right)}{\sqrt{2}}\right) \quad (2.7)$$

式中，$\text{erf}(x)$ 为高斯误差函数；a 和 b 为 Fitts' Law 中的常数项；W 为目标的大小；A 为到目标的距离；MT_e 为由有效距离和有效宽度计算出来的目标获取运动时间。实验结果显示，该模型能够很好地拟合经验数据（$R_2 = 0.959$），并从观察中得到目标大小对于错误率的影响比目标距离更为显著。

李炳珠[17]提出了时域目标获取（Temporal Pointing）的概念，在时域目标获取任务中，目标的距离是从任务开始到进入目标获取窗口的时间，目标的大小则是能够选中目标的时间窗口长度，例如一个简单"打节拍"的交互任务。

在这项研究中，他从时域选择落点分布出发，导出了一个时域目标获取的错误率模型：

$$E(D_t, W_t) = 1 - \frac{1}{2}\left[\text{erf}\left(\frac{1-c_\mu}{c_\sigma\sqrt{2}} \cdot \frac{W_t}{D_t}\right) + \text{erf}\left(\frac{c_\mu}{c_\sigma\sqrt{2}} \cdot \frac{W_t}{D_t}\right)\right] \quad (2.8)$$

式中，W_t 为时域目标的大小；D_t 为时域目标的距离；c_μ 和 c_σ 为常数。这个模型显示，更小的时域目标大小和更大的时域目标距离将导致更高的错误率。这是对常理的一种定量化解释。

时域目标获取属于动态目标获取的一种。时域目标获取的错误率模型只能应用于相对抽象的时域交互场景，不适用于广泛和直观的空间目标获取任务，尤其是动态目标获取任务。对于空间域下的目标获取任务，本书作者所在团队的黄进等人[18]提出了相应的移动目标错误率预测模型，如图 2.11 所示。

若随机变量 x 服从一个位置参数为 μ、尺度参数为 σ 的正态分布，则累积分布函数可以写成：

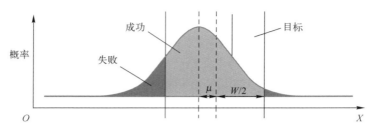

图 2.11 错误率预测模型（通过对分布在目标外的部分进行积分计算得出错误率）

$$P(x) = \frac{1}{\sigma\sqrt{2\pi}} \int_{-\infty}^{x} \exp\left(-\frac{(x-\mu)^2}{2\sigma^2}\right) \quad (2.9)$$

通过以下公式，能够计算出随机变量 x 落入范围 $(-\infty, x)$ 的概率：

$$P(x) = \frac{1}{2}\left[1 + \mathrm{erf}\left(\frac{x-\mu}{\sigma\sqrt{2}}\right)\right] \quad (2.10)$$

式中，$\mathrm{erf}(x)$ 是高斯误差函数，且

$$\mathrm{erf}(x) = \frac{2}{\sqrt{\pi}} \int_0^x e^{-t^2} dt \quad (2.11)$$

通过这个定义，错误率（Error Rate）为随机变量 x 落入范围 (x_0, x_1) 的概率，这里的 x_0 和 x_1 分别代表目标的左右边界：

$$\begin{aligned} \mathrm{ER}(\mu, \sigma) &= 1 - [P(x_1) - P(x_0)] \\ &= 1 - \frac{1}{2}\left[\mathrm{erf}\left(\frac{x_1-\mu}{\sigma\sqrt{2}}\right) - \mathrm{erf}\left(\frac{x_0-\mu}{\sigma\sqrt{2}}\right)\right] \end{aligned} \quad (2.12)$$

2.2.3 用户运动控制模型

与用户运动时间模型、错误率模型不同，用户运动控制模型能够直接对运动过程建模分析，从动力学的角度仿真运动过程中的轨迹、加速度等信息。代表性的运动控制模型包括 Minimum Jerk 模型和 Linear-Quadratic-Gaussian 模型。

1. Minimum Jerk 模型

Minimum Jerk 模型[19]由塔马尔和霍根于 1985 年提出。该模型假设最大限度地提高运动系统的平稳性（或最大限度地减小冲击力，即加速度与时间的导数），使运动轨迹尽量平滑。对于二维平面上的运动，该模型定义最小化的

代价函数（Cost Function）为：

$$C = \frac{1}{2}\int_{t_0}^{t_f}\left[\left(\frac{\mathrm{d}^3 x}{\mathrm{d}t^3}\right)^2 + \left(\frac{\mathrm{d}^3 y}{\mathrm{d}t^3}\right)^2\right]\mathrm{d}t \tag{2.13}$$

式中，t_0 为起始时间；t_f 为终止时间；x 和 y 为待求解的轨迹路径坐标点。给定一组适当的边界条件，这种运动控制问题可被构造为具有内点等式约束的最优控制问题，该问题产生一个具有唯一解的闭解析形式（本质上根据其边界条件解析为轨迹的函数关系）。对于点对点运动，一种通用的最优时间序列解析计算形式为五阶多项式。

考虑常见的起止时刻均为静止状态（速度加速度均为 0）的一类运动，若已知起始点是 (x_0, y_0)，终止点是 (x_f, y_f)，运动时间是 t_f，那么可以得到最优时间序列解（运动轨迹点）为：

$$\begin{aligned}\tau &= t/t_f \\ x_t &= x_0 + (x_0 - x_f)(-6\tau^5 + 15\tau^4 - 10\tau^3) \\ y_t &= y_0 + (y_0 - y_f)(-6\tau^5 + 15\tau^4 - 10\tau^3)\end{aligned} \tag{2.14}$$

运动时刻 t 的轨迹点坐标为 (x_t, y_t)，一系列的轨迹点构成了一条完整的运动路径，通过积分运算也能够获得运动过程中每一时刻的速度、加速度等信息。尽管该模型十分易于计算，却不能够预测绝对的运动时间，并且由于该模型假设能够实现最优运动，认为用户能够一次性准确选中目标，并没有对矫正运动过程进行建模。

2. Linear Quadratic Gaussian 模型

Linear-Quadratic-Gaussian 模型[20]是由托多洛夫等人提出的一种基于最优反馈控制理论建立的运动模型。最优反馈控制系统是一种闭环最优控制系统，可在线地利用反馈信息重新做出决策，实现对系统的最优化控制。相比开环控制系统，闭环控制系统采用了更加类人的处理模式。这种模式不再依赖于提前预知的"期望轨迹（Desired Trajectory）"，而是能够在不可预测的波动下反复再现。

该模型将运动过程近似于由一个受控的力所推动的质点运动，可以被定义为一个线性动态系统，其中，在离散时刻 t 的系统状态为 $\boldsymbol{x}_t$，控制信号为 $\boldsymbol{u}_t$，感知反馈为 $\boldsymbol{y}_t$：

$$\begin{aligned}\text{Dynamics} \quad & \boldsymbol{x}_{t+1} = A\boldsymbol{x}_t + B\boldsymbol{u}_t + \boldsymbol{\xi}_t + \varepsilon_t C\boldsymbol{u}_t \\ \text{Feedback} \quad & \boldsymbol{y}_{t+1} = H\boldsymbol{x}_t + \boldsymbol{\omega}_t \\ \text{Cost} \quad & \boldsymbol{x}_t^\mathrm{T} Q_t \boldsymbol{x}_t + \boldsymbol{u}_t^\mathrm{T} R \boldsymbol{u}_t \end{aligned} \quad (2.15)$$

在每个时刻 t，通过当前观测到的反馈 $\boldsymbol{y}_t$，控制器必须找到最优控制信号 $\boldsymbol{u}_t$，使得整个运动过程产生的损失（Cost）最小。其中，控制信号 $\boldsymbol{u}_t$ 用于模拟用户的中枢神经系统对手部运动发出的控制指令；反馈信号 $\boldsymbol{y}_t$ 用于模拟用户得到的视觉和触觉反馈，当控制命令发出后，推动质点的力遵循命令并推动质点运动，用此来模拟用户手部力量推动指点设备运动的过程；$\boldsymbol{\xi}_t$ 和 $\boldsymbol{\omega}_t$ 是两个独立多维正态随机变量，均值为 0，协方差矩阵为 Ω^ξ 和 Ω^ω，可以模拟控制和感知过程中的白噪声；随机变量 ε_t 是一个独立的标准正态分布随机变量，与控制向量相乘用于产生控制信号依赖的噪声（Control-Dependent Noise）；R 和 Q_t 是两个系数矩阵，用于定义系统与状态和控制信号有关的损耗，反映用户的身体消耗、速度和准确性之间的权衡。总之，整个系统的运行模拟了用户根据任务需求、个人消耗、速度准确性权衡动态地调整行为的过程。

将运动控制模型与具体交互任务相结合，有助于仿真用户的运动过程，实现对用户运动行为的预测，优化交互设计。例如，菲利普·奎因[21]将 Minimum Jerk 模型应用于手势键盘的文本输入任务，建立手势输入的过程模型，仿真用户的输入手势轨迹，预测用户的输入时间性能，最终实现任意文本输入任务的真实手势轨迹模拟，并能准确反映用户观察到的轨迹图形形状以及动态特征（速度、加速度等）。黄进[22]将 Linear-Quadratic-Gaussian 模型应用在目标获取任务中，通过拟合经验数据的轨迹对目标获取运动的过程特性建模，能够利用该模型模拟任意位置的静止目标或者任意速度的移动目标的获取任务。通过控制目标大小、位置、运动规律的不同组合，还可以模拟复杂的用户界面交互行为，例如通过模拟用户在购物网站上的运动模式预估用户在该购物网站的购物难度和购物效率。

2.3 智能人机交互模型

近年来，随着人工智能技术的飞速发展，计算机越来越接近人类智能和情感处理水平，人与计算机之间的交互更加自然和谐，力图更加符合人类的认知和行为习惯,从而越来越接近人与人之间的交互。不管是突破人工智能的瓶颈,还是实现自然和谐的人机交互,都迫切需要符合人类认知机理、理解人类行为意图的智能人机交互模型。构建智能时代的人机交互模型,不仅可以解释、模拟和预测人类的行为,而且能够指导相应的智能系统和人机交互设计。本节将介绍两个代表性的智能人机交互模型:人机合作心理模型和基于语义的自然人机交互模型。

2.3.1 人机合作心理模型

为了应对当前智能时代下复杂的人机交互任务与多样的人机交互方式,刘烨等人[3]针对人和计算机这两个交互主体提出了人机合作心理模型(Human Computer Cooperation Model,HCCM模型),如图2.12所示。该模型假设人与计算机的交互本质上可以类比为人与人的交互,具有和人与人交互相似的属性和规律,并且两个交互主体是在各自先验知识和动机的驱动下主动进行交互的。不管是人类还是计算机,其信息处理系统都包含感知、认知和动作三个处理器,或者称为模块。每个模块又各自包含三个子模块。

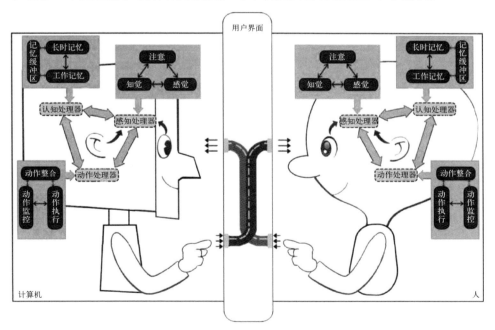

图2.12 人机合作心理模型示意图

1. 感知处理器

感知处理器包括感觉、知觉与注意三个子处理器，负责接收、选择和初步加工输入的信息。对人类而言，感觉是认知加工的初级阶段，通过不同感觉通道获取不同的属性信息；知觉是人类大脑对客观事物的整体属性认识，是人类识别事物的心理加工机制；注意是人脑加工的一种特别机制，可让心理活动在一定时间内指向并集中到某项活动，在人机交互层面，注意可以被界定为个体对交互过程中信息的选择、监督与调节。根据对等的人机合作模式，计算机也应该具备与人一样的感官能力、知觉加工以及注意功能。如果说感觉相当于智能计算机的传感器，知觉相当于模式识别，那么注意功能则能够帮助人类信息加工系统进行信息过滤和筛选，从而实现意图性的交互过程。

2. 认知处理器

认知处理器包含工作记忆、记忆缓冲和长时记忆三个子处理器，负责存储信息，并对信息进行整合和精细加工。**工作记忆**是一个容量有限的信息加工系统，用来暂时保持和存储信息。在 HCCM 模型中，工作记忆负责接收来自感知处理器的信息，并将加工后的信息传递给动作处理器。同时，工作记忆也接收来自感知处理器的反馈信息，并给感知处理器提供反馈信息。**记忆缓冲**是工作记忆与长时记忆之间的信息传递桥梁。在信息巩固过程中，通过记忆缓冲器，将工作记忆中加工的信息转化为长时记忆中存储的信息。**长时记忆**中存储着人类以往学习和经历的所有知识和经验。在 HCCM 模型中，长时记忆主要通过记忆缓冲器与工作记忆互相传递信息，也可以直接接收来自感知处理器的信息，同时也可以直接给感知处理器提供反馈信息。

3. 动作处理器

动作处理器包含动作整合、动作执行和动作监控三个子处理器，负责根据认知处理器的输出结果采取相应的动作反应。**动作整合**负责动作的选择、规划和动作序列的生成。**动作执行**负责动作指令的执行和输出。**动作监控**负责动作执行结果反馈的收集和评价，从而帮助调整动作序列的执行。

4. 感知模块与认知模块

感知模块直接获取信息，并认识信息的直接含义，随后传递到认知模块做进一步分析、学习，最后形成一种预期返回感知模块进行验证。感知模块与认知模块的交互结果是实现了人脑对客观事物本质属性的概括化反应。

5. 感知模块与动作模块

信息除了通过感知、认知到达动作模块外，还存在另一种更高效的信息加工模式，可以由感知模块中抽取的刺激特征直接自动地启动动作模块，并直接作用于效应器做出反应。这使得感知模块直接作用于动作模块，跳过了认知模块的复杂信息加工程序。

6. 认知模块与动作模块

认知模块与动作模块之间主要是通过动作整合子模块中的动作缓冲区相互联系。信息进入认知模块的工作记忆后，认知模块会做出判断和决策，处理后的信息进入动作模块中的动作缓冲区。另外，动作监控子模块获得的反馈信息会进一步传输到认知模块，从而实现对动作的评价、调整和记忆。

人类与计算机之间的交互和合作主要通过三个通道来实现：①计算机动作模块的输入信息进入人类的感知模块；②人类动作模块输出的信息进入计算机的感知模块；③计算机与人类的认知模块之间存在异质同构性。虽然计算机与人类存在诸多差异，但二者认知功能十分相似，具有相同的功能模块，并且计算机具有和人类一样，理解其他个体意图、愿望和想法的能力。此外，在 HCCM 模型中，人机交互过程被认为是多模态并行、分布式交互的。不管是人类还是计算机，都会同时接收来自多个感觉通道的信息，以及周围交互环境、场景中的各类信息，这个过程持续不断地进行，认知模块负责将所有信息加工整合。

接下来，我们通过一个具体的人机交互实例——智能对话系统来对该模型进行更直观的阐述。智能对话系统需要实现人与机器之间的自然对话，特别是计算机对用户意图和状态需要形成准确理解并做出有效反馈。在使用该系统时，比如用户对计算机给出口语指令"我不知道今天要干什么，怎么办？"，信息首先进入计算机的感知处理器：语音和语义特征被提取（感觉子处理器），然后识别并转化成文本等数据（知觉子处理器）。另外，系统接收到指令后，系统也可以通过控制摄像头捕捉用户的表情和动作，从而对感知模块的输入信息进行筛选（注意子处理器）。识别后的文本、表情和动作信息进入认知处理器：计算机首先需要对语义、情感信息进行持续分析（工作记忆），并从知识库（长时记忆）中查找相关的语义等内容（记忆缓冲），然后进行相似性分析等多种分析，最终形成对语义、用户需求和状态的理解（工作记忆)。经分析后的信息进入动作处理器:根据语义分析结果对需要给出的反馈或反应进行分析和整合,形成动作指令(动作整合),最终通过语音、文字或配合其他形式为用户做出回答(动作执行),如"你心情如果不太好的话,我觉得以下建议可能对你有帮助……"。如果信息输出时发生错误,则系统会自查并进行提示或纠正(动作监控)。输出的信息被用户所接收,也经过感知、认知和动作模块对信息进行分析和评估,最后再给出下一个问题或下一步动作指令,最终共同形成一个有效的活动方案,实现人机之间的良好合作。

2.3.2 基于语义三角形的自然人机交互模型

言语交互是一种重要的人机交互方式。在语言学中,语义三角形模型通过定义"概念""符号""实体"三个基本要素及其之间的关系明确了符号表示与事物实体之间的联系,很好地解决了人类语言交流中言语理解的一致性问题。刘胜航等人[23]将这一思路扩展到自然人机交互领域,提出了一个基于语义三角形的自然人机交互模型,用于更清晰地解释自然人机交互行为,如图2.13所示。人与计算机均可作为交互主体,各由一个语义三角形描述。

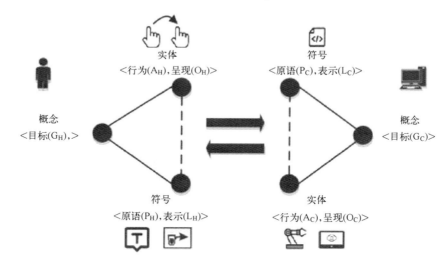

图 2.13 基于语义三角形的自然人机交互模型[23]

标准语义三角形中基本要素的具体含义解释如下:

(1)语义三角形中的概念可以理解为交互意图,是交互主题思想中的概念抽象,是交互行为的抽象体现,用 G 表示,如领域知识、用户思维方式和操作习惯的抽象。

（2）语义三角形中的符号可以理解为只带交互意图的交互方式与交互指令。符号可细分为两个层次，分别是原语和表示。原语是交互意图在符号中的准确表示，是交互意图最直接的符号体现，与交互意图一一对应，用 P 表示；表示是用具体符号方式（如言语等）对交互意图的表示，用 L 表示，通过符号表示可以提取出符号原语。根据符号表示通道或方式的不同，同一符号原语可以对应多种不同的符号表示。例如，以人作为交互主体时，符号原语是人体生理信号，符号表示是定义好的交互符号表示体系，如言语符号规则、指点操作符号规则等；以计算机作为交互主体时，符号原语是未体现交互方式的交互意图指令，符号表示是定义好的指定交互方式下的计算机符号表示语言或规则。

（3）语义三角形中的实体可以理解为交互实体的行为动作与状态变化。实体可细分为两个层次，分别是行为和呈现。行为是交互意图的具体执行动作，在事实上体现了交互意图的目标，用 A 表示；呈现是实体行为的执行效果展现，用 O 表示。例如，以人作为交互主体时，实体行为是人体生理信号，实体呈现是人的具体动作，如在触摸屏上的指点操作动作或根据计算机提示做出的具体动作；以计算机作为交互主体时，实体行为是计算机指令执行过程或控制操作部件完成具体动作的过程，实体呈现是计算机对指令执行结果的状态呈现或操作部件完成动作后的最终状态呈现。

在基于语义三角形的自然人机交互模型中，语义三角形的三条边所代表的含义与标准语义三角形一致，分别代表了"象征""代指""代表"关系。人机交互行为体现为代表交互主体的语义三角形各基本元素之间的相互作用关系。交互意图通过语义三角形的概念（G）体现，具体的交互通过语义三角形的符号表示（L）与实体呈现（O）完成。当人直接采用主观表达的方式与计算机交互时，人是通过符号表示（L_H）将交互意图传递给计算机的，如人以言语形式直接表达出交互意图；当人采用具体行为动作方式与计算机交互时，人是通过实体呈现（O_H）将交互意图传递给计算机的，如人的指点操作动作或根据计算机提示放置物体的动作。当计算机采用计算机交互符号直接展示的方式与人交互时，计算机是通过符号表示（L_C）将交互意图传递给人的，如计算机交互指令的直接展示；当计算机采用指令执行效果或操作部件执行效果与人交互时，计算机是通过实体呈现（O_C）将交互意图传递给人的，如触摸屏的显示效果或机械手的执行结果。

自然人机交互过程可理解为四个子过程，如图2.14所示。

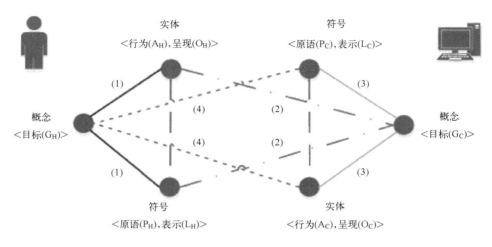

图2.14 自然人机交互模型的交互过程[23]

（1）用户自然交互表达转化过程，表示将人的交互意图（G_H）转化为自然用户界面设定的符号表示（L_H）或实体呈现（O_H）。

（2）计算机自然交互表达识别过程，表示计算机完成对自然用户界面设定的符号表示（L_H）或实体呈现（O_H）的识别，并转化为计算机概念（G_C）。

（3）计算机自然交互表达转化过程，表示计算机将所需表达的概念意图（G_C）转化为自然用户界面设定的符号表示（L_C）或实体呈现（O_C）。

（4）用户自然交互表达识别过程，表示人完成对自然用户界面设定的符号表示（L_C）或实体呈现（O_C）的识别，将其转化为人的概念（G_H）。

自然人机交互过程既可以由人发起，也可以由计算机发起：由人发起时，按（1）、（2）、（3）、（4）的顺序完成交互过程；由计算机发起时，按（3）、（4）、（1）、（2）的顺序完成交互过程。由人发起的交互过程和由计算机发起的交互过程是周而复始连续发生的，且它们是同时存在的。

为了能更好地理解基于语义三角形的自然人机交互模型，我们以人控制机械手完成水杯移动的自然人机交互场景为例，解释自然人机交互模型各基本要素的含义及对应的人机交互过程。在该场景下，人可以使用语音或指点操作等交互通道将"移动水杯"交互意图传递给计算机，计算机控制机械手完成水杯移动,并通过图形图像展示等交互通道方式向人传递操作过程与结果信息。

以人作为交互主体时,语义三角形中的概念(G_H)是"移动水杯"交互意图的抽象;符号原语(P_H)是人体生理信号;符号表示(L_H)体现为以语言形式表示为"把杯子移动到桌子右端"和在触摸屏上拖动图标到指定屏幕位置的符号设定;实体行为(A_H)体现为人在触摸屏上拖动水杯到特定一个屏幕位置的动作;实体呈现(O_H)体现为人在触摸屏上最终的行为状态。

以计算机作为交互主体时,语义三角形中的概念(G_C)是计算机识别出的"移动水杯"交互意图的抽象;符号原语(P_C)是"移动水杯"交互意图的计算机符号,例如可以定义为四元组的形式("move""cup""time""device");符号表示(L_C)体现为机械手的控制指令和其所对应的图形图像符号指令;实体行为(A_C)体现为机械手移动水杯的操作过程;实体呈现(O_C)体现为机械手完成水杯移动的最终效果和以图形图像形式展示出的水杯移动最终效果。

基于此模型,人控制机械手完成水杯移动这一场景的人机交互过程可解释如下:交互过程首先由人发起,人将"移动水杯"的抽象概念(G_H)分别转化为语言符号"把杯子移动到桌子右端"或设定的触摸屏操作符号(L_H),然后将语言符号直接传递到计算机,触摸屏操作符号通过人的指点操作(O_H)将移动杯子所需的位置及相关控制信息传递给计算机;计算机对人给出的语言表示符号(L_H)和指点操作(O_H)进行识别,对应到计算机的概念(G_C);计算机将识别到的"移动水杯"抽象概念(G_C)转化为机械手操作指令(L_C),控制机械手完成水杯移动操作并以图形图像形式展现(O_C);人识别计算机给出的计算机移动水杯结果和图形图像展示结果(O_C),将其转化为抽象概念(G_H),从而形成一个交互回路。人与计算机通过多次连续交互,最终完成机械手移动水杯的意图。

参考文献

[1] OLSON J R, OLSON G M. The growth of cognitive modeling in human-computer interaction since GOMS [M]//Readings in Human-Computer Interaction. Morgan Kaufmann, 1995: 603-625.

[2] CARD S, MORAN T, NEWELL A. The model human processor-An engineering model of human performance [J]. Handbook of perception and human performance, 1986, 2 (45-1).

[3] 刘烨, 汪亚珉, 卞玉龙, 等. 面向智能时代的人机合作心理模型 [J]. 中国科学: 信息科学, 2018 (4).

[4] LAIRD J E, NEWELL A, ROSENBLOOM P S. Soar: An architecture for general intelligence [J]. Artificial intelligence, 1987, 33 (1): 1-64.

[5] 高庆宁. 基于 SOAR 模型的网络舆情演变过程中群体行为分析与仿真 [D]. 南京: 南京理工大学, 2016.

[6] ANDERSON J R. Rules of the mind [M]. Psychology Press, 2014.

[7] 王新鹏. 认知模型的研究和应用 [D]. 兰州: 兰州理工大学, 2007.

[8] KIERAS D E, MEYER D E. The EPIC Architecture for Modeling Human Information-Processing and Performance: A Brief Introduction [R]. MICHIGAN UNIV ANN ARBOR DIV OF RESEARCH DEVELOPMENT AND ADMINISTRATION, 1994.

[9] KIERAS D E, MEYER D E. An Overview of the EPIC Architecture for Cognition and Performance With Application to Human-Computer Interaction [J]. Human-Computer Interaction, 1997, 12 (4): 391-438.

[10] 杨海波, 汪洋, 张磊. 人机交互的 GOMS 模型与 EPIC 模型的比较 [J]. 包装工程, 2015 (8): 96-99.

[11] FITTS P M. The information capacity of the human motor system in controlling the amplitude of movement [J]. Journal of experimental psychology, 1954, 47 (6): 381.

[12] MACKENZIE I S. Fitts' law as a research and design tool in human-computer interaction [J]. Human-computer interaction, 1992, 7 (1): 91-139.

[13] MACKENZIE I S, BUXTON W. Extending Fitts' law to two-dimensional tasks [C]//Proceedings of the SIGCHI conference on Human factors in computing systems. 1992: 219-226.

[14] MURATA A, IWASE H. Extending Fitts' law to a three-dimensional pointing task [J]. Human movement science, 2001, 20 (6): 791-805.

[15] ACCOT J, ZHAI S. Beyond Fitts' law: models for trajectory-based HCI. tasks [C]//Proceedings of the ACM SIGCHI Conference on Human factors in computing systems. 1997: 295-302.

[16] WOBBROCK J O, CUTRELL E, HARADA S, et al. An error model for pointing based on Fitts' law [C]//Proceedings of the SIGCHI conference on human factors in computing systems. 2008: 1613-1622.

[17] LEE B, OULASVIRTA A. Modelling error rates in temporal pointing [C]//Proceedings of

the 2016 CHI Conference on Human Factors in Computing Systems. 2016：1857-1868.

[18] HUANG J, TIAN F, FAN X, et al. Understanding the uncertainty in 1D unidirectional moving target selection [C]//Proceedings of the 2018 CHI Conference on Human Factors in Computing Systems. ACM, 2018：237.

[19] FLASH T, HOGAN N. The coordination of arm movements：an experimentally confirmed mathematical model [J]. Journal of neuroscience, 1985, 5 (7)：1688-1703.

[20] TODOROV E, JORDAN M I. Optimal feedback control as a theory of motor coordination [J]. Nature neuroscience, 2002, 5 (11)：1226-1235.

[21] QUINN P, ZHAI S. Modeling gesture-typing movements [J]. Human-Computer Interaction, 2018, 33 (3)：234-280.

[22] HUANG J, PENG X, TIAN F, et al. Modeling a target-selection motion by leveraging an optimal feedback control mechanism [J]. Science China Information Sciences, 2018, 61 (4)：044101：1-044101：3.

[23] 刘胜航，陈辉，朱嘉奇，等．基于语义三角形的自然人机交互模型 [J]．中国科学：信息科学，2018（4）．

第 3 章
生理计算与交互

3.1 概述

生理计算是用来描述任何直接监测人体生理并将其转化为控制输入的技术系统的术语[1]。这类技术努力使输入控制像一个简单的意志行为一样直观,比如举起一只手臂或向前移动。基于传感器的系统具有监控大脑和身体的能力。生理计算的研究可以增加对用户认知、情绪和动机的动态表示。利用用户的隐式模型扩展了技术的适应性,在身体和计算机之间创建对话。通过传感器技术进行监视的行为不可避免地会生成可以量化、可视化、检查和共享的数据,透过这些数据,用户可以熟悉数字化的自我。生理计算以量化的视角来观察运动、睡眠模式和情绪变化。

生理计算研究具有很强的跨学科特征,涵盖了从神经科学到工程学的广泛知识。这种跨学科属性带来的好处是,心理学家有可能与计算机科学家和工程师一起研究一个共同的问题。但是,这种跨学科属性同样可能会产生一些问题,因为从脑机接口到远程医疗,不同生理计算系统中所包含的领域跨度非常大,决定了在系统实现时是充满挑战的。在某种程度上,这种发展既是必然的,也是必要的。然而,对生理计算系统的研究,无论目标系统是与输入控制、适应有关,还是与监测有关,都有许多相似之处,为研究生理计算系统的一些共性问题和设计范式提供了可能。

人类与计算机系统交互的一般模式在过去 30 年里一直保持不变。我们能够通过键盘和鼠标等外围设备向计算机公开表达我们的意图。平板电脑和手势识别的出现对传统的输入控制方法提出了挑战,但基本的交互模式没有改变。还有其他正在开发的替代范例,允许用户与计算机通信,不需要公开输入控制形式。脑机接口(Brain Computer Interface,BCI)被设计成通过将信号转换为接口的动作,直接从大脑皮层读取动作和意图[2,3]。因此,通过监测大脑感知运动链的来源，取代了传统输入控制中涉及的基于物理的运动监测。

BCI 和眼睛控制系统的开发代表了一种输入控制的替代形式。这种输入控制是指令性和有意图的，就像用鼠标指向和单击一样。在这些情况下，输入控制的模式是新颖的，但人机交互（HCI）的机制基本保持不变。在这种情况下，用户的监测结果数据用于描述认知、情感和动机状态。这些数据经过综合成为一个动态的结果，表示个人的心理状态，同时这些数据会实时传送到系统软件，使软件能够进行实时地自我调整[4]。这种窃听式的心理生理学方法可能会对 HCI 的未来产生深远的影响，在这种方法出现之前的关于情感计算[5]和适应性自动化[6]的研究已经证明了如何使用生理数据来触发及时且直观的软件适应性。比如，及时提供积极反馈可帮助沮丧的用户避免愤怒升级[7]，自动驾驶飞机座舱可缓解心理工作负荷高的飞行员[8]，以及电脑游戏使用难度升级的机制可激励一个无聊的玩家[9]。这些生物控制系统[10]依赖内隐的心理生理状态监控用户，可以用来促进用户积极的心理状态，减轻某些负面情绪或危险状态的发展[11]，从而更利于个人的健康和安全。

华盛顿大学 Huang 等人把肌电传感器配置成环状分布佩戴在用户手腕上，探索了触屏手机环境下的拇指动作精细识别，包括有反馈和无反馈条件下的点击、滑动及九宫格解锁操作[12]。为了能够捕获更好、更全面的手部肌电信号，德国卡尔斯鲁厄理工学院的 Amma 等人使用了 8×24 点阵的高密度肌电传感器获取整个手臂的肌电信号。实验证明，这种方案可以获得非常高的手势识别率[13]。根据表面肌电手势识别原理，Thalmic Labs 公司开发了肌电腕带 MYO，并且在腕带中加入运动传感器。MYO 腕带自带的应用支持演示文档控制、简单手势等操作，并且对外开放应用开发接口，是基于肌肉感知的手势交互技术从研究走向商业应用的重要里程碑。同样，也有研究者利用新颖的传感器技术来实现手势交互应用。麻省理工学院的 Dementyev 等人使用压力传感器设计了一条压力腕带来感知手臂肌肉群的收缩状况，利用这条腕带还可以识别握拳、张手、捏指等多种手势动作[14]。卡耐基梅隆大学的 Zhang 等人则利用肌肉收缩与放松时的电阻抗差异，使用高分辨电阻抗断层成像技术对手腕截面进行扫描的方式检测手部做动作时手臂肌肉电阻的变化，开发了一套能实时识别手势动作的系统[15]。

东南大学的宋爱国团队在肌肉活动信号获取设备的研究和开发方面做了深入的研究[16]。中国科学技术大学的陈香教授在基于表面肌电的中国聋哑人手语识别、虚拟现实手势交互应用等方面也获得了不菲的成果[17]。中国科学院软件研究所田丰团队提取手势动作时的肌电信号用于判断手势的起始结束点，解决手势识别应用中手势与手势之间难以分割的难题[18]。

美国匹兹堡大学的 AttentiveReview 根据 PPG 在 Review 阶段可自适应选择要推荐给用户的内容。威斯康星大学麦迪逊分校根据 EEG 在 Review 阶段可自适应选择要推荐给用户的内容。美国塔夫斯大学用近红外光谱仪（fNIRS）可得到用户的疲劳度和负载度，自适应调整任务难度，使用户表现更好，降低35%的任务失败率。瑞士联邦理工学院追踪用户在 MOOC 视频学习中的眼球移动并推断用户注意力集中度，给出可以提高学习效率的反馈信息。加拿大蒙特利尔大学 MENTOR，根据 EEG 信号决定给出问题还是例题，更好适应学习者状态，提高学习效率。

塔夫斯大学 Robert Jacob 教授的团队近年来基于 fNIRS 探究从动态脑氧含量到认知负荷、情感状态及运动机能等人体状态建立关联关系。美国匹兹堡大学 MIPS 实验室研究如何通过普通摄像头隐式监测用户在日常使用交互系统过程中的心率。德国斯图加特大学 Albrecht Schmidt 教授的团队使用轻量级脑电传感器 Neurosky Mindwave 监测听众在听报告过程中的投入程度。美国南卫理公会大学的学者利用瞳孔直径预测认知负荷。

生理计算系统可分为两大类。第一类是为了扩展身体模式，即身体的表现形式，指导有针对性和意志性的知觉运动任务。当我们想要触摸一个图标或者点击一个链接到一个特定的网页时，这些功能是由意向性指导的。对于日常活动，比如拿起咖啡杯或打开门，神经系统会在无意识的水平上指导行动。这样生理计算系统可以通过采集，并分析这些人体的意识来控制一些设备，比如残疾人假肢、轮椅控制等。第二类涉及对那些发生在身体内部动态过程的自我感知，并有助于对心理状态的感知。生理计算系统可用于获取一系列生理数据，如体育活动（如跑步、散步）、心理过程（如增加的心理工作量或挫折感）以及健康指标（如高血压患者监测血压）。这种类型的生理计算系统通过向用户提供一个额外的定量反馈通道，促进了对自我的感知。

3.2 生理计算理论

本节将对生理计算领域常用的生理信号进行简单的介绍，并且介绍常用的信号采集设备，以及对这些信号的处理、特征提取、分类识别的常用方法等。

3.2.1 生理学概念

最早监测生理指标的方法是直接观察，即在胸部放置一只"耳朵"来听心脏有节奏的跳动。20世纪初，用于放大生理信息的专用机械和电子设备开始出现，随着计算机的普及，有很多生理传感器被开发出来以利用其进行数据处理和分析。

心理生理学家已经研究了80多年可监测的生理信号，试图了解身体对不断变化的心理和身体状况的反应。现代生理传感器检测人类神经系统三个区域的活动：中枢神经系统（CNS）、躯体神经系统（SNS）和自主神经系统（ANS）。中枢神经系统包括大脑和脊髓，躯体神经系统与肌肉控制有关，自主神经系统控制和协调身体的主要腺体和器官[15]。

随着科学家对人体的了解不断深入，以及生理传感器技术的发展，人类对人体生理信息的采集越来越多样。下面介绍几种在生理计算领域常用的生理信号。

1. 脑电信号

脑电信号是存在于人体大脑皮层的一种自发性、节律性的电活动，放置在头皮上的电极可以测量这种大脑皮层或表面的电活动。脑电信号可以用来监测清醒大脑的警觉状态，是一个有用的可用性指标，特别是在评估安全关键系统时。例如，高频β波（14~30Hz）与高度警觉状态相关，α波（8~13Hz）表示放松警觉状态，δ波（1~3Hz）与困倦相关。通过在用户完成任务时监测脑电信号，有可能测量任务参与度[9]或任务难度，并找出用户注意力不集中的时刻[10]。研究表明，随着任务变得越来越困难或要求越来越高，头皮正面部位的θ波（4~7Hz）会增加。而且，任务难度增加，α波会受到抑制[12,13,18]。

除了监测连续的、振荡的脑电信号，我们还可以在大脑中寻找对特定刺激的离散的、可重复的电反应。这些电反应被称为事件相关电位（ERPs）。与离散的心理事件、闪光刺激或行动准备（准备移动脚或手）有直接关系的这些信号已经被证明是可靠的输入控制信号，可以作为无须手控制的应用系统的输入信号。

2. 肌电信号

通过将两个电极放置在皮肤合适的肌肉上，可以记录与肌肉的活动有关的电活动。得到的电信号可以用来推断肌肉的状态是完全收缩、部分收缩还是完全放松。

因为肌电信号显示了肌肉活动最细微的迹象，所以是运动准备的良好指标。由于肌肉张力的增加可能预示着负面影响，所以肌电信号已经被作为评估虚拟环境中用户存在感的潜在指标。

对肌电信号的心理生理学研究表明，面部肌电信号对愉快和不愉快刺激的反应是一致的，尤其是眉毛的肌肉结构。这种监控前额表情的能力提供了一个有用的可用性指标。

3. 眼电信号

眼电信号是眼角膜和视网膜之间电位差的量度，可以通过位于眼睛周围的电极来测量。眼电信号提供了关于眼睛移动位置和速度变化的信息。基于头部的静态位置，使用眼电信号可以定位眼睛的 x、y 坐标，这也是基于视频的眼睛跟踪系统很受欢迎的原因。但是无论使用哪种方法，眼睛运动捕捉都可以提供关于视觉注意力分配给用户界面哪些组件的重要线索，并可作为设计更精细的用户界面的参考。

基于视频的眼睛跟踪设备是测量瞳孔反应的好方法。圆形和放射状肌肉纤维可控制瞳孔的收缩和扩张。瞳孔大小对情绪刺激做出反应，无论是积极的还是消极的，都为情感计算应用提供了另一个潜在的有用的参考依据。瞳孔大小的变化也可能与心理刺激的呈现时间相关。

眼电信号传感器也可用于测量眨眼。眨眼率和持续时间的测量产生了关于任务需求和疲劳程度的有意义的信息，使其成为界面评估和可用性测试的一个很好的指标。此外，眨眼可以用作切换信号，相当于点击按钮，无须用手控制鼠标。

4. 心电信号

心电信号是与心肌收缩相关的电事件的量度。心率（HR），也即对心脏跳动速度的测量，通常用一分钟心跳的次数（bpm，beat per minute）来表示。心理刺激和体育活动都会增加心率。例如，当接口任务由于认知需求、时间限制或不确定性而具有挑战性时，心率通常会增加。

心率以前曾被用来评估电脑游戏的刺激效果，最近已经被整合到电脑游戏中，根据检测到的玩家心率变化，实时改变挑战水平。除了像挑战这样的心理过程，一系列身体活动也会影响心脏。心率的控制代表了体温调节、血压控制和呼吸模式影响的融合。研究人员试图通过对心脏周期数据进行快速傅里叶变换（FFT）来提取这三种影响。这项研究已经确定了一种被称为0.1Hz窦性心律不齐的中频成分（或心率变异性HRV的中频成分）。这种成分被认为是对实验室任务和现实生活活动的心理反应。

5. 呼吸模式

当一个人吸气和呼气时，胸部的隔膜会膨胀和收缩。这种呼吸活动的速率和深度可以用固定在胸部周围的带状传感器来测量。呼吸速率可以量化为每分钟呼吸的次数。就呼吸速率作为可用性指标而言，值得注意的是，呼吸速率随着任务需求而增加，当互动任务很困难或要求很高时，呼吸会更长、更深。还有研究声称，呼吸模式可能反映情感的二分性，如平静-兴奋和放松-紧张。

6. 电活性/皮肤电

如果在皮肤上放置两个电极，并通过它们驱动一个小的恒定电流，则皮肤可以被看作是一个可变电阻。电极两端产生电压，欧姆定律的应用可以用来计算皮肤的有效电阻。

电活性可以体现人体对情感刺激做出的反应，如音乐、观察到的暴力、色情刺激等，可以用来实现系统反馈的自适应调节。这项措施也涉及脑负荷的测量，手指、手掌、前臂和脚底是测量电活性的活跃部位。因此，必须考虑记录这种电活性的手段，以及它如何影响个人的正常运动或行为。

7. 血压

血压是心脏泵血的力量的量度。血压的测量也反映了血液流经动脉的阻力特性。静息血压水平受到多种人自身因素的影响，如有氧健身、情绪状态等。有研究建议通过综合心电信号和血压信息来区分处于挑战状态和威胁状态的人，对于关键应用体验的评估和计算机游戏的设计，这些信息特别有用。

从前面的描述中可以发现，直接采集得到的生理数据的特性并不明显，作为计算机的输入源，生理信号远不如我们过去使用的数据源可靠。生理信号受很多因素的影响：①个体的生理特征。每个个体的生理特征都是独一无二的，正常的心理生理活动的潜在范围必须考虑到性别、年龄和健康状况等。②环境因素。大多数心理生理参数容易受到环境影响，如温度和湿度的变化等。③行为影响。心脏活动（心率/血压）也可能受到吸烟、姿势和时间等因素的影响。这些可变因素妨碍了生理信号作为输入源的可靠性。然而，随着上下文感知技术的发展，人们可以利用对探测到的用户环境的信息，来实现生理数据的标准化。

3.2.2 生理信号采集手段

在明确了生理信号的发生原理后，信号的测量是一个非常重要的过程，生理信号采集设备的发展也经历了一段巨变。

近几十年来，心理生理学分析的研究发展迅速，利用脑电图、心电图和皮肤电导等心理生理指标来评估用户在各种环境下的认知和情感状态。针对不同背景的人，根据他们的教育背景、兴趣和灵感来使用心理生理分析。为了记录人机交互过程中的用户体验或心理效应，人们进行了各种各样的研究，利用心理生理学数据中的实时特征来获取受试者的心理状态。

在心理生理学中，为了记录心理生理信号，有三种测量方法：问卷、信号读取和行为分析[19]。

问卷评估了参与者[20]对自我心理和生理状态的反省和自我评价，是最常用的记录自我评价的方法。使用问卷的优点是其为用户主观体验的一种表达，然而这种方式也存在很多缺陷，比如人为的错误、偏见反应、对问题的误解或调查的规模不够大等[21]。

信号读取与生理反应相对应。这些生理反应是通过一些仪器来测量的，仪器可以读取诸如心率、体温、肌肉紧张、脑信号、皮肤电导等身体事件。使用这些措施的好处是，它们提供了准确的反应。由于它们很容易出现身体活动和外界因素混合影响的情况，所以信号读取后的噪声去除也是一个非常重要的步骤。

行为分析包括观察和行为的记录，如面部表情、眼球运动等[20]。这些反应易于测量，主要用于与注意力和情绪相关的实验[22,23]。

在心理生理学中，通常需要对生物信号进行复杂的交互分析。心理生理分析的应用很广泛，比如通过压力检测实现测谎的功能，通过测量短期情感反应（感觉、情绪、性格等）[24]来监测实验对用户的影响等。情感反应被认为是一种基于环境和情绪本能的心理状态。这些反应是自发的，持续几分钟，因此很难识别。心理生理学分析中常用的经典情感状态有愤怒、蔑视、厌恶、恐惧、快乐、中性、悲伤和惊讶等。研究人员可以利用这些信号来推断人的情感状态。另外，研究人员还可以利用心理生理学信号来估计参与者的认知状态。这些信号被用来分析低阶认知过程（如简单的视觉检查）和高阶认知过程（如注意力、记忆、语言、工作负荷等）[25]。不同的信号来源用于不同的心理生理分析，如心电信号（ECG）、皮肤电导（GSR）、脑电信号（EEG）、肌电信号（EMG）、呼吸速率（RR）、皮肤温度（ST）、面部表情等。

为了采集和记录上述的心理生理信号，各种各样的新技术在过去被用于电极的设计中。目前人体生理信号采集技术已经从湿电极升级到干电极，氯化银/银是这些生物反馈传感器最常用的电镀材料。除氯化银/银外，传感器还使用了金、铝、不锈钢和镍、钛等其他金属的混合物[26]。湿电极需要电解凝胶来增加传导，但会给参与者带来不适。因此，对于涉及实时记录的应用，应首选干电极[27]。

随着技术的发展，这些传感器技术逐渐成熟，并有公司生产了可以同时采集多种生理数据的设备。常用的生理信号采集设备，如美国 BIOPAC 公司生产的多导生理记录仪，它是目前世界上应用广泛、功能强大的电脑化多导生理记录仪，产品分为 MP 系列 16 通道研究型多导生理记录仪及 Student Lab 系列 4 通道学生实验型多导生理记录仪，可以完成以下生理信号测量：心电、脑电、肌电、眼电、胃肠电、诱发电位、神经电位、细胞电位、有创血压、无创血压、dP/dt、体温、肌张力、呼吸波、呼吸流速、组织血流速度、血管血流量、氧气含量、二氧化碳含量、血氧饱和度、无创心输出量、光电脉搏容积、皮肤电阻、电刺激等。另外，对于脑电，还有 Neuroscan EEG/ERP 记录系统，它为脑科学的研究提供了很好的技术和研究平台。

3.2.3 生理信号分析

在了解了生理学上有哪些常见的生理信号以及采集设备后，我们需要知道如何对这些信号进行处理与分析。下面针对人机交互领域应用比较广泛的几种生理信号的处理、特征提取、分类识别的过程进行简单的介绍。

1. 肌电信号

肌电信号虽然是非常微弱的，但是它蕴含着很多与肢体运动相关联的信息[28]。通过表面电极可以检测到用户肌肉收缩的意图。显然，截肢者或残疾人能够在不同水平的静态肌肉收缩或动态肢体运动中产生可重复但逐渐变化的肌电信号模式。这些模式可用于控制系统，即所谓的肌电控制系统（MCS），以控制康复设备或辅助机器人。

肌电信息采集方式分为两种。第一种方式是针电极肌电信号，以针形电极为引导电极，将其插入肌肉内部，直接在活动肌纤维附近检测电位信息。这种采集方式干扰小、定位性好、易识别，具有良好的空间分辨率和较高的信噪比。但是这种方式会给人体带来创伤，不宜同时测量多路信息。第二种方式是表面电极肌电信号，它是从人体皮肤表面通过电极记录神经肌肉活动时发出的生物电信号。这种方式具有较大的检测表面和较低的空间分辨率，记录的信号为一定范围内肌纤维电活动的总和。这种采集方式虽然无损伤性，但是容易受到外界干扰。

因为第一种采集方式对人体是有伤害的，所以一般都采取表面电极肌电信号采集方式。表面电极肌电信号（MES）是通过放置在用户肌肉上的皮肤电极来收集的，电极通常配有微型前置放大器，以区分感兴趣的小信号。信号经过标准的肌肉电仪器放大、滤波、数字化，最后传输到识别模块。

识别模块由三个部分组成：活动段检测、特征提取、分类识别。由放置在人手臂皮肤表面预定位置上的表面肌电信号传感器同步获取多通道表面肌电信号数据，经由活动段检测方法标定每一个动作执行时对应信号流的起止点，再通过特征提取后进行分类识别，动作的识别结果可以转化为控制指令，作为人机交互的输入。

（1）活动段检测。从连续采集的多通道肌电信号数据流中提取出对应于动作执行时的信号，称为活动段。活动段检测的任务是确定手势动作表面肌电信号的起点和终点位置。已有的表面肌电信号活动段提取算法有短时傅里叶方法、自组织人工神经网络方法、移动平均方法等。

（2）特征提取。由于大量的输入和信号的随机性，将一个时间序列的肌电信号直接输入分类器是不切实际的。因此，序列必须映射到一个更小的维向量，它被称为特征向量。这就决定了任何模式识别问题的成功与否与特征的选择和提取效果有直接的关系。肌电的特征可分为三类：时域、频域和时频域[29]。针对特征提取效果的评价有两种方法：结构分析和现象分析。在结构分析中，特征是基于物理和生理模型来评估的，在信号产生过程中考虑。在结构分析中，可以使用数学模型生成的合成信号来评估所选特征，如偏差、方差和对噪声的灵敏度水平。现象分析方法对信号进行了粗略的解释。这种方法有时被称为经验方法，主要根据分类性能的比率及其鲁棒性来评估特征。

特征提取常用的方法有时域分析方法、频域分析方法、时频分析方法。

时域分析方法由于计算相对简单，并且是基于信号振幅、周期、形状等特征的，因此是肌电分类中最常用的方法。将肌电作为一个零均值随机信号，振幅可以定义为一个信号的时变标准差（STD），它与主动运动单元的数量和激活率成正比。振幅由特征表示，表示信号能量、激活水平、持续时间和力，受到电极位置、组织厚度、肌肉纤维中运动单元的分布、肌肉传导速度和用来获取信号的检测系统等因素的影响。为了判断幅值特征的质量，将信噪比（SNR）定义为一个段内样本的均值除以其标准差，这个比率是测量信号振幅的随机波动，更高的信噪比可以产生更好的特征。当力量或姿势改变时，时域分析方法不再是一种有用的测量方法。常用的肌电信号时域特征有积分肌电值、过零点数、方差、肌肉电信号的时序模型（自回归模型、滑动平均模型、自回归滑动平均模型）和肌肉电信号直方图。

频域分析主要用于研究肌肉疲劳，并推断活动单元的变化。信号频谱受两个因素的影响：低频范围（40Hz以下）的发射率和高频范围（40Hz以上）[30]中沿肌纤维运动的动作电位形态。它是时变的，直接取决于收缩力、肌肉疲劳和电极间距离。在持续的随意收缩过程中，即使没有肌肉状态的随意改变，肌电信号也应被视为非平稳信号。频域分析方法有两种常见的做法：求取功率谱的平均功率频率和中值频率。

时频分析方法将时域和频域结合起来，同时分析时域和频域的信号。对于表面肌电信号的分析，常用的时频分析方法有短时傅里叶变换、Wigner-Ville变换、Choi-Williams分布及小波变换等。

特征提取需要根据这些特征来对数据进行分类识别。

（3）分类识别。提取的特征需要分为不同的类别，以识别所需的运动模式。由于肌电信号的性质，我们有理由认为某个特征值会有很大的变化。此外，还有一些外部因素，如电极位置的变化、疲劳和出汗，这些都会导致信号模式随时间的变化。分类器应该能够最佳地处理这种变化的模式,并防止过度拟合。分类应该足够快,以满足实时约束。一个合适的分类器必须能够有效地对新的模式进行分类,而在线训练可以长期稳定地保持分类性能。常用的分类算法有神经网络、模糊推理等。

许多文献强调了神经网络在肌电分类中的成功。神经网络的主要动机源于使用人工智能(AI)通过学习来执行任务的愿望。神经网络的优点是它既能表示线性关系,又能表示非线性关系,并能直接从被建模的数据中学习这些关系。它还满足实时约束,这是控制系统的一个重要特征。基于识别的肌电控制作为开发实时模式的先驱,Hudgins 等人[29,31]使用多层感知器(Multi-Layer Perceptron,MLP)神经网络对时域特征进行分类。它能够区分四种类型的肢体运动,错误率在 10% 左右。最近,Zhao 等人[32]应用 MLP 神经网络基于信号的时间尺度特征和熵来识别六种运动模式,平均正确率约为 95%。

利用模糊推理进行生物信号处理和分类具有许多优点。生物信号并不总是严格可重复的,有时甚至是相互矛盾的。模糊推理能够容忍数据中明显的矛盾。模糊推理能够发现数据中不易检测的模式。此外,在模糊推理方法中,医学专家的经验可以被纳入处理和分类。由于它的推理方式,将这种不完整的但有价值的知识整合到模糊推理中是可能的。模糊推理方法利用不精确、不确定和部分真实的容忍度,实现易于处理的、健壮的和低成本的分类解决方案。

在分类识别之后,系统得到了确定的指令,再将指令输入控制设备中,就完成了肌电控制的单向流程。肌电控制应该提供高度的直观和灵活的控制,并提供高水平的性能。肌电控制中可控性的三个重要方面是系统的准确性、执行控制的直观性以及系统响应时间。

系统的准确性对于用户意图的真实实现至关重要。它必须尽可能地高,尽管很难定义一个可接受的阈值,但因为没有明确的临床尝试解决这个问题,所以准确性是开发多功能控制器的关键因素,可以通过从肌肉状态中提取更多的信息,并采用能够利用这些信息的强大分类器来提高准确性。此外,增加用于数据收集的活动肌肉的数量,开发包含丰富信息的特征集,可以提高系统的准确性。

实际应用中,直观性的缺乏源于用户当前的知识和执行操作所需的知识之间的差距。它可以通过增加用户的知识来实现，也可以通过减少执行操作所需的知识来实现。前者需要大量的培训，而后者需要开发强大的智能用户界面。因此，肌电控制应该能够学习肌肉的激活模式，以一种自然的方式来驱动运动。它们需要在运行过程中对不同的条件具有足够的健壮性，并且在面对新的数据或模式时具有很高的效率。直观性减轻了使用者在长期操作和自然的日常工作中的心理负担。

2. 脑电信号

大脑皮层内众多神经元细胞自发性、节律性的电活动产生了脑电信号，通过监测脑电信号中不同频率、幅值和波形的电位变化就可以获取到人的情绪、思维等心理活动信息。随着传感技术和计算机技术的快速发展，脑电信号在越来越多的领域中得到广泛应用，从最初在临床医学上用于疾病的诊断和治疗，到如今越来越多地研究通过对人脑电信号的提取和分析实现脑机接口（BCI），给出了一种更加直接、方便和快捷的人机交互方式。

目前的脑电信号研究已经发现，人体自发的大量节律性的脑电信号中主要包括以下几类不同频段下的信号：

① δ波。频率为 1~3Hz 的脑电信号，较多出现在人类的婴幼儿时期，成年人在正常状态下很难被监测到。

② θ波。频率为 4~7Hz 的脑电信号，幅值为 20~40μV，是人类青少年时期（10~17岁）脑电信号所处的主要频段，同时与成年人的精神状态有很大关联，但成年人精神抑郁、心情低落时较易被观测到 θ 波，而人情绪较好时很难被观测到。

③ α波。频率为 8~13Hz 的脑电信号，是正常人脑电信号的基本节律，在人安静休息但保持清醒时观测最显著，一旦人受其他刺激或者发生具有目标性活动时，α波就会消失，β波替代出现。

④ β波。频率为 14~30Hz 的脑电信号，一般与人所进行的活动种类有关，其频率代表着人大脑皮层的兴奋程度，当人情绪亢奋或精神紧张时会显著观测到该频段的脑电信号。

⑤ γ波。频率在 30Hz 以上的脑电信号，同样是在人情绪强度较高时会出现。

脑电信号基本波形如图 3.1 所示。

应用脑电信号的第一步就是要采集脑电信号，目前应用最为广泛的方式仍然是使用脑电图仪，实际测量时根据测量电极放置位置的不同，可以得到不同的脑电图，包括深部脑电图、大脑皮层脑电图和头皮脑电图。常规的脑电测量都采取头皮脑电的测量方法，国际标准导联系统 10/20 电极放置法是目前最常用的电极放置标准。该标准中，16 或 19 个电极被放置在头皮的特定位置上，如图 3.2 所示[33]。

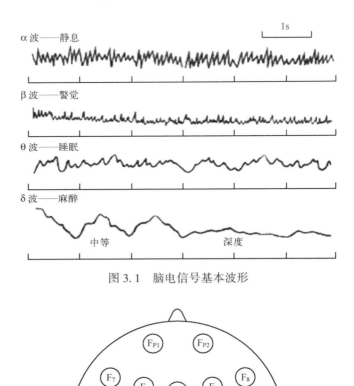

图 3.1　脑电信号基本波形

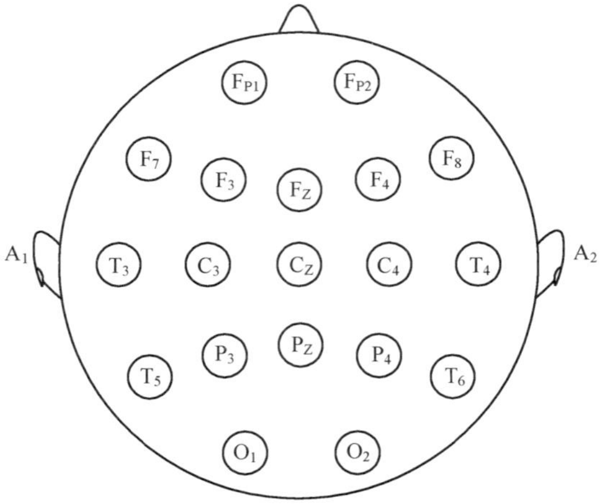

图 3.2　10/20 国际标准导联系统电极放置位置示意图[33]

表 3.1 为 16 导联采样电极放置位置与对应符号[33]。

表 3.1 16 导联采样电极放置位置与对应符号[33]

导联	1	2	3	4	5	6	7	8	9	10	11	12	13	14	15	16
位置	左前额	右前额	左额	右额	左中央	右中央	左顶	右顶	左枕	右枕	左前额	右前额	左中额	右中额	左后额	右后额
符号	F_{P1}	F_{P2}	F_3	F_4	C_3	C_4	P_3	P_4	O_1	O_2	F_7	F_8	T_3	T_4	T_5	T_6

脑电信号的特征提取是脑电信号应用的重点。历史上，Dietch 于 1932 年利用傅里叶变换首次对脑电信号进行了分析，此后人们将频域分析、时域分析等众多信号处理的经典方法引入脑电分析中。脑电信号的时域分析主要用来直接提取脑电信号在时域下的波形特征，如方差分析、峰值分析、相干分析、波形参数分析等，它直观性强，物理意义明确，但由于脑电信号非平稳随机信号的特点，导致直接在时域下分析困难且获取有效信息有限。频域分析方法主要包括功率谱分析、自回归参数模型谱分析、双谱分析等。功率谱分析是脑电信号分析中最常用的方法，由于脑电信号是非平稳的随机信号，在功率谱分析中对分段后的短时信号做傅里叶变换，将变换后的幅频特性平方乘以适当的窗函数，作为该信号最终的功率谱估计。虽然分段后的短时信号可以认为是准平稳的，但是这种分析方法仍然存在着分辨率差、谱估计方差大、存在边瓣等缺点。为了改善功率谱分析的这些不足，自回归参数模型谱分析被提出来，通过该方法可以得到高分辨率的谱分析结果，在脑电信号的动态特性分析中的优越性尤为明显。双谱分析则是针对功率谱分析方法会丢失脑电信号中包括相位信息在内的高阶信息的问题提出的改进方法。小波变换由于具有多尺度分析的能力，通过选取合适的基本小波，就可以使变换后的信号在时域、频域上都具有较好的特征表现能力。通过调整小波尺度，就能够提取到信号不同时间尺度下的特征。除了以上经典的特征提取方法，近年来人工神经网络分析、非线性动力学分析等现代信号分析方法也广泛应用于脑电信号的特征提取中，通过这些现代的分析方法可以提取出很多常规时域和频域下分析方法难以获取的特征信息，具有广阔的应用前景[34]。

在提取脑电信号的特征信息之后，需要根据这些信息对人体的生理和心理状态做出判断。这时一般会采用机器学习的方法对脑电信号进行分类。目前用于脑电信号分析的分类器包括有监督学习和无监督学习两种。有监督学习包括支持向量机（SVM）、贝叶斯方法、神经网络算法等，因为算法中加入了标签，因此更加有利于信号识别的准确率，使用更为广泛。支持向量机泛化能力强，全局性优化和分类效果好，特别适用于非线性、小样本类的问题，因此是脑电信号的分类问题中最常用的一种方法[35]。神经网络算法以样本信息为指导，不断修正模型中的参数权值，再利用训练出的感知器对样本进行分类[36]。而贝叶斯方法相比于其他分类算法，能够更有效地拒绝不确定样本。虽然有监督学习的分类算法具有更好的分类准确率，但是由于个体脑电信号存在差异性，而无监督学习的分类算法更加接近实际应用，同时很多与脑电信号有关的实际应用并没有明确的类别标签，在这种情况下，无监督学习的分类器也更为合适。无监督识别算法的核心在于利用样本自身向特性相近的同类样本聚集从而达到异类样本分离的目的。模糊C均值聚类算法通过寻找类别本身的固有特征，从而找出相似的样本，达到分类的目的，是一种广泛用于脑电信号处理中的无监督学习分类算法[37]。

脑电信号应用最广泛的是与医学、生理学相关的领域，最典型应用就是基于脑电波的人类睡眠研究。目前，学术界普遍将睡眠状态分为以下几个阶段。①NREM 睡眠阶段 S1 期。入睡期，该阶段的脑电信号中，α波会降至 50%以下，幅值较低的θ波增多，后期可能会出现驼峰波。②NREM 睡眠阶段 S2 期。浅睡期，脑电信号中θ波显著增多，同时开始出现中低幅值的δ波以及睡眠纺锤波。③NREM 睡眠阶段 S3 期。中度深睡期，睡眠纺锤波的幅值增大，频率减小，δ波含量增多，占 20%～50%。④NREM 睡眠阶段 S4 期。深睡期，睡眠纺锤波逐渐消失，δ波含量明显增多，占比超过 50%。⑤REM 睡眠阶段。此阶段脑电信号与 S1 期类似，开始时会观察到锯齿波，α波也会增多但不规则[38]。通过脑电图仪可以采集人体在睡眠时的脑电信号，这些信号经过滤波放大等预处理后就可以用于脑电信号的特征提取中。在文献［39］中，作者使用 4 阶 Daubechies 小波对脑电信号进行 4 层分解，然后分析 4 层小波中脑电信号中各个频段的信号的含量，发现各个频段小波包系数的均值和标准差在不同睡眠状态下具有显著的区别，如小波包的 D2 分量中包含了α频段和β频段的信息，而随着睡眠状态由浅睡眠到深睡眠的转变，D2 分量的该特征也逐渐减小。通过将提取到的脑电信号各个频段的小波包系数均值和标准差作为睡眠自动分期的特征参数，输入到分类器（支持向量机）中训练，最终得到的睡眠自动分期分类结果的准确率高达 85%。

由于脑电信号中存在的不同节律频段信息与情绪等心理活动有着密切的

关联，因而基于脑电信号的人类心理活动研究也具有广阔前景，例如基于脑电信号的人类情绪识别。Lange 二维情绪分类模型认为，情绪是由效价（Valence）和唤醒度（Arousal）两个维度构成的。效价指的是情绪体验及其强度。唤醒度指的是与情绪活动有关的机体唤醒程度。在情绪的多系统模型中，认为情绪是不同基本元素的集合，例如快乐、厌恶、悲伤、愤怒、害怕、恐惧等。脑电信号中，不同频段信号的强度变化与人情绪变化有很强的关系，例如脑电信号中的 γ 波强度随着情绪亢奋程度（情绪的强度）的增大而增大，θ 波能量则随着积极情绪的增强而增大，大脑右额区的 α 波能量会随着负面情绪（悲伤、厌恶）的增强而增大，人在害怕时大脑左前额区 β 波会明显上升，在高兴时大脑 C4 导联区域的 α 波强度会下降，悲伤时大脑左前额区的 α 波强度也会下降，在比较平和的状态下，大脑 T5 导联处的 γ 波会上升，CP5 导联处的 α 波会下降[40]。

基于脑电信号的情绪识可以分为情绪诱发、脑电信号的采集和预处理、脑电信号中的情绪特征处理以及基于提取特征的情绪识别几个步骤。首先通过面部肌肉动作和表情、语音提示、回忆等方式可以诱发人的各种情绪，在此基础上通过脑电采集仪器采集原始脑电信号，并通过滤波和放大操作滤除噪声信号。然后通过上文所提到的特征提取方法对经过预处理后的脑电信号进行特征提取，如提取出不同事件相关电位（ERP）成分的潜伏期和幅值、脑电信号不同频段的功率谱、大脑左前额叶和右前额叶处 α 波能量的不对称度等特征。针对情绪与脑电信号关联的不同角度可以选择不同的特征进行提取，每一种特征提取的方法可能对某种特定的情绪识别具有优势，而多种特征的结合则可以相互补充，达到更好的情绪识别效果。提取到的特征信息将输入到情绪分类器中，实现确定情绪状态的目的。分类器的设计如前文所述，使用无监督学习的算法，如支持向量机、神经网络等能够实现更好的识别准确率。而通过无监督学习的算法对情绪进行聚类，则可以排除个体脑电信号的差异性，更加符合实际应用场景。

3. 眼电信号

一些残障人士全身瘫痪，比如脑瘫、肌肉萎缩症患者等，但他们依然可以控制眼球。所以，基于眼电控制的系统在帮助残障人士的应用上有很大的优势。一个眼电信号控制系统的步骤分为信号的检测与采集、特征分析与识别。

对于信号的检测与采集，可以通过双导联的方式，将银/氯化银贴片电极置于眼睛周围检测与采集眼电信号，再通过信号放大模块、电缆驱动电路、带通滤波模块、电平转换模块、数据存储模块得到最终的信号。眼电信号可分为眨眼、扫视、凝视。当眼睛凝视时，可以采集到一条稳定的基线，当眼球上下或左右移动时，眼电位的变化与眼球移动方向以及角度呈线性关系变化。扫视是快速的移动，眨眼则是眼睑开合的动作，表现在垂直眼电信号中。

已有的研究发现，在收集了多名被试的眼球运动数据后，对各种动作的眼电信号的幅值、用时进行统计归纳。发现有意识眨眼的信号比无意识眨眼的信号幅值大，扫视运动的眼电信号有明显的脉冲信号，幅值与眨眼信号的幅值有明显差异[41]。

根据眼电信号的规律，我们可以采用阈值法限定有意识眨眼的眼电信号脉冲的条件为：脉冲宽度为 200~300ms，脉冲峰值大于等于采样数据中有意识眨眼脉冲幅值最小值与无意识眨眼脉冲幅值最大值的均值。而对于扫视运动，作者采用同样的方法，根据采样数据的 n 个扫视运动眼电信号的脉冲幅值绝对值，设立了脉冲宽度与幅值的阈值。

4. 皮肤电信号

皮肤是人体与环境接触的最大的身体器官。很多重要皮肤电信号中的过冲是由一些身体活动引起皮肤表面变化而造成的，尤其是汗腺自主神经的活动在皮肤表面的变化，反映了自主神经系统中交感神经系统的活动。根据觉醒激活理论[42]，这种自主神经系统的活动变化可以反映人的心理活动。

比如在情绪识别领域，皮肤电信号会因为情绪的不同而有不同的反应。比如当一个人感到害怕或焦虑时，汗腺活动会增加，那么皮肤电传导也会增加。Kim 团队使用银/氯化银电极置于手指上来检测皮肤电信号，对情绪的识别准确率达到 95%[43]。Jang 团队通过分析发现，皮肤导电水平和皮肤电反应的变化映射了情绪的变化[44]。

3.2.4 小结

对于生理计算系统，生理数据首先由传感器记录，然后经过数据的预处理，相关特征提取后得到特征数据，再将处理过的数据经由推断规则，比如阈值法、神经网络等转换为用户心理状态的估计值，最后系统推断出用户的状态或指令，根据用户的状态或指令进行生理计算系统的下一流程。

3.3 生理交互系统设计

当将生理计算理论模型融入系统工程中时,在交互设计上,不仅要遵循通用的交互设计准则,还要考虑生理计算的独特性。对于每一个步骤,本节均提供了一些在设计过程中需要考虑的问题,大致可分为四大类:硬件的隐式性与准确性及鲁棒性、实时信号处理能力、心理状态推断和反馈规则。

3.3.1 硬件

1. 隐式性与准确性

生理测量设备是生理计算的重要组成部分,低质量的测量会使整个系统失效,因此所有传感器都需要仔细校准和验证。但是某些系统为了增加隐式性,它们牺牲了准确性,例如检测步行的工具被开发用来测量不同条件下的行走或驾驶等行为。

为了得到良好的结果,在研究生理计算相关课题时,研究人员大多使用性能突出的传感器。很多工作需要复杂的设置和特定的条件,例如脑电波的相关研究,需要用户戴上有电极的帽子进行脑电信号测量。在实际测量过程中,测量电极的放置位置尤为重要,然而由于研究人员通常不清楚哪些电极位置信息最丰富,因此只能增加电极布置的数量来保证测量效果,实际应用中还会使用电极凝胶来改善信号质量。此外,为了从脑电信号中去除眼电伪迹,测量脑电的同时还会测量眼电图。因此,当使用15个信号电极、参考电极、接地电极和眼电电极时,准备时间就需要大约30分钟。除非是实验必需,否则在实际应用中很少有人愿意花这么多时间佩戴一个帽子。

如果我们希望让整个体验对用户来说更便捷愉快,则可以在很多实验配置上做出改善:可以减少电极数量,可以使用没有凝胶的干电极,也可以省略眼电测量。所有这些方法都已在消费者硬件中实现,但是测量的准确度也明显降低了。

为了尽可能地使传感器"隐形",有很多研究在这方面做了大量工作。一些传感器被做成非接触式的,比如温度可以用红外摄像机测量,其他的可以内置到用户界面或周围环境中。再如,将传感器安装在汽车方向盘上,或者把传感器集成到衣服内。这些传感器具有巨大的潜力,但需要验证以确保不会受间歇性接触皮肤等因素的影响使测量无效。另外,需要确保实时能力,如目前开发出的某些传感器,只允许将数据存储在存储卡上,然后进行分析。虽然这对于初始研究来说是好的,但在实际应用时要求数据实时无线传输到中央计算机,或者用放置在传感器附近的微控制器进行分析,目前的一些传感器就无法满足需求。

2. 鲁棒性

很多商用传感器,它们在实际使用中的测量效果会受到运动、温度、湿度等因素的影响。这些因素直接影响采集数据的准确性。例如运动伪迹导致电极移动,从而导致皮肤电导读数不正确。此外,用户生理状态也会间接影响测量结果,例如环境温度升高导致出汗、由于非心理原因导致皮肤收缩增加等。虽然间接影响不是硬件的错,但传感器确实需要考虑这些干扰因素才能保证其鲁棒性。

以运动伪迹作为例子,它会移动皮肤上的电极导致不正确的读数。即使对象完全静止,但由于电极和模拟数字转换器之间的电缆移动,也会出现干扰。这部分可以通过信号处理来补偿,但皮肤电导信号中的运动伪迹可能很难与实际皮肤电导变化区分开来。心电图中的运动伪迹可以很容易被注意到,但是仍然难以去除,因为它们的频率范围部分地与心电信号的频率范围重叠。移动传感器的出现解决了一部分运动伪迹的问题。然而,还有很多环境的因素对测量数据的准确性有影响,这就需要生理计算领域的研究人员了解测量和生物医学工程等领域的研究成果,同时注意传感器的不足,并利用信号处理对其进行潜在的补偿。

3.3.2 信号处理

从生理传感器收集的原始数据通常必须经过处理才能用于心理生理推断。一般来说,该过程包括过滤信号以去除不相关的低频和高频信息,去除噪声(如由于运动产生的干扰数据),并从清洁的信号中计算心理生理相关特征(如关注来自脑电信号频带的信号)。所需的方法是众所周知的,并且在很大程度上不局限于生理计算。

1. 实时噪声去除

生理计算系统必须能够快速检测和响应推断出生理状态的变化。这要求生理数据被实时测量，但很明显，实时处理更具有挑战性。首先，原始数据通常包含与测量的生理反应完全无关的噪声，如运动伪迹、呼吸信号中的语音伪迹、脑电中的眼电伪迹等。虽然通过数字滤波可以去除一部分噪声信号，但由于脑电图、电描记图和电肌图的频带有部分重叠，因此数字滤波的方式不能从脑电信号中去除所有眼电和运动伪迹。

对于噪声去除，有一些主流的方法。第一种方法是使用辅助参考传感器来测量主传感器输出信号的质量。例如，在测量脑电信号时，通过辅助测量装置测量眼电信号来检测噪声是很常见的，这样在信号处理算法中就可以参考测量得到的眼电信号从脑电信号中去除噪声。类似的，运动伪迹可以使用诸如加速度计之类的传感器来检测。第二种方法是使用主成分分析或独立成分分析的方法去除伪迹，而不需要额外的传感器。这种方法已经成功地应用于从动态脑电图和动态心电图中去除运动伪迹。

2. 窗口选取

特征提取的频率取决于研究的需求和实时处理能力。虽然原始数据必须以高采样频率记录，但如果我们只想每隔几分钟进行一次心理生理推断，就没有必要以相同频率计算特征。因为许多生理特征需要相当大的计算能力来计算，这对硬件是一个巨大的挑战。一般来说，在一次推断过程中，进行一次特征提取似乎是最合适的。

这种特征提取应该在从过去的一点到现在的一段时间（这里称为窗口）内进行，于是特征提取窗口的最佳长度为多少又是一个问题。上限可能是一次心理生理推断过程的时间，因为在每次推断后，一个动作由生理计算系统执行，所以在该动作之前进行的测量应当与当前状态无关。在计算机执行响应后，用户不会立即处于稳定状态，因为用户必须去适应这个改变。因此，我们只能考虑稳态下的数据。当然，窗口也不能太长，因为对刺激的生理反应会随着时间的推移而减少。因此，长窗口可能使得从背景噪声中提取刺激相关信息变得很困难。由于一些生理信号对刺激的反应很快（脑电图不到一秒，皮肤电导在几秒内，皮肤温度在一分钟内），因此不同的特征可能需要不同的窗口。

3.3.3 状态推断

从测量的生理反应推断受试者的心理状态是生理计算的一大挑战，需要心理学和计算机科学的知识。生理学和心理学之间的联系很少是一对一的（单个心理因素影响单个生理反应），更有可能是一对多（一个心理因素影响许多生理反应）或多对一（许多心理因素影响一个生理反应）。

由于心理生理反应固有的主观性，因此生理计算系统可能永远都不会有标准的方法。尽管如此，现在已有一些比较常用的步骤：特征提取、降维和分类。所使用的分类器从线性判别分析到神经网络，但是通常的研究只使用单个静态分类器，分类通常在预先录制的数据集上执行。数据集包含来自每个可能类别的大致相等数量的生理数据示例。

心理生理反应受到大量混杂因素的影响。年龄、性别、疾病、一天中的时间、体育活动、外部温度、摄入的物质（如咖啡、药物）以及许多其他因素都可能完全掩盖由于心理因素所引起的任何生理变化。在现实世界的应用中，我们需要考虑非心理环境（温度、身体活动等）以及心理环境（特定情况下制定特定心理状态的需求）两个因素。

各种混杂因素可以用各种传感器来测量，比如可以使用加速度计测量身体活动，使用呼吸传感器测量语音，使用电子日记测量食物摄入，或者使用时钟测量昼夜节律。因此，测量的混杂因素可以被包括在足够复杂的心理生理推理算法中，并得到解释。这就是我们所说的语境意识。最终目标应该是在一系列代表性测试条件、测试环境和个体差异之间建立推理的可靠性。语境意识似乎越来越受欢迎，尤其是在疲劳研究中将疲劳的生理测量与用户状况（如睡眠质量、工作负荷）以及环境状况（如天气）相结合。尽管如此，上下文感知还处于起步阶段，应该作为新的生理学计算研究的一个主要途径。起初，语境只能代表心理生理推理算法的额外输入特征，但以后可能会有更复杂的方法。例如，上下文可以表示概率推理算法的先验概率，或者系统可以根据上下文在不同的推理算法之间切换。

3.3.4 反馈规则

一旦推断出用户的心理状态，生理计算系统必须对用户状态做出响应。反馈有三大类：向沮丧的用户提供帮助；如果用户对一项任务感到厌烦或气馁，则调整挑战级别；添加情绪显示鼓励积极情绪和减轻消极情绪。尽管生理反馈理论已经得到了很好的发展，并且已经识别出许多可能的反馈刺激，但实践证明这一理论仍具有挑战性。

我们首先应该问自己：在一个给定的系统中，系统为了达到预期的目标应该有多少个可选的操作？选择更多可能的操作可以提高系统的潜在精确性和帮助性，因为它可以对更具体的问题做出响应，或者简单地执行各种操作，这样用户就不会总是得到相同的反馈。然而，心理生理学推断的特殊性是否足以可靠地识别出少数使用者的状态，这是值得怀疑的。此外，添加越来越多的操作会使分析系统的性能变得更加困难，因为在许多可能的操作中，究竟是哪些操作对用户的心理状态做出了贡献变得不清楚。这就导致不能保证贡献是相加的，连续地执行两个动作所产生的效果可能与每个单独动作的效果之和截然不同。

一旦我们定义了系统可以采取的可能行动，还需要确定应该多久提供一次反馈。这取决于所使用的生理测量、应用程序和操作本身。首先，不同的生理信号有不同的刺激反应时间，从脑电图的不到 1 秒到周围皮肤温度的超过 10 秒。这就为反馈频率设定了上限：一旦系统采取了某项行动，则在采取新行动之前，它的效果应该在生理反应中显现出来。

反馈频率还应考虑个人行为的侵入性和明确性。非常明确的行动应该只是偶尔采取，否则可能会惹恼用户。考虑一下改变游戏难度的例子：如果难度每 10 秒改变一次，用户可能会因为无法享受稳定的游戏体验而感到烦恼。相反，如果系统每 10 秒提供一次帮助，用户可能会因为关注他们糟糕的表现而变得心烦意乱。隐性的、不引人注目的行为，比如改变房间的照明，可以更频繁地采用，但是仍然有两个缺点。第一，它们可能无法引起用户心理生理状态的巨大变化，因为根据定义，它们比显式行为更弱；第二，即使隐性的行为会引起变化，由于其不引人注目的性质，它们可能很难设计和验证。Ritter（2011）的应用就是一个例子，该应用旨在通过微妙地改变屏幕上项目的视觉外观来提高任务性能。虽然性能有所提高，但整个系统基本上是一个"黑匣子"，很难确定是什么因素导致了性能的提高。

每个人的生理反应都是独一无二的，心理生理推断应该考虑年龄和性别等因素。同样，反馈规则也应该考虑到每个人的特点，因为两个人在相同的情况下不一定会以相同的方式对相同的刺激做出反应。举个例子，对社会辅助机器人的研究表明，在中风康复类应用中，一些用户最喜欢安慰的语句是"我知道这很难，但这是为了你自己好！"而一些用户更喜欢有挑战性的陈述"哦，来吧，你可以做到！"

3.3.5 总结

生理交互设计应该考虑硬件传感器的隐式性、准确性与鲁棒性，利用辅助传感器和特征提取的方法去除噪声，在推断心理状态时考虑上下文环境，在做出反馈时考虑隐式性与多样性。

3.4 实例

从应用场景的角度来看，我们可以将生理计算的应用分为三种类型：输入控制、自适应控制和实时监测。

1. 输入控制

传统的人机交互方式基于鼠标、键盘、遥控器、触摸屏等，都需要用户主动地操纵设备，计算机通过用户明确的点击、输入、触摸等行为数据来执行相应的动作。随着虚拟现实、增强现实的出现，以及穿戴式设备的发展，原始的交互方式已经不能满足用户的需求。而生理计算是对人体的生理信号进行采集、分析和响应。在采集这一环节，往往不需要用户进行主动的操作。代表性的生理信号有脑电、肌肉电、心电、眼电、呼吸模式、皮肤电和血压等[45]。

加拿大 Thalmic Labs 公司于 2013 年推出了一款手势控制臂环 MYO 腕带。用户将其佩戴在手上，臂带上的感应器可以捕捉到用户手臂肌肉运动产生的生物电变化，从而判断用户的意图。MYO 的应用非常广泛，可以用于浏览网页、玩电脑游戏、控制音乐播放、控制文档演示，甚至是操控无人机。MYO 对外开放应用开发接口，开发者可以利用 MYO 实现更多领域的手势交互应用。MYO 可以说是人机交互系统在输入控制上的一个极大的创新应用。

脑机接口的研究也非常多。一个基于脑电的系统，通过实时地提取脑电信号进行分析，推断出大脑的不同状态来实现控制。这样的系统可以使用户在进行比如手势的操作时，同时利用脑机交互进行控制。并且脑机交互的方式与手势等行为相比，更加具有隐秘性，可以在公众场所秘密使用。

肌肉-计算机接口（Muscle-Computer Interfaces，muCIs）是一种直接感知和解码人类肌肉活动的交互方法，不依赖于物理设备的驱动或者用户身体外部可察觉的动作。muCIs 依靠感应相对微妙的肌肉活动，通过直接感知和解码人类肌肉活动来实现输入。它使用肌电图技术作为输入方法，使肌肉与电脑的互动变得舒适、不突兀，并且对电脑输入有用。具体的方法是将肌电图传感器置于前臂上端狭窄的带状结构中，并将其佩戴在人的肘部以下，如图 3.3 所示。在此基础上，就能够识别按压手指的位置和压力，以及对所有五个手指的轻敲和抬起手势进行分类，达到不同手势对应不同控制输入的效果[46]。

图 3.3 前臂带肌电图传感器

进一步地，T. Scott Saponas 等人[47]扩展了这些结果，使 muCIs 能够在实际的应用程序中成为可靠稳定的输入。研究人员利用现有的人类自然握法分类，开发出一套手势集，并且对这些手势进行实时分类，从而让用户可以不受表面装置的约束，仅需要通过肌肉感知即可控制输入。这些手势包括手空闲时手指的姿势和手忙碌时手指的姿势。实验结果显示，在 4 手指手势中，捏手指的分类准确率平均为 79%，拿旅行杯的分类准确率为 85%，拎加重包的分类准确率为 88%。实验结果进一步表明，不同的手臂姿势都具有普遍性。此外，研究人员已经成功利用手指手势控制一个模拟的便携式音乐播放器，如图 3.4 所示。

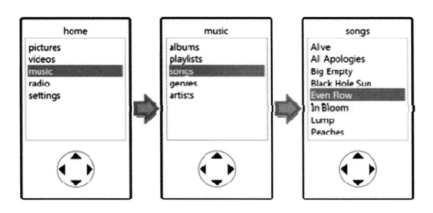

图 3.4 便携式音乐播放器的软件模型

2. 自适应控制

当用户在使用具有自适应功能的系统时，系统会自动收集用户的生理数据，如果这些数据经过处理分析满足某些触发条件，则系统随后会根据得到的信息对自身系统做出更适合当前用户状态的改变，以提高用户的体验。最早的自适应系统之一是由美国航空航天局开发的，用于飞行模拟器[48]。飞行员的脑电数据被监控，以便在飞行时间管理自动驾驶设备的状态。该系统通过操纵自动驾驶状态来使驾驶员的警觉性保持在最佳水平。在自动驾驶激活期间，驾驶员的警觉性趋于下降，当驾驶员手动控制飞行器时，警觉性则会增加。

自适应系统旨在适应操作环境，以优化用户体验。例如，计算机游戏里，用认知工作负荷测量的方法来推断游戏中的困难程度[49]。自适应系统可以利用这些信息来动态调整难度水平，以便实时匹配玩家的能力水平。这类系统的另一个研究热点是减轻负面情感状态，如在电脑使用过程中的沮丧情绪。当然，设计一个及时又直观的自适应系统是一个巨大的挑战。自适应系统需要决定怎样适应变化来帮助用户，而不是产生坏的影响。在采集数据的过程中，准确性就会受到外界因素的干扰，例如运动状态时的信号。因此，如果系统做出的改变是公开明显的，那么很容易带来不好的影响。例如，在系统认为监测到用户感到沮丧时，弹出一个窗口询问，您需要帮助吗？这在用户确实感到沮丧时有用，但如果用户并没有感到沮丧，那么这种询问只会令用户感到多余而反感。所以，进行一些微小的累积或者间接的环境变化，不容易被用户察觉，只要在一段时间内自适应的轨迹方向是正确的，则比其他公开明显的改变要好很多。

同样的，我们可以通过几个典型工作来了解自适应系统。

MENTOR[50]是一种新型的智能辅导系统，完全基于对学习者的投入和工作量的分析，从脑电数据中提取信息，以排序学习活动。MENTOR收集用户的脑电数据，系统的训练模式采用不同类型的大脑训练进行练习，为新用户建立工作负荷模型。该模型用于从用户的脑电图信号中实时提取用户的工作负荷指标。MENTOR的学习模式提供了一个主动适应学习者大脑指标的教学环境。该系统对学习者的心理状态进行评价，选择最适合学习者心理状态的教学活动，使学习者在整个辅导过程中保持积极的心理状态。如果系统检测到由于参与度下降、过负荷引起的负面心理状态，则会尝试通过切换下一个教学活动的类型来纠正这种状态。

同样是智能辅导系统，ARTFuL[51]就是一种适于翻转学习的自适应复习技术。翻转学习是目前十分热门的一个话题。在翻转学习中，学生有自己的时间表，而课堂时间是用来与老师讨论交流、解决疑难问题的。虽然翻转学习是对传统课堂教育的有效补充，但也面临着一些难题：教育软件如何组织和呈现课堂材料，以优化与可能注意力不集中或做多项任务学生的交互。该系统可以实时监控学生对教材的注意力，从而提出最佳的复习主题。在自适应自动化中，监控用户的注意力尤为重要，脑电图被选为注意力监控组件的基础，因为有研究表明，在实验室、模拟和现实环境中，利用神经信号识别用户警觉性、注意力、感知和工作量的微妙变化是有希望的，我们可以利用它来推断教材的难度。研究结果表明，自适应复习课程内容能够提升学生的记忆力，并且能够在更短的时间内达到完整复习课程所获得的记忆效果。

针对阅读辅助也有类似的自适应系统。儿童阅读时，注意力难以集中往往是一大难题，为此FOCUS[52]应运而生。FOCUS是一种脑电图增强阅读系统，可以实时监控孩子的阅读投入水平，并提供相关的脑机接口（BCI）训练项目来提高孩子的阅读投入。如图3.5所示，其硬件部分包含3个部分：书本、商业BCI设备和微投影仪。书本是专门为课程和BCI训练项目设计的。孩子们在阅读时会带上BCI设备，如果系统检测到低参与度，则系统将触发BCI训练模式，并将BCI训练项目投影到书本上。BCI训练的设计采用脑电生物反馈训练的方法，关键原则是通过让孩子们集中注意力来提高参与度，并想象一个与课程相关的物体的状态转变。值得注意的是，BCI训练项目与课程内容高度相关。例如，在关于春季季节特征的阅读部分，BCI的训练项目是想象花朵开放的过程。为了达到这一目的，孩子们必须集中精力来想象"开放"的动作，从而增加脑电图的参与。一旦达到了所需的参与级别，则任务的目标就完成了。这一过程能够显著提高儿童的阅读参与度。

3. 实时监测

生理数据提供了一个人情感、认知和身体状态的信息。随着各种软硬件技术的发展，人们采集自己的生理数据变得非常简单便捷，并且可以和家人、朋友、医生分享这些数据。人们的生理数据也可以被自动收集，并且将结果数据集成到互联网应用程序中，形成个性化的生理日志。比如健身应用，收集健身的状态，与他人分享这些信息，朋友之间可以对彼此的健身情况有所了解，互相鼓励和学习，这为人们提供了改善健康和生活方式的机会。

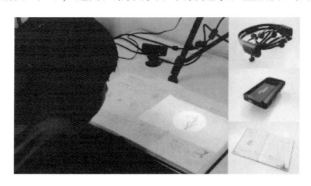

图 3.5 FOCUS 系统硬件

生理数据的实时监测可以广泛应用于各种领域，包括跟踪心理身体健康、运动表现和自我量化。Gilleade 和 Fairclough 在 2010 年的实验[12]中，让用户的实时生理信息在一年里一直公布在在线网站上。其中在 Twitter 上，允许公众非正式地解释数据所有者的生理和心理状态[13]。感兴趣的人都可以访问这些数据，并且从这些数据中找到不同的解释。数据的拥有者了解了他们的生理如何对不同的生活事件做出反应。这些事件通常不会被察觉到，例如重大的假期对身体健康的影响[14]。由于生理数据可以在不同的测量环境中被解释为不同的状态，因此单一的生理测量可以用于多种应用。比如病人佩戴心电图监视设备，数据可以随时提供给医生，一旦病人心脏异常就会被监测到，以便及时被发现。

MIT 设计了 Medical Mirror[53] 系统，以提供隐式的交互界面，如图 3.6 所示。通过使用带有内置网络摄像头的 LCD 显示器来提供交互式显示，在显示屏的前部安装双向镜子。这样用户在面对镜子时是无法看到 LCD 监视器和网络摄像头的。但是，用户对网络摄像头却是可见的，并且 LCD 监视器可用于将信息投影到镜子的反射表面上。显示器和网络摄像头则连接到一台运行实时分析软件的笔记本电脑上，它可以对采集到的数据做即时处理。每次只能有单个用户与 Medical Mirror 交互。当观察镜子时，用户将看到脸的周围出现一个框，并且盒子的顶角会显示一个计时器。当计时器倒计时时，将要求用户保持相对位置。15 秒后，用户的心率将显示在镜子上，同时还会显示身体外观和生理状态。而这个过程中，心率测量将持续更新显示，直到用户走出监测范围。

图 3.6 Medical Mirror 系统

参考文献

[1] FAIRCLOUGH S H, GILLEADE K. Advances in physiological computing [M]. Springer Science & Business Media, 2014.

[2] TAN D S, NIJHOLT A. Brain-computer interfaces [M]. Springer-Verlag London Limited, 2010.

[3] ALLISON B Z, DUNNE S, LEEB R, et al. Towards practical brain-computer interfaces: bridging the gap from research to real-world applications [M]. Springer Science & Business Media, 2012.

[4] FAIRCLOUGH S H. Fundamentals of physiological computing [J]. Interacting with computers, 2009, 21 (1-2): 133-145.

[5] KAPOOR A, BURLESON W, PICARD R W. Automatic prediction of frustration [J]. International journal of human-computer studies, 2007, 65 (8): 724-736.

[6] WILSON G F, RUSSELL C A. Performance enhancement in an uninhabited air vehicle task using psychophysiologically determined adaptive aiding [J]. Human factors, 2007, 49 (6): 1005-1018.

[7] KLEIN J, MOON Y, PICARD R W. This computer responds to user frustration: Theory, design, and results [J]. Interacting with computers, 2002, 14 (2): 119-140.

[8] KABER D B, WRIGHT M C, PRINZEL III L J, et al. Adaptive automation of human-machine system information-processing functions [J]. Human factors, 2005, 47 (4): 730-741.

［9］ GILLEADE K, DIX A, ALLANSON J. Affective videogames and modes of affective gaming: assist me, challenge me, emote me［J］. DiGRA 2005: Changing Views-Worlds in Play, 2005.

［10］ POPE A T, BOGART E H, BARTOLOME D S. Biocybernetic system evaluates indices of operator engagement in automated task［J］. Biological psychology, 1995, 40（1-2）: 187-195.

［11］ PRINZEL III L J. Research on hazardous states of awareness and physiological factors in aerospace operations［J］. 2002.

［12］ HUANG D, ZHANG X, SAPONAS T S, et al. Leveraging dual-observable input for fine-grained thumb interaction using forearm EMG［C］//Proceedings of the 28th Annual ACM Symposium on User Interface Software & Technology. 2015: 523-528.

［13］ AMMA C, KRINGS T, BÖER J, et al. Advancing muscle-computer interfaces with high-density electromyography［C］//Proceedings of the 33rd Annual ACM Conference on Human Factors in Computing Systems. 2015: 929-938.

［14］ DEMENTYEV A, PARADISO J A. WristFlex: low-power gesture input with wrist-worn pressure sensors［C］//Proceedings of the 27th annual ACM symposium on User interface software and technology. 2014: 161-166.

［15］ ZHANG Y, XIAO R, HARRISON C. Advancing hand gesture recognition with high resolution electrical impedance tomography［C］//Proceedings of the 29th Annual Symposium on User Interface Software and Technology. 2016: 843-850.

［16］ LESHENG H. A Portable Electromyograph（EMG）Collection Method and Circuit Realization［J］. Journal of Electronic Measurement and Instrument, 2006.

［17］ ZHANG X, CHEN X, LI Y, et al. A framework for hand gesture recognition based on accelerometer and EMG sensors［J］. IEEE Transactions on Systems, Man, and Cybernetics-Part A: Systems and Humans, 2011, 41（6）: 1064-1076.

［18］ CHEN Y, SU X, TIAN F, et al. Pactolus: A method for mid-air gesture segmentation within EMG［C］//Proceedings of the 2016 CHI Conference Extended Abstracts on Human Factors in Computing Systems. 2016: 1760-1765.

［19］ BAIG M Z, KAVAKLI M. A Survey on Psycho-Physiological Analysis & Measurement Methods in Multimodal Systems［J］. Multimodal Technologies and Interaction, 2019, 3（2）: 37.

［20］ CACIOPPO J T, TASSINARY L G, BERNTSON G. Handbook of psychophysiology［M］. Cambridge university press, 2007.

［21］ BRADLEY M M, LANG P J. Measuring emotion: the self-assessment manikin and the semantic differential [J]. Journal of behavior therapy and experimental psychiatry, 1994, 25 (1): 49-59.

[22] EKMAN P. Facial expression and emotion [J]. American psychologist, 1993, 48 (4): 384.

[23] HOLMQVIST K, NYSTRÖM M, ANDERSSON R, et al. Eye tracking: A comprehensive guide to methods and measures [M]. OUP Oxford, 2011.

[24] MCKEE M G, BIOFEEDBACK D. Biofeedback: An overview in the context of heart-brain medicine [J]. Cleveland Clinic journal of medicine, 2008, 75: S31.

[25] STERELNY K. Thought in a hostile world: The evolution of human cognition [J]. 2003.

[26] ALBULBUL A. Evaluating major electrode types for idle biological signal measurements for modern medical technology [J]. Bioengineering, 2016, 3 (3): 20.

[27] ZHANG X, LI J, LIU Y, et al. Design of a fatigue detection system for high-speed trains based on driver vigilance using a wireless wearable EEG [J]. Sensors, 2017, 17 (3): 486.

[28] 加玉涛, 罗志增. 肌电信号特征提取方法综述 [J]. 电子器件, 2007, 30 (1): 326-330.

[29] HUDGINS B, PARKER P, SCOTT R N. A new strategy for multifunction myoelectric control [J]. IEEE transactions on biomedical engineering, 1993, 40 (1): 82-94.

[30] PICARD R W. Affective computing: challenges [J]. International Journal of Human-Computer Studies, 2003, 59 (1-2): 55-64.

[31] HUDGINS B, PARKER P, SCOTT R. Control of artificial limbs using myoelectric pattern recognition [J]. Medical & Life Sciences Engineering, 1994, 13: 21-38.

[32] ZHAO J, XIE Z, JIANG L, et al. EMG control for a five-fingered underactuated prosthetic hand based on wavelet transform and sample entropy [C] //2006 IEEE/RSJ International Conference on Intelligent Robots and Systems. IEEE, 2006: 3215-3220.

[33] 尧德中. 脑电记录中参考电极位置的设置研究 [J]. 临床神经电生理杂志, 2002, 11 (3): 132-136.

[34] KUNHIMANGALARM R, JOSEPH P K, SUJTTH O K. Nonlinear analysis of EEG signals: Surrogate data analysis [J]. IRBM. 2008, 29 (4): 239-244.

[35] STEWART A X, NUTHMANN A, SANGUINETTI G. Single-trial classification of EEG in a visual object task using ICA and machine learning [J]. Journal of neuroscience methods, 2014, 228: 1-14.

[36] SINGH M, SINGH M M, SINGHAL N. Ann based emotion recognition [J]. Emotion, 2013, 1: 56-60.

[37] MURUGAPPAN M, RIZON M, NAGARAJAN R, et al. Time-frequency analysis of EEG signals for human emotion detection [C] //4th Kuala Lumpur international conference on biomedical engineering 2008. Springer, Berlin, Heidelberg, 2008: 262-265.

[38] HSU Y L, YANG Y T. Automatic sleep stage recurrent neural classifier using energy features of EEG signals [J]. Neurocomputing. 2013, 104: 105-114.

[39] SUBASI A. Application of adaptive neuro-fuzzy inference system for epileptic seizure detection using wavelet feature extraction [J]. Comput Biol Med. 2007, 37 (2): 227-244.

[40] PARK K S, CHOI H, LEE K J, et al. Emotion recognition based on the asymmetric left and right activation [J]. International Journal of Medicine and Medical Sciences, 2011, 3 (6): 201-209.

[41] 王晓康. EOG 眼电信号检测与特征识别 [J]. 仪表技术, 2017 (4).

[42] STEVENS S S. Handbook of experimental psychology [J]. 1951.

[43] KIM J, ANDRÉ E. Emotion recognition based on physiological changes in music listening [J]. IEEE transactions on pattern analysis and machine intelligence, 2008, 30 (12): 2067-2083.

[44] JANG E H, PARK B J, PARK M S, et al. Analysis of physiological signals for recognition of boredom, pain, and surprise emotions [J]. Journal of physiological anthropology, 2015, 34 (1): 1-12.

[45] 范俊君, 田丰, 黄进, 等. 基于肌肉感知的手势交互模型 [J]. 软件学报, 2019, 29 (Suppl. (2)): 62-74.

[46] SAPONAS T S, TAN D S, MORRIS D, et al. Demonstrating the feasibility of using forearm electromyography for muscle-computer interfaces [C] //Proceedings of the SIGCHI Conference on Human Factors in Computing Systems. 2008: 515-524.

[47] SAPONAS T S, TAN D S, MORRIS D, et al. Enabling always-available input with muscle-computer interfaces [C] //Proceedings of the 22nd annual ACM symposium on User interface software and technology. 2009: 167-176.

[48] POPE A T, BOGART E H, BARTOLOME D S. Biocybernetic system evaluates indices of operator engagement in automated task [J]. Biological psychology, 1995, 40 (1-2): 187-195.

[49] Klimesch W. EEG alpha and theta oscillations reflect cognitive and memory performance: a review and analysis [J]. Brain research reviews, 1999, 29 (2-3): 169-195.

[50] CHAOUACHI M, JRAIDI I, FRASSON C. MENTOR: a physiologically controlled tutoring system [C] //International Conference on User Modeling, Adaptation, and Personalization. Springer, Cham, 2015: 56-67.

[51] SZAFIR D, MUTLU B. ARTFul: adaptive review technology for flipped learning [C] // Proceedings of the SIGCHI Conference on Human Factors in Computing Systems. 2013: 1001-1010.

[52] HUANG J, YU C, WANG Y, et al. FOCUS: enhancing children's engagement in reading by using contextual BCI training sessions [C] //Proceedings of the SIGCHI Conference on Human Factors in Computing Systems. 2014: 1905-1908.

[53] POH M Z, MCDUFF D, PICARD R. A medical mirror for non-contact health monitoring [M] //ACM SIGGRAPH 2011 Emerging Technologies. 2011.

第 4 章 手势理解与交互

4.1 概述

手势交互技术是利用摄像头等输入设备"捕获"人手的肢体语言,再转化为命令来操作其他设备的技术。手势交互是继鼠标、键盘和触屏之后新的人机交互方式。手势交流是人的本能,在学会语言和文字之前,人们就已经能用肢体语言进行交流,因为手势在日常生活中最为频繁,便于识别。手势交互系统包括人、手势输入设备、手势分析识别设备、被操作的设备或界面。早在 ACM SIGCHI 2005 年会的 Workshop on Future UI Design Tools 上,专家们就指出下一代的用户界面将脱离桌面,将会利用一些新的输入技术,如可触摸的、触觉的和基于摄像头的交互,访问大量的信息仓库和传感器网络以及很多设备上的信息。ACM SIGCHI 年会 2009—2011 年连续三年举办了相关的研讨会。2009 年和 2010 年的研讨会更多地把自然人机交互限定为触摸和手势的交互方式。在 Gartner 发布的 2017 年度人机交互技术优先级矩阵中,认为增强现实(Augmented Reality)、混合现实(Mixed Reality)、手势控制设备(Gesture Control Devices)、对话用户界面(Conversational User Interfaces)是未来 5~10 年的主流应用新兴技术。

手势交互界面可促进未来先进制造、虚拟现实、汽车用户界面、人与机器人交互、新型移动终端、生物医学等研究和应用。具体而言,手势交互技术具有许多典型应用。

(1)用于虚拟环境的交互,如虚拟制造和虚拟装配、产品设计等。虚拟装配通过手的运动直接进行零件的装配,同时通过手势与语音的合成来灵活地定义零件之间的装配关系。还可以将手势识别用于复杂设计信息的输入。

(2)用于手语识别。手语是以手的动作为主,配以身体姿势、表情及口型进行交流的语言,可以认为是由符号构成的比较稳定的表达系统。手语识别的研究目标是让机器"看懂"手语。手语识别和手语合成相结合，构成一个"人机手语翻译系统"，便于人与周围环境的交流。手语识别同样分为基于数据手套的和基于视觉的手语识别两种。

（3）用于多通道用户界面。正如鼠标没有取代键盘，手势输入也不能取代键盘、鼠标等传统交互设备。这一方面是由于手势识别的设备和技术问题，另一方面也是由于手势固有的多义性、多样性、差异性、不精确性等特点。在交互应用中，需要将手势输入和视线、语音等交互通道结合，将增强现有的人机交互模式，实现更为直接、自然、和谐的人机接口。

（4）用于机器人机械手的抓取。机器人机械手的自然抓取一直是机器人研究领域的难点。手势识别，尤其是基于数据手套的手势识别的研究对克服这个问题有重要的意义，是手势识别的重要应用领域之一。

手势交互也有着重要的研究价值。在手势交互技术方面，学术界较早研究了相应的交互基础理论与概念模型。例如：手部运动信息的感知和处理模式；通过用户观察和实验分析，将手势交互行为分解成为基本动作，研究这些基本动作的合理参数及范围；通过对稳定参数的收集和统计，确定参数与任务间的关系，指导自然人机交互的相关设计。学术界和工业界都研发了手势交互关键技术，例如手势的采集、识别、合成与理解，在三维空间数据的采集方面取得了较大进展，然而其可靠性、精度、准确度、稳定性仍然存在诸多技术问题。为了能识别模糊和细微的手势，需要开展更高精度传感器的研究和开发。

手势交互仍面临如下一些需要研究解决的问题：

（1）金手指问题。金手指（Midas Touch）问题是指手势识别系统不能有效判别人的连续运动中，哪些动作是有意图的交互或下意识的动作，或者不能明确判别一个手势的发起或结束，这对使用手势交互的系统造成极大的困扰，容易造成连续交互的中断。

（2）动态手势交互识别存在延时问题。目前的动态手势识别方法必须在一个相对完整的运动结束之后才能识别出手势的类别，造成一定的延时。

（3）在对于界面的哪一部分功能适合用手势操控仍没有达成共识。

（4）使用手势交互需要根据应用场景的特点来选取手势，有些手势，如信号型手势等需要用户学习和记忆实现定义的手势，当手势过多或者不同的应用使用不同的手势时，将给用户带来记忆负担。

（5）人手姿态和动作获取技术仍是限制精细手势交互界面的重要技术，在虚拟场景中精细地编辑虚拟对象，从技术上来说目前还比较困难，这需要进一步提升交互手势动作捕获和识别的精度。

在手势交互研究领域，目前国外一些著名的研究机构，如CMU、Stanford、MIT、Microsoft、Apple、Google、Facebook、Intel、法国INRIA、德国马普学会等都在进行许多有益的尝试，在手势交互设备、交互技术以及应用方面已经有了不少的研究成果。在国内，中国科学院（软件所、计算所、自动化所）、清华大学、浙江大学、北京航空航天大学、北京师范大学、北京理工大学等研究机构的学者们也把目光集中到该领域，在交互手势获取、动态手势理解及在虚拟现实和增强现实中的人机交互等领域取得了非常有价值的成果。

综上所述，手势理解与手势交互是一个既有理论研究意义又有重要应用前景的挑战性的问题，已引起了国内外研究者的广泛关注。本章以面向手势交互中的核心问题（包含手势理解与交互模型、人手检测、人手姿态估计、基于视觉输入的手势识别等）介绍这些方面的代表性工作和思路。

4.2 手势交互中的核心概念与功用

4.2.1 手势的概念与意义

人的手臂，特别是手部，在交流时会做出许多动作，同时身体的姿态也有相应变化，这些动作与变化被称为手势。手势很可能是人类最早使用的交流手段，长盛不衰。在发展的漫长历史当中，各种手势逐渐被赋予了不同的含义，并进一步丰富了表现力和高度的灵活性，是人类表情达意的自然手段，也是人类主体对外界客体施加影响的重要方式之一。

4.2.2 手势的分类

根据手势的运动特点，手势可以分为静态手势（Posture，也称手形）和动态手势。静态手势仅依靠手的外部形状与轮廓传递信息，可以被视为动态手势的特例，也可以被称为姿势。动态手势中，手的形状与位置都随时间发生变化，可以表达更加丰富和准确的信息，也是人们日常生活中最为常用的交流方式之一。动态手势通常可以分为准备、开始、执行、结束、收回等五个阶段。

根据手势的交互目的，手势又可以分为交际性手势（Communicative）和操纵性手势（Manipulative）。操纵性手势用手的运动来表示路径或者位置信息。交际性手势往往与演讲有关，包含标志性手势、隐喻手势、调制符号手势、连贯手势、"Butterworth"手势和"Adaptors"手势等。其中，标志性手势与演讲语义内容密切相关，可以简单地勾画出演讲中提到的一些对象，辅助听众的理解。例如，一个人在讨论一个从山上滚下来的物体时，会用手做一个滚的动作。隐喻手势是代表抽象内容的标志性手势，比如一个人会在决定的时候做出表示决定的切割手势。调制符号手势主要是对语音的补充，但也可以补充其他的沟通手段。连贯手势表示那些在语义上相关，但是在时间上不连续的手势。比如当一个演讲者被打断后，可以使用重复的手势表示相同的演讲内容以保证演讲的连续性。"Butterworth"手势是指在说话或者演讲中失当的手势，比如一个人在演讲忘词时的抓耳挠腮。"Adaptors"手势指的是演讲中人们做出的无意义手势。

特别的，手势中有一类特殊的手势叫作指示手势，用来表示动作的预定方向或者操纵的方向。指示手势根据上下文语境的不同，又可以分为交际性手势和操纵性手势。在其表示预定动作方向时，可以将其看作交际性手势中的标志性手势，而在其表示操纵的方向时，往往将其看作操纵性手势。

根据指导手势表现的指令级别，手势可以分为规定的手势和自由形式的手势。规定的手势是那些预先定义了"手势字典"的手势，这些手势有着预先约定好的固定意义。在使用之前，应用程序的用户必须了解这些手势及其对应的意义，以正确地唤起他们所希望的功能。但是，指定的手势可能会增加用户的负担，而且没有考虑到不同用户的不同偏好。自由形式的手势通常不会触发特定的预定义动作。在交互场景中，它们通常被原样复制进系统，并且通常用于绘制条带或曲面，或在虚拟空间中移动对象。同时也意味着它们不能传达手势所能传达的象征意义或隐喻，因此自由形式的手势的应用范围比较有限。

本书中的手势主要是指动态手势，包含单手或双手交互动作，对于包含手指动作的交互动作，也暂且认为是手势。

4.2.3 手势在应用中的功能

1. 指示型手势及其组合

指示型手势用于点选，与不同的手势组合可承担不同的功能：与互动型手势组合，可以做到对元素的先点选再编辑；与信号型手势组合，可用于元素的点选与操作；与互动型、操纵型手势组合，可以对元素完成点选、切换、互动的一系列动作。这种手势组合的典型例子就是操纵游戏人物。有时候，指示型手势与互动型、操纵型、信号型、自由型手势联用，可以用于3D建模。

2. 自由型手势及其组合

自由型手势通常用于3D建模与非接触控制，在这种情境下，自由型手势用来移动虚拟物体或控制机械手。对于一些意义较为复杂间接的功能，则往往与信号型手势进行联用。

3. 操纵型手势及其组合

操纵型手势用以对对象进行直接编辑，比如翻译、旋转、调整大小等。

4. 信号型手势及其组合

信号型手势用来触发预设的通常较为抽象的功能，其核心在于需要预先规定手势与所触发功能的联系。特别的，如果某些手势本身带有一些意义，则需要辨析其语义归属。如果这些手势用来执行其通常的含义，则是操纵型的；如果用来作为一个信号，触发预设的一系列操作的手势则是信号型的。

4.3 手势理解与交互模型

手势理解，就是系统"知道"用户做了什么手势，是用户与系统"对话"的根基所在。尽管不同的手势在不同的应用场景之下可能会有不同的含义，会唤起不同的功能，也就是"交互"具有多样性，但是对于手势的理解，却只有唯一的目标：快速准确。因此，手势理解也就顺理成章地成了手势理解与交互模型的重中之重。具体来说，手势理解又可以分为两部分：手势检测与手势识别。手势检测是指系统从输入的各种信号当中，将手势"挑出来",此时系统并不知道用户做的是什么手势,但是知道在这一段信号当中,哪一区间里有手势,具体在区间的每一帧上,要找出哪里是手。而到了手势识别的环节,系统就不再关心以上的问题,而直接对于已经挑选出来的"手势"进行分类、解读等后续操作。检测与识别,是手势交互中紧扣的两环。

对于手势识别问题,无论是基于传统机器学习的方法,还是基于深度学习的手势识别方法,一般都需要先提取出视频中手部的位置,也称为人手检测。传统的人手检测有基于手部肤色的方法和基于手部运动信息的方法。

基于手部肤色的方法利用手部肤色与背景颜色信息的差异来进行手部的分割,但是这种方法对背景光照、颜色信息比较敏感;基于手部运动信息的方法利用手部相对于背景的运动信息来进行手势分割,这种方法需要背景信息大致不变,鲁棒性较差。近年来,随着深度学习的发展,Faster RCNN 和 SSD 等物体检测算法越来越多地被应用到手势分割上,具有精度高、鲁棒性好等优点。

手势检测方法主要有两种:基于候选动作片段(Action Proposal)的手势检测方法和基于类间差异的手势检测方法。

基于候选动作片段的方法主要分为以下五个阶段:

(1)利用时序滑动窗口等方式提取待选动作片段。

(2)利用传统特征提取方法或深度学习特征提取方法提取每个片段的特征。

(3)将每个片段的特征输入分类器中进行动作片段与背景片段分类。

(4)将每个动作片段的特征输入分类器中进行动作分类和起始帧的微调。

(5)利用非极大值抑制等方法剔除重复片段。

基于类间差异的手势检测方法主要分为以下三个阶段:

(1)利用传统特征提取方法或深度学习特征提取方法提取手势的特征。

(2)利用动作片段与背景片段特征之间的差异性分离动作片段与背景片段,主要有基于先验知识的方式和基于 Connectionist Temporal Classification(CTC)分类器的方式。

(3)利用分类器对每个片段的特征进行分类。

手势识别方法的主要流程分为以下两个阶段:

(1)利用传统特征提取方法或深度学习特征提取方法提取手势的特征。

(2)将特征输入到分类器中进行手势分类。

手势检测与识别流程示意图如图 4.1 所示。

图 4.1　手势检测与识别流程示意图

4.4　人手检测

4.4.1　现状总结

人手检测是实现与手相关的任务的基础，对手部关节检测、手势理解等任务起着关键作用，也对人机交互和机器人技术发挥着重要作用。通过获取人手的相关信息，可以帮助计算机更好地理解人的交互意图，提升操作的方便性和准确性。近年来，对一般物体的检测任务取得了进步，但是对于单张图像中手的检测还存在着挑战性，因为不同的手腕和手指关节旋转，使得手的形态存在多样性。

我们首先介绍基于 RGB 图像手势检测的代表性思路，然后根据是否使用深度学习，分别介绍基于传统方法和基于深度学习的手势检测代表性工作。

传统机器学习方法主要有动态时序规整（DTW）、隐马尔可夫模型（HMM）、条件随机场（CRF）和随机森林（RF）等方法。基于深度学习的方法主要有基于 LSTM 的方法和基于 CNN 的方法。

图像是一种较为稠密的高维像素矩阵，将图像中与手相关的像素区域利用最小矩形包裹，与图像中其他区域区分开来，是人手检测的主要问题。现阶段，对单个图像进行人手检测的方法可以分为四类：基于皮肤的检测方法、基于模板的检测方法、基于像素标记的检测方法和基于姿态估计的检测方法。

在基于皮肤的检测方法中，使用高斯混合模型构建皮肤模型，或者利用来自面部检测的皮肤颜色作为先验知识，但是肤色模型很容易受到光照的影响，在复杂的光照条件下，模型将不能做出良好的判断。因此，这种方法通常不能应用于一般条件下的人手检测。

在基于模板的检测方法中,既可以学习手的模板,又可以将多个可变性的模型组合,从而实现人手检测。它们可以通过诸如 Viola 和 Jones 级联探测器[1]、HOG-SVM 管道、可变形部件模型混合物(DPM)[2]等功能实现。但是,这些方法的局限性在于它们通常使用表达信息能力比较弱的特征(通常是 HOG 或 Harr 特征)。还有一些方法是将待检测的人手作为人体结构的一部分,它们使用人体图像结构作为手部位置的空间背景,先检测出人体,然后再检测人手位置。然而,这些方法需要人体的大部分是可见的,并且身体部位的闭塞会使手部检测变得困难。

在基于像素标记的检测方法中,已经证明在 Egocentric 视频中对手的检测非常成功。在香港大学朱晓龙的研究中,像素标记方法进一步扩展到结构化图像标记问题,然而这些方法都需要耗费较多的时间逐像素扫描整个图像。

基于姿态估计的检测方法可以细分为两类。①首先估计对象的姿态,然后利用对象的姿态去预测图像的标签。Rowley 等人[3]提出了一种基于精神旋转不变神经网络的人脸检测,该方法采用多个网络:首先利用旋转网络估计每个输入窗口旋转方向,然后使用该旋转信息判断输入窗口是否为人脸。②对姿态进行估计和检测。He 等人提出了一种结构化的公式来联合进行物体检测和姿态估计。Fidler 等人提出了一种具有可变形 3D 立方体模型的 3D 物体检测和视点估计。

近年来,深度学习得到快速发展,卷积神经网络的应用越来越广泛[4],在基于视觉的物体检测、自然语言处理等任务中取得了很大的进展,其结果也得到了人们的认同。在深度学习中,利用反馈算法,在挖掘大量数据中的复杂结构和提取关键特征方面表现出强大的能力。传统的人手检测方法在于利用人工提取的特征与分类器结合,然而特征具有一定的局限性,同时提取的时间开销较大。基于深度学习的方法能更好地提取特征,同时也大大提升了时间效率。Girshick 提出的 R-CNN,将选择候选框方法与卷积神经网络相结合,在物体检测方面取得了较好的效果,在 PASCAL 物体检测任务中,成绩提升了近 30%。之后,Girshick 对 R-CNN 进行了改进,提出了 Fast R-CNN,Ren 等人提出了 Faster R-CNN,都提升了物体检测任务的结果。武延军团队在像素级高效人手检测领域取得新进展,为人手运动视频的实时检测估计处理提供了一种新方法,即利用一种尺度不变的全卷积神经网络,补充加权特征融合模块使其学习不同尺度的特征,同时对网络的中间层加以监督，以迭代的方法融合多个尺度的特征，最后进行预测，在保证精度的同时，检测的速度得到更好的提升。

尽管物体检测任务的精度有显著提高，但在姿态估计任务中还存在较多的困难。为了克服姿态变化的问题，Jaderberg等人[5]提出了空间变换网络（Spatial Transformer Network，ST-CNN）。其利用无监督学习的方法学习姿态的信息。ST-CNN主要包含三个部分：定位网络（Localisation Network）、矩阵生成网络（Grid Generator）和采样网络（Sampler）。定位网络利用输入信息，计算得到参数送入矩阵生成网络，在矩阵生成网络生成空间变换矩阵，之后采样网络根据空间变换矩阵中的信息，将输入对齐。在空间变换网络中，可以利用没有标注的变换信息，自行学习特征空间中的变换参数，将特征在空间上对齐，从而减少物体因在空间中的旋转、平移等几何变换所带来的对定位等任务的影响。

人手检测与人手的旋转信息存在着一定的依赖关系，将两者信息相结合，会促进人手检测的结果。因此，将图像进行一系列的操作，调整至正定姿态，使得输入检测模型的图像保持相对稳定的姿态，可以显著减轻检测模型的负担。

4.4.2 实例

我们提出了一种端到端优化的深度学习框架[6]，利用单张图像，将人手检测和人手的旋转信息相结合，提升了人手检测的准确性。其网络结构如图4.2所示。图中的各个元素会在本节的相应部分详细说明。这个网络以Faster R-CNN网络为骨干网络建立新的网络，提出了新的卷积神经网络结构Derotation层，并在ROI池化层之后加入了反旋转层（Derotation Layer）。该方法首先提议可旋转的候选区域，可以使用来自Faster R-CNN的典型区域提议网络（RPN）或其他能够进行端到端训练的基于深度特征的方法来生成这些候选区，在候选区经过ROI池化层后，作为特征输入到旋转网络（Rotation Network），旋转网络执行回归任务，以估计平面内的旋转信息，实现对准局部特征矩阵，然后根据来自旋转网络的结果实现旋转局部特征矩阵，并通过检测网络获得置信度分数。因为特征矩阵进入检测网络前已经实现对准，因此检测网络不需要再处理对准信息，从而更好地提升了检测网络完成检测任务的能力。其中，旋转变换由反旋转层完成，允许反向传播并实现了端到端的训练。下面介绍实现的细节。

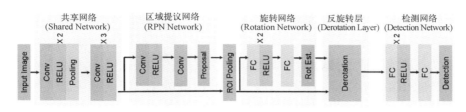

图 4.2 网络结构

(1) 生成候选区域

生成候选区域在典型的物体检测任务中是非常关键的,并且提出了各种与类别无关的区域提议,包括选择性搜索(Selective Search)、对象性(Objectness)和类别独立对象提议。然而因为人手存在很多种姿态,所以这些研究方法在人手检测上的效果有限,因此我们提出了多类别区域提议的方法。除了数据驱动的穷举搜索分类和使用贝叶斯分类进行辅助训练的方法,还测试了两种对比方法。

① 候选区域提议网络(Region Proposal Networks,RPN)。

我们使用了最先进的 RPN 网络去提取手的区域。RPN 是一个全卷积网络,是 Faster R-CNN 网络的前段部分,将图像作为输入并输出一组候选区域建议和相应的候选区域分数。RPN 还可以轻松地与网络的其他组件相结合,并实现端到端的训练。

② 深度特征提议(Deep Feature Proposal)。

这一工作采用独立的判别方法来生成手的区域提案。对于每个测试图像,构建一个 5 级图像金字塔。每个图层都将其顶部图层的分辨率加倍。之后,利用在 ImageNet 上预训练的 Alexnet 模型,将 5 级图像金字塔的每一个图层输入到 Alexnet 模型中,提取经过"conv5"卷积层后获得的特征金字塔。在训练过程中,训练了 8 个具有不同宽高比的 SVM 二元分类器,以滑动窗口方式检测在"conv5"卷积所得到的特征金字塔上的手状区域。通过这种方法,可以获得较为准确的平移、旋转、缩放等信息,从而实现对准。

(2) 旋转感知网络(Rotation Aware Network)

旋转感知网络用来估计候选区域的旋转信息。

① 网络结构。

网络建立在 Faster R-CNN 的骨干网络上,在 ROI 池化层之后插入一个反旋转层。网络以 2 层卷积+激活函数+下采样的网络层和 3 层卷积+激活函数网络层作为开始，从输入图像中提取特征。基于提取的特征，RPN 网络包含卷积层加激活函数，紧接着是一个卷积层，以提取候选区域。将候选区域经过 ROI 池化，获得局部特征。旋转网络包含三个全连接层，估计手的旋转角度。这一工作将旋转估计问题看作角度的正余弦回归问题。给定一个候选区域，旋转网络执行回归并且输出二维旋转估计向量 $I = (\cos\alpha, \sin\alpha)$，表示具有良好的几何意义。$I$ 可以表示为单位圆上的一个点，两个向量 I_1 和 I_2 的欧几里得距离 d 可以用 $2\sin\dfrac{\theta}{2}$ 计算，d 随着中间角 $\theta \in [0, \pi]$ 的增大而增大。之后，反旋转层根据旋转网络估计出的二维旋转向量 I 来旋转 ROI 卷积层输出的特征层，得到对齐后的特征层后，将旋转后的对齐特征输入到 3 个全连接层以得到一个二值的分类，判断候选区域是否包含手。由于反旋转层的参数是可导的，因此可以端到端地优化整个网络，并且可以联合优化所有任务。

② 反旋转层（Derotation Layer）。

反旋转层可以在一次单向传递过程中，将特征根据旋转信息实现旋转操作。反旋转层的输入是从原始图像经卷积计算得到的特征矩阵和从旋转网络中估计得到的平面内旋转角度，输出是经过旋转后的特征矩阵，定义目标是将其旋转到直立姿态下，如图 4.3 所示。

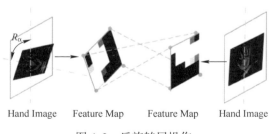

Hand Image　　Feature Map　　Feature Map　　Hand Image

图 4.3　反旋转层操作

具体而言，如果 R_α 是想要应用的面内旋转角度，则反旋转变换为

$$\begin{bmatrix} x' \\ y' \end{bmatrix} = \underbrace{\begin{bmatrix} \cos\alpha & -\sin\alpha \\ \sin\alpha & \cos\alpha \end{bmatrix}}_{R_\alpha} \begin{bmatrix} x \\ y \end{bmatrix} \tag{4.1}$$

式中，$[x',y']^T$ 是规范的直立姿态下的特征矩阵；$[x,y]^T$ 是输入的原始姿态下的特征矩阵。请注意，$[x',y']$ 和 $[x,y]$ 是相对于特征矩阵中心的坐标。实现过程使用逆映射的方法，也就是说，对于规范的直立姿态下的特征矩阵中的每一个像素 $[x',y']$，在原始姿态的特征矩阵中寻找相对应的像素位置 $[x,y]$。由于 $[x,y]$ 通常并非为整数，因此一般通过平均其四个最近邻居位置的值来计算特征。对于 $[x,y]$ 在图像边缘的问题，使用对图像先填补0值来避免采样点超出图像的问题。

对于反向传播过程，可以利用在反旋转层之前和之后的特征矩阵之间的坐标之间的映射关系来完成。

将 u^l 看作反旋转层的输入，u^{l+1} 看作反旋转层的输出，把 L 看作最后的损失，$\frac{\partial L}{\partial u^l}$ 是卷积神经网络反向传播过程中层 l 的梯度信号，则可以计算如下的导数：

$$\frac{\partial L}{\partial u^l(x,y)} = \sum_i I(x,y,x_i',y_i') \frac{\partial L}{\partial u^{l+1}(x_i',y_i')}$$

式中，$[x_i',y_i']$ 是特征映射 u^{l+1} 中的像素坐标；$[x,y]$ 是位于 u^l 规则网络上的坐标。如果 $[x,y]$ 的值传播到 $[x_i',y_i']$，则函数 $I(x,y,x_i',y_i')$ 为1；否则，$I(x,y,x_i',y_i')$ 为0。因此，偏导数 $\frac{\partial L}{\partial u^{l+1}(x_i',y_i')}$ 积累到 $\frac{\partial L}{\partial u^l(x,y)}$ 中，其中 $\frac{\partial L}{\partial u^{l+1}(x_i',y_i')}$ 是通过反旋转层顶部层的反向传播函数来计算的。

(3) 损失层（Loss Layer）

网络的损失函数可以定义为

$$L = L_{\text{rotation}} + \lambda_d L_{\text{detection}} + \lambda_R L_{\text{RPN}} \qquad (4.2)$$

式中，L_{rotation} 是旋转网络的损失（参见式（4.3））；$L_{\text{detection}}$ 是检测网络的损失（参考式（4.4））；L_{RPN} 是 RPN 网络的损失，如 Faster R-CNN[11]。这些项受权重参数 λ_d、λ_R 影响，默认设置为1。

① 旋转损失（Rotation Loss）。

对于旋转信息的估计，在旋转网络结束时使用 L_2 损失。接着，获得人手候选区域的正样本并使用它们来训练网络，以实现对人手旋转参数进行回归，并将其表示为二维向量 $\boldsymbol{I} = (\cos\alpha, \sin\alpha) \triangleq \left(\frac{c}{\sqrt{c^2+s^2}}, \frac{s}{\sqrt{c^2+s^2}}\right)$。其中，$c$

和 s 是旋转网络中全连接层的输出,通过对 c、s 进行归一化,l 被强制作为归一化的姿势向量,因此可以在式(4.1)中强制将 R_α 作为旋转矩阵。更确切地说,如果 l 和 l^* 分别是预测的和真实情况下的旋转估计向量,则旋转损失为

$$L_{\text{rotation}}(l, l^*) = \frac{1}{m} \sum_i \| l_i - l_i^* \|_2^2 \quad (4.3)$$

为了推导出旋转损失的后向算法,L_{rotation} 对 $\cos\alpha_i$ 和 $\sin\alpha_i$ 的偏导数为

$$\frac{\partial L_{\text{rotation}}}{\partial \cos\alpha_i} = \frac{2}{m}(\cos\alpha_i - \cos\alpha_i^*)$$

$$\frac{\partial L_{\text{rotation}}}{\partial \sin\alpha_i} = \frac{2}{m}(\sin\alpha_i - \sin\alpha_i^*)$$

式中,i 是小批量中正样本的手候选区域;α_i 和 α_i^* 是手的候选区域 i 的估计值和真实旋转角度;m 是批次中的正样本编号,注意负样本不会进行旋转损失的反向传播,因为考虑到负样本训练数据不会对旋转信息估计任务贡献有用的信息。

还需要计算 $l_i = (\cos\alpha_i, \sin\alpha_i)$ 对于 c_i, s_i 的偏导数,计算如下:

$$\frac{\partial \cos\alpha_i}{\partial c_i} = (c_i^2 + s_i^2)^{-\frac{1}{2}} - c_i^2(c_i^2 + s_i^2)^{-\frac{3}{2}}$$

$$\frac{\partial \cos\alpha_i}{\partial s_i} = -c_i s_i (c_i^2 + s_i^2)^{-\frac{3}{2}}$$

$$\frac{\partial \sin\alpha_i}{\partial c_i} = -c_i s_i (c_i^2 + s_i^2)^{-\frac{3}{2}}$$

$$\frac{\partial \sin\alpha_i}{\partial s_i} = (c_i^2 + s_i^2)^{-\frac{1}{2}} - s_i^2(c_i^2 + s_i^2)^{-\frac{3}{2}}$$

式中,c_i、s_i 是旋转网络中全连接层的输出,用于小批量中的手候选区域 i 的选择。

② 人手检测损失(Detection Loss)。

对于检测任务,在检测网络末端使用简单的交叉熵损失。将 D^* 表示为实际的物体标签,工作使用的损失函数为

$$L_{\text{detection}}(D, D^*) = -\frac{1}{n} \sum_i \sum_j D_i^* \log(D_i) \quad (4.4)$$

给定检测网络中全连接层最后一层的输出 z，$D_i = \dfrac{e^{z_j^i}}{\sum_{j=0}^{1} e^{z_j^i}}$ 是候选区域 i 的属于第 j 类的预测，n 代表候选区域的总个数。

③ RPN 损失（RPN Loss）。

在 RPN 网络中，工作使用与 Faster R-CNN 相同的损失函数，由对象分类损失和边界框回归损失组成。

（4）实现细节

这里将展示工作在训练过程中的细节。

网络包含三个主要组件：RPN 网络、旋转估计网络（Rotation Estimation Network）和检测网络（Detection Network）。由于共享特征矩阵或数据流经过反旋转层，因此需要仔细的训练策略，以确保良好的收敛。

网络包含两条通过反旋转层相互作用的通路。为了训练模型，采用分而治之的策略。首先，使用在 ImageNet 上预训练的模型初始化共享网络和检测网络，并且仅对旋转估计任务进行微调；然后，综合这两个网络提供的信息，输入检测网络中，并对手的二进制分类任务进行微调。

按照 R-CNN 的方式来准备训练数据。将基于深度特征的候选区域作为训练数据。根据候选区域与实际物体区域的 IOU（Intersection Over Union，交并比）进行判断，如果 IOU 大于 0.5，则候选被认为是正的；如果 IOU 小于 0.5，则为负，将候选丢弃。最终形成了大约 10^4 个正样本数据和 4.9×10^7 个负样本数据。由于正负数据的数量很不平衡，因此工作首先使用数据集中的所有正样本，并随机抽取 3000 万个负样本。在此基础上，还应确保每个小批次中的正负样本之比为 1:1。对于负样本，它们在旋转网络的反向传播期间不贡献任何梯度。

在测试过程中，候选区域经常相互重叠，通常需要根据候选区域的检测得分采用非最大抑制（Non-Maximum Suppression，NMS）方法来完成选取工作。NMS 的 IOU 阈值固定为 0.3。

（5）实验结果

我们使用 Oxford Hand 数据库进行相关的实验测试。

① 候选区域生成方法的性能。

表 4.1 给出了几种候选区域生成方法的性能比较，从中可以看出 RPN 方法与我们提出的对传统的基于分割的算法（如选择性搜索和对象性）的深度

特征提议方法之间的比较。

表 4.1 几种候选区域生成方法的性能比较

方　　法	召回率（Recall）	平均最佳重叠率（MABO）	成功数（#win）
RPN	95.9%	79.2%	300
深度特征提议方法一	99.9%	74.1%	7644
深度特征提议方法二	100%	76.1%	17489
基于选择性搜索的方法	46.1%	41.9%	13771
基于对象性的方法	90.2%	61.6%	13000

在召回率方面，我们的深度特征提议方法达到了最佳性能，接近 100%。

② 旋转估计方法的性能。

我们首先证明旋转网络可以产生合理的在平面内的旋转估计参数。表 4.2 给出了几种旋转估计方法的性能比较。当 RPN 用于选择候选区域时，旋转估计性能是不错的。使用我们基于深度特征的选择候选框的方法，预测值与真实值的差距小于 10°时，准确度为 45.6%；预测值与真实值的差距小于 20°时，准确度为 70.1%；预测值与真实值的差距小于 30°时，准确度为 79.8%。

表 4.2 旋转估计方法的性能比较

方　　法	预测值与真实值的差距小于10°时的准确度	预测值与真实值的差距小于20°时的准确度	预测值与真实值的差距小于30°时的准确度
Our model（RPN）	40.0%	63.8%	75.1%
Our model（joint）	47.8%	70.9%	80.2%
Our model（seperated，基于深度特征的选择候选框的方法）	45.6%	70.1%	79.8%
Two-stage CNN	46.1%	70.1%	79.8%
Direct angle regression with CNN	27%	44%	56%

③ 检测性能。

当 RPN 用于提取图像候选区域时，我们将模型与最先进的方法（如 Faster R-CNN）进行比较。Faster R-CNN 没有明确地处理旋转。图 4.4 体现出使用 Faster R-CNN 和我们的模型在 RPN 上进行精度与召回率的比较情况。

我们的模型加入 RPN 后的平均精度（Average Precision，AP）比 Faster

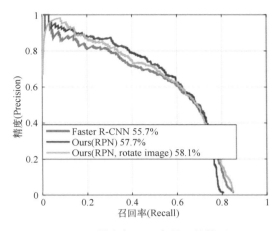

图 4.4　精度与召回率的比较情况

R-CNN 高 2%。当我们的模型在加入 RPN 的基础上再加入旋转操作后，平均精度会再提高 0.4%。但我们的模型仅加入 RPN 时要比再加入旋转操作的效率提高 10 倍。各种方法的平均精度如表 4.3 所示。

表 4.3　各种方法的平均精度

方　　法	平 均 精 度
Our model（RPN）	57.7%
Our model（RPN，rotate image）	58.1%
Faster R-CNN	55.7%
Our model（joint）	48.3%
Our model（seperated）	47.3%
Two-stage CNN	46.2%
R-CNN	42.3%
ST-CNN	40.6%
DP-DPM	29.2%
DPM	36.8%

我们在 Oxford 手持数据集上给出了手检测器的实验结果。图 4.5 和图 4.6 分别是室外和室内图像上的检测实例。显然，我们的方法适用于室外和室内图像，适用于多手和单手图像。

图 4.5　室外图像上的检测实例

图 4.6　室内图像上的检测实例

4.5　人手姿态估计

　　基于手部姿态的手势识别方法是利用手部关键点的信息来进行手势识别的。相比基于 RGB 图像与视频的手势识别方法，手部姿态不受背景信息的影响，能够更好地关注手部的位置与运动信息，是一种具有较大发展潜力的方法。

人手姿态估计的常见做法是把人手建模成一些关键部位（如手掌、手指）的集合，进而估计它们在图像上（二维估计）或者三维空间内（三维估计）的位置。"稀疏关键点"是常见的人手姿态建模方法。基于手部姿态的手势识别方法主要分为以下三个阶段：首先利用手部姿态检测方法获取手部的姿态信息，然后利用传统特征提取方法或深度学习特征提取方法提取手部姿态的特征，最后将特征输入到分类器中进行手势分类。

从方法上，姿态估计可分为基于模型优化的生成式方法（Generative Methods）和基于数据驱动的判别式方法（Discriminative Methods）。基于模型优化的生成式方法通常给定一个通用的人手模型进行参数优化，基于数据驱动的判别式方法通常需要大规模的数据集训练输入图像到输出之间的映射[18]。

基于模型优化的生成式方法通常需要构建一个通用的人手参数化模型来表达多手势多视角等情况下的人手，并建立参数化模型与输入手势之间的能量函数，之后通过传统优化方法优化能量函数，使得能量函数最小。因此参数化模型构建、能量函数设计以及优化算法选择三个方面是影响模型优化生成式方法精度和速度的主要因素。

基于视觉的人手姿态估计如图 4.7 所示。

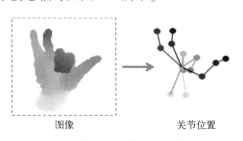

图 4.7 基于视觉的人手姿态估计

人手姿态可以通过多种方式获得。最初需要使用专门的仪器，如数据手套、三维扫描仪等。随着新型电子设备（如智能手机、数码摄像机其至深度摄像机等）的普及，图像和视频数据获取越来越方便，通过图像、视频数据去"恢复"人手姿态，而非通过笨重的专门仪器直接获得姿态数据，将具有更加多元的应用，可以适应更多样的场景。

人手数据从采集方式划分，有接触式传感器、数据手套、三维扫描仪以及相机这几种采集设备。随着智能手机的普及，相机采集数据的方式最方便：用户不需要佩戴多余的设备，采集过程快速、简单。相机采集得到的图像数据通过计算机视觉的方法对其进行分析，分割目标区域，并对目标区域提取特征进行姿态估计。因此这里只介绍以图像数据为输入的姿态估计的相关内容。根据采集的数据种类可划分为基于单帧图像的人手姿态估计问题和基于视频的人手姿态跟踪问题。由于视频包含的信息量更多，连续帧之间动作变化幅度小，姿态跟踪更加准确。单帧图像由于存在运动模糊、自遮挡、形变大等问题，因此具有更大的挑战性。

4.5.1 主要难点

从输入数据的角度探究，问题的主要难点有以下两方面。

1. 由人手固有的复杂结构所带来的难点

（1）人手自由度高。人手作为人体重要的组成部分之一，由骨骼以及包裹骨骼的肌肉等部分组成。每部分的骨骼可相对关节做适当的旋转运动，是典型的非刚性物体。关节及其表面点云变化复杂，解空间庞大，如何建立合适的数学模型以及算法求解，是一个困难的挑战。

（2）自遮挡现象。相对于人体，体积较小的人手部位由手掌和五根手指组成，手指灵活度高，相对距离近，因此手指之间、手指和手掌之间存在严重的自遮挡问题，求解结果存在二义性。

（3）不同手势相似。因为人手五根手指结构一致，相互之间相似度高，难以区分五根手指，因此手势之间相似程度高，使得手势估计更加困难。

（4）不同的形状和尺寸。因为不同年龄和体型的人手具有不同的形状和尺寸，使得需要建立的人手模型灵活度更高，更加困难。

2. 由采集过程的诸多不确定性所带来的难点

图像数据通过相机采集，相机本身的成像条件、拍摄时的环境等因素都会影响算法的设计和结果的好坏。

（1）良莠不齐的原图像、原视频。目前，应用于计算机视觉中的相机主要分为深度相机和彩色相机。深度相机测量物体到相机之间的距离，采集的深度图像只有深度信息，而彩色图像只包含物体的色彩信息。因为测量深度原理不同，所以一些深度相机在测量时有偏差，影响效果。另外，因为人手相比于人体，比例较小，互联网上大部分图像的分辨率不足以呈现清晰的手部，难以满足研究需求。

（2）背景杂乱。因为拍摄手时难免会将背景拍摄进图像中，因此会影响算法的准确性。

（3）手与其他对象交互。在很多应用场景，比如增强现实（AR）和虚拟现实（VR）中，需要人手与物体进行交互，进行物体抓取，或者多手交互。因此其他物体或对象难免会对人手有遮挡现象，增加研究难度。

（4）多视角。因为相机会从多个视角拍摄手部动作，增加人手图像的多样性，使手势估计的自由度更高，并且不良的视角也会导致人手自遮挡现象更加严重。

（5）信息缺失。以单张图像作为输入时，相机只能捕捉人手的单面信息，会增加姿态估计问题的难度，提高算法的不稳定性。

综上所述，人手姿态估计是人机交互和计算机视觉领域的一个难点，同时因为其广阔的应用场景，所以也是一个热点问题。

4.5.2 现状总结

1. 人手参数化模型

参数化模型能够表达多手势、多视角情况下的人手关节点坐标和三维点云。精确度依赖于设计的模型与真实人手结构的相似程度。

人手骨骼结构如图4.8（a）所示。它有27块骨头，其中手掌和手指部分有19块，其余为腕关节部分的骨头。骨头作为刚性结构，只能绕关节点做旋转运动。因人手骨骼的结构限制，只有腕关节和手指部分的骨骼可进行限定自由度的旋转，骨骼在旋转过程中会牵引包裹骨骼的软组织移动，因此人手手势变化就可以简化为不同骨骼不同程度的旋转。为了构建合理的人手参数化模型，必须能够模拟人手骨架。

人手参数化模型主要分为两类，图4.8（b）展示了一些人手参数化模型的示意图。第一类人手参数化模型主要由简单的几何体拼接表示[7]，如圆柱体的组合模型。圆柱体相连部分视为关节点，圆柱体可绕关节点旋转表达手势的变化。同时，组合模型可通过调整每个圆柱体组成部分的半径和高度以适用于不同尺寸的人手。此类参数化模型的好处是参数表达具有具体的意义，表达出的模型方便判断边界,有助于关节之间的碰撞检测,保证结果无穿透现象。但是它只能表达手势动作,无法表达人手表面细节形变信息,如因为手势变化导致的软组织拉伸或者褶皱等信息。

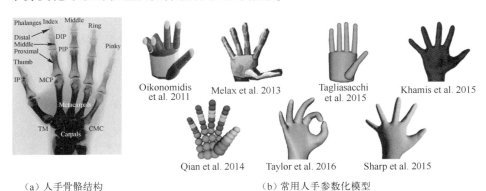

(a)人手骨骼结构　　　　　　　　(b)常用人手参数化模型

图4.8　人手模型

第二类人手参数化模型通过网格面片结构(Mesh)表达人手表面结构,如网格式模型,是计算机图形学以及计算机视觉中常用的物体表面结构表示方式。它通过一系列的点以及连接点之间的线、面刻画物体表面丰富的褶皱信息。

网格式模型表达质量高,参数量庞大,可以仿照人体建模方式(SCAPE、SMPL),充分利用人手铰链式的结构特点,将上千维的人手表面点云坐标参数压缩成两个参数向量,即用表达人手个体差异的参数向量 β 和表达人手动作的角度向量 θ 来参数化表达人手三维模型。其中,β 是标准姿态下不同人手数据降维后的线性子空间系数,θ 是铰链式骨架模型中关节点的旋转角度。因此,给定标准姿态下的人手模板,通过 β 系数和线性子空间的权重生成特定形态标准姿态下的人手点云以及骨架。通过 θ 旋转人手骨骼,并根据蒙皮(Linear Blend Shape,LBS)权重让骨骼驱动人手表面点云变换。这类人手参数化模型虽然建模过程复杂,但是表达参数少,同时能刻画精确的人手表面结构。

2. 能量函数设计

能量函数设计也是模型优化方法的关键。其中最重要的能量项是衡量当前参数下的模型与输入图像或特征的匹配程度,可以衡量检测得到的指尖关节点与模型指尖之间的距离;可以衡量预测点云与输入深度图像对应点云之间的对应点距离；也可以将预测模型渲染成图像并与输入深度图像进行直接对比（称为 Golden Energy），但因为渲染过程的不可导，算法只能通过有限差分梯度进行优化或者通过随机搜索寻找最优解，计算复杂度高，即使定义了光滑且可导的近似渲染算法，仍然存在计算复杂度较高的问题。

同时，为了保证优化解的合理性，设计能量函数时会加入一些附加惩罚能量，如加入对关节角度范围的限制约束。

对于跟踪问题加入了帧间的平滑项（As-Rigid-As-Possible，ARAP），或加入了对于结果是否自我穿透的判断约束。

总之，设计合理的能量函数会减少陷入不合理的解，而且可以较为快速地收敛。

3. 优化算法

常用的优化算法主要有两种。一种是利用蒙特卡罗思想的智能优化算法，如粒子群优化算法（Particle Swarm Optimization，PSO）。粒子群优化算法从随机解出发，通过迭代寻找最优解，该算法通过随机化大量初始粒子，能够有效避免陷入局部最优。

然而大量的粒子计算资源消耗大，因此可以通过随机森林产生初始解，之后通过 PSO 算法进行优化，能够加快算法优化过程。

另一种是传统线搜索或信赖域优化算法[8]，如 Gauss-Seidel 优化算法。其中的迭代最近点算法（ICP）经常应用于点云配齐，通过 ICP 算法能够快速将参数化模型匹配到输入点云，但 ICP 算法极易陷入局部最优解，因此文献 [9] 通过 LM（Levenberg Marquardt）优化算法来提高算法的精确度。

总体来说，模型优化方法通过优化求解模型参数严重依赖于良好的初始化，容易陷入局部最优，因此常应用于手势跟踪场景。跟踪系统通常需要主动或自动的初始化过程，比如通过基于数据驱动的方法给予良好初始化，并且优化过程计算复杂度高，耗时长。

4. 基于深度学习的人手姿态估计

下面我们分别介绍以深度图像和彩色图像作为输入的深度学习方法在人手姿态估计上的研究。

深度图像作为输入。 利用卷积神经网络提取特征并对每个关节点预测热力图（Heatmap）后，通过逆向运动学从网络提取的特征和热力图中回归人手关节点的三维位置。后来出现的 Deep-prior++[10] 方法，在 CNN 网络中加入先验（Prior）层回归关节点三维位置的 PCA 参数进而得到关节点坐标，并加入旋转、缩放、平移等数据扩充方式提高网络训练精度。如果使用迭代反馈神经网络，则可以进一步优化网络训练结果。整个迭代反馈网络由三部分子网络组成：首先通过手势估计子网络从输入深度图像中预测人手关节位置作为初始手势；然后根据初始手势通过深度图像合成子网络预测对应的合成深度图像；最后优化子网络根据合成深度图像和输入深度图像对初始手势预测修正量，或将深度图像先投影到三个相互正交的平面上[11]，从每个投影图像上提取特征并估计关节点的热力图，再融合三个投影的热力图并深度学习先验姿势，产生最后的关节点三维位置。

彩色图像作为输入。Zimmermann 和 Brox[12] 通过卷积神经网络预测关节点的二维热力图，根据二维热力图分别回归正则化关节坐标和图像对应的相机角度信息，以此算出关节点的三维坐标。为了解决由于彩色图像人工标注困难以及遮挡等导致的训练数据过少问题，出现了一种基于大量无标注训练样本的自助迭代训练方法，在迭代训练人手关键点检测网络的同时，利用多视图的关键点位置一致性约束，更新无标注数据的训练标签，以此更新训练样本库。也有使用实时手势跟踪系统的研究，系统通过卷积神经网络依次回归关节点的二维热力图和三维坐标，并加入运动学骨架拟合，细化 2D 和 3D 坐标精度。还可以使用变分自编码器（Variational Auto-Encoder，VAE）网络模型进行跨模态训练，通过训练彩色图像到彩色图像、彩色图像到关节点以及关节点到关节点坐标三个编解码 CNN 网络，学习共同的隐空间特征表达层，即网络的编码特征。其他的方式包括使用回归关节点的二维热力图以及使用关节点的深度信息间接估计关节点的三维坐标，在通过回归关节点二维热力图进而回归三维坐标的 CNN 网络的基础上，加入回归深度图像的子网络，提出基于深度监督信息的弱监督训练方式等。

4.5.3 实现

下面通过几个较前沿的实例介绍人手姿态估计的方法。

1. Hand3D[13]

在介绍研究现状时已经提到，已有的基于卷积神经网络的人手姿态估计工作多以深度图像作为输入，预测人手关节点的三维位置。这类工作要求算法能够自主地学习深度图像到关节三维位置的映射，或者需要后续优化处理。这些方法往往造成较大的误差。针对这个问题，Hand3D 首次使用三维卷积神经网络估计人手关节点位置。这种方法以三维截断符号距离函数（Truncated Signed Distance Function，TSDF）为输入，从三维层面提取特征，由于三维特征较好地蕴含了三维上下文信息，因此可缓解人手自遮挡问题，使得算法能够达到更高的精度。

符号距离函数（Signed Distance Function，SDF）在计算机图形学里常被用作一个光线投影的加速结构，或者作为三维模型的表示，在三维中以体素（Voxel）的方式实现。每个体素被赋值为从体素到达最近物体表面的距离，其符号部分表示该体素在物体表面内部（负值）或者外部（正值）。TSDF 是对 SDF 添加一个截断距离，当距离超过截断距离时，赋值为截断距离，数学表示为：

$$\text{TSDF} = \begin{cases} \text{Distance} & \text{if Distance<Truncated Distance} \\ \text{Truncated Distance} & \text{else} \end{cases}$$

该方法使用的 TSDF 表达中的最近物体表面是指从相机出发，沿着视线方向第一次遇见的物体表面。这种形式的 TSDF 也称为投影的 TSDF 表达。

TSDF 是对物体的三维稠密表示。为了处理这种表示，该方法构建了一个三维卷积神经网络，使用三维卷积对 TSDF 提取特征后，把特征输入全连接层回归人手关键点的三维坐标。网络的前一部分为特征提取部分，包括两个卷积模块，每个模块分别由三维卷积层（Conv3D）、三维池化（Pooling3D）、整流线性（ReLU）单元组成。从输入的 TSDF 中提取到有效的三维特征之后，两个全连接层把提取到的三维特征转化为相对于质心（Center of Mmass，CoM）的三维坐标。Hand 3D 姿态估计网络如图 4.9 所示。

为了解决人手角度和弯曲造成的自遮挡和深度缺失问题，该方法利用合成图像训练了一个具有三维全卷积结构（FCN）的 TSDF 优化网络，执行对 TSDF 的去噪和空洞补全。这种网络由两个部分组成：编码部分网络由卷积层和池化层组成；对称的解码部分由卷积层和上采样层组成。网络中间加入跳跃连接来保留底层特征图像的细节。实验发现，使用该网络对输入进行预处理可以减少输入 TSDF 的噪声和空洞，使后续网络获得更准确的姿态估计。Hand 3D TSDF 优化网络如图 4.10 所示。

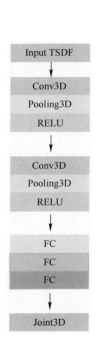
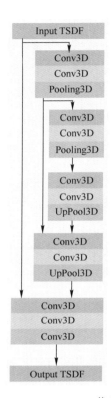

图 4.9　Hand 3D 姿态估计网络　　　　图 4.10　Hand 3D TSDF 优化网络

人手姿态估计的性能评价主要使用两个指标：一是关节平均距离误差，即估计关节到目标关节的平均距离；二是关节误差全部在给定阈值之内的帧所占的比例。由人手姿态估计主流数据集 NYU、ICVL、MSRA 的实验表明，Hand 3D 已经达到人类标注数据的准确性范围（在 NYU 上约 7.9mm），而且在精度上优于传统模型方法和基于深度图像的方法，充分说明了数据驱动方法和从三维层面提取特征的有效性。图 4.11 展示了不同方法的结果，每行展示了两种人手姿态，每种人手姿态从左到右依次为模型优化方法、基于深度图像的方法、Hand 3D、真实标注。

2. 基于点云的三维人手姿态估计

点云是深度图像的一种三维数据表示方式，具有两个特点。第一特点是空间无序性：在几何上，点的顺序并不影响它在空间中对整体的描述。第二特点是旋转不变性：在空间中同一组人手点云数据经过旋转变

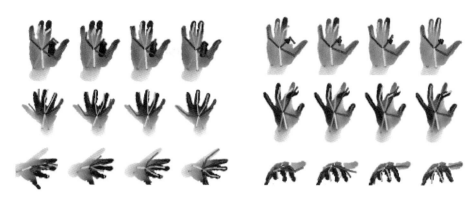

图 4.11　不同方法的结果

换后对其整体的描述不变。基于点云的人手姿态估计是把深度图像转化为点云，利用点云网络获取准确人手关节点坐标。这种方法具有算法模型小、计算速度快的特点，可以移植到移动端，增强人机交互中的沉浸式体验。

　　基于点云的人手姿态估计需要对点云进行归一化的预处理，统一人手点云的中心、朝向和大小，可以解决旋转不变性问题。为了统一人手点云的中心，一般将点云减去点云的质心坐标，获得一个相对坐标。统一朝向的做法是利用主成分分析（PCA）获得点云的三个主轴方向，将点云变换到以这三个主轴为正交基，而非原始数据基的坐标下表示。关于点云大小的统一则是在获得 PCA 主轴方向之后，计算沿着主轴方向最小包围盒，并将每个方向的尺度缩放为标准大小。

　　点云网络是针对点云数据的特点而设计的，可以提取点云的形态特征。在实现上，点云网络首先把每个点用多层感知器映射到高维空间，然后利用最大池化层将每个点对应的高维向量聚集成一个向量作为点云的全局特征，从而解决了无序性问题，最后把这个特征输入到后续的全连接层完成回归或分类任务。该工作用于预测人手姿态的点云网络[11]，如图 4.12 所示。它包含两个抽象模块，具有分层的结构，用于不同抽象层次的特征提取。每个抽象模块对点云采样、分组（Grouping）之后获得每个采样点的若干个近邻点，对每个采样点的近邻点分别提取局部特征。抽象模块输出每个点提取到的局部特征后，连接多层感知器，把局部特征映射到 1024 维的全局特征上。最后两层全连接层回归关节点的位置坐标。

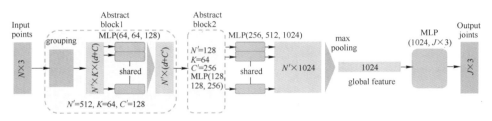

图 4.12 用于人手姿态估计的点云网络

为了提高人手关节点回归精度,该算法利用由"粗糙到精细"的多阶段优化思想(见图 4.13),第一阶段回归粗糙人手关节点,第二阶段对第一阶段回归的人手关节点进行重新采样,预测出优化后的精细人手关节点。该算法在 NYU 数据集与 MSRA 数据集测试中都取得了很好的实验结果。

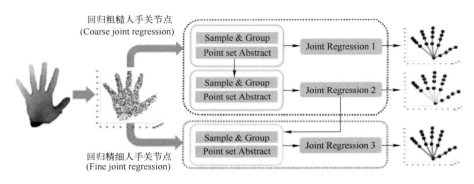

图 4.13 "粗糙到精细"的多阶段优化

4.6 基于视觉输入的手势识别

4.6.1 现状总结

1. 基于视频输入的手势识别和检测方法

在基于视频输入的手势识别方法中,基于深度学习的识别方法是近年来的发展趋势。这类方法主要分为基于 LSTM 的方法和基于 CNN 的方法。由于 LSTM 能很好地对手势时序信息进行建模和识别,因而基于 LSTM 的手势识别方法是目前的主流方法。由于 RGB 图像的分辨率较高,直接将 RGB 图像作为特征输入到 LSTM 网络并不可行，一般利用 CNN 网络逐帧或分片段（Clip）提取图像或者视频的特征后，将视频对应的特征序列输入 LSTM。Pavlo Molchanov 等人[14]提出一个端到端的手势识别架构，首先利用 C3D 来提取每个视频片段的特征，然后将这些特征输入 RNN 中提取时序特征，最后将每个 RNN 输出的特征经过 Softmax 层变换后，输入到 Connectionist Temporal Classification（CTC）层中，从而获取每个手势片段的起始位置、结束位置和手势类型。Necati Cihan Camgoz 等人也提出了一个类似的架构，区别是他们利用 CNN 来提取每一帧图片的信息，并且利用的是双流 LSTM 架构。Runpeng Cui 等人也使用了类似的架构，并且使用了分阶段优化方法，以获取更加准确的分类与检测结果。Congqi Cao 等人[15]在 ICCV 2017 上提出了一个第一人称视角下的手势识别数据库 EgoGesture，并且提出了一个 Recurrent 3D Convolutional Neural Networks 架构。该架构首先将视频分为一些视频片段（Video Clip），然后将每个视频片段使用 3DCNN 提取特征，最后将特征输入到一个 Spatiotemporal Transformer（STT）模块中，STT 模块的目的是为了将不同帧中的手部变换到同一个视角下，从而缓解第一人称视角下镜头晃动的影响，最后利用 LSTM 提取每个视频片段之间的时序信息分类。

基于 CNN 的方法采用双流输入的卷积神经网络结构，将 RGB 图像和光流图像分别作为 CNN 网络的双流输入，在特征层融合两个通道的特征作为特征输入到分类器中进行手势分类。Pradyumna Narayana 等人改进了这一方法，将原始 RGB 图像输入变成原始图像加上左右手图像的三个输入，使模型能够更加注重手部信息从而提高手势识别精度。Sven Bambach 等人首先使用朴素贝叶斯方法提取动态手势片段的候选区域（Action Proposal），然后利用 CNN 对每个手势片段提取特征并分类，最后利用每个片段的分类得分确定最后得到的片段。他们还在自己提出的 EgoHands 数据库中验证了这种方法。Gregory Roge 等人提出了一个两阶段的抓握识别系统：第一阶段基于深度和 RGB 信息进行目标检测和分割；第二阶段首先使用网络提取特征，然后用 SVM 进行抓握动作分类。Ajjen Joshi 等人在 CVPR 2017 上提出分层贝叶斯网络进行动态手势识别。Zhongxu Hu 等人提出了一个 3D 分离卷积神经网络进行动态手势识别。3D 分离卷积把一个 3D 卷积变成一个 3D Depth-wise 和一个 3D Point-wise，从而可降低模型的复杂性。

2. 基于人手姿态输入的手势识别方法

基于人手姿态输入的手势识别方法也分为传统机器学习方法和深度学习方法。

（1）传统机器学习方法

因为人体和人手骨架结构的相似性，所以可将人体姿态估计的已有研究应用到人手姿态估计上，但人手相对于人体体积更小，姿态更加灵活复杂，自遮挡更严重，因此人手姿态估计相对人体姿态估计更困难。

基于传统机器学习的方法通常首先利用 Fisher Vector（FV）或者直方图的方法构造出手部姿态的特征，然后利用 GMM 或者 CRF 等方法提取出时序特征，最后输入到 SVM 等分类器中进行手势分类。

早期判别式方法通过最近邻搜索（Nearest Neighbor Search）在现有人手动作数据库中寻找与待查找手势最相似的手势。但当待查找手势是现有手势库中未包含的手势时，最近邻搜索方法将无法返回正确的结果。

Quentin De Smedt 等人使用三个向量来表示手部的运动方向信息、旋转信息和手部的形状信息，并且使用时间金字塔（Temporal Pyramid，TP）方法来聚合不同时间尺度上的手部信息，利用 FV 和 GMMs 方法来编码这些特征，最后输入到 SVM 进行训练和分类。Dan Zhao 等人提出了一种基于骨架的动态手势识别方法。该方法提取了四种手部形状特征和一种手部方向特征，用时间金字塔表示手部形状 Fisher Vector 和手部方向特征，得到最终的特征向量，并将其输入线性 SVM 分类器进行识别。Said Yacine Boulahia 等人从指尖、掌心和手腕的三维坐标中提取出 HIF3D 特征表示手部形状的高阶信息，并加上时间金字塔来捕获时间信息，最后使用 SVM 对得到的特征进行分类。

（2）深度学习方法

随着深度学习（Deep Learning）的兴起，研究者发现复杂的多层网络能够拟合和表达比传统数据驱动方法更加复杂的函数，使得深度学习模型逐渐替代传统数据驱动方法，并进入研究和应用领域。基于深度学习的计算机视觉方法在解决多个计算机视觉问题方面都取得了不错的成绩，例如图像分类、物体检测、人脸识别、动作捕获等。深度学习技术通常需要一个大而完备的训练数据集，在训练数据集上提取深度特征，并利用这些深度特征完成特定的任务。典型的深度学习模型有卷积神经网络（CNN）、递归神经网络（RNN）、深度信念网络（DNN）等。基于深度学习的识别方法通常将人手姿态信息输入到 RNN 或者 CNN 中直接分类。Guillaume Devineau 等人提出了一种新的网络架构。该网络架构基于骨架信息进行动态手势分类，采用并行卷积处理手部骨架序列。在该方法中，每帧手势具有 22×3 维，对每个手势序列采样 100 帧，将每帧相同维度合并成一个一维向量，这样就有 66 个长度为 100 的一维向量，每个向量分别输入一个卷积神经网络中。该卷积神经网络含有三个分支——高分辨率卷积分支、低分辨率卷积分支和残差分支。高分辨率卷积分支和低分辨率卷积分支能从骨架序列中提取出不同时间尺度的信息。残差分支使网络更容易优化。将每个卷积神经网络提取出的特征拼接起来，使用全连接神经网络进行分类。Xinghao Chen 提出了一种基于骨架信息的手势识别运动特征增强递归神经网络。提取手指运动特征描述手指运动，利用全局运动特征表示手部骨骼的全局运动后，将这些运动特征与骨架序列一起输入一个双向循环神经网络（RNN），可以增强网络对运动特征的把握，提高分类性能。近年来，由于注意力机制（Attention Mechanism）在计算机视觉和自然语言处理领域的火热，也有研究者将其用到手势识别领域。Jingxuan Hou 在 ECCV 2018 上提出了 Spatial-Temporal Attention Res-TCN 网络。该网络在训练主要卷积网络的同时训练了一个权重卷积网络，对卷积网络中每一步的输出特征给出一个权重，从而实现了注意力机制。除了直接将姿态信息输入网络，也有一些方法先从姿态信息中人工提取特征，再输入网络进行手势识别。Danilo Avola 等人提取手部关节点间的角度作为特征后，输入 DLSTM 进行手势识别。

4.6.2 实例

在基于姿态的人体手势识别任务中，常用的基于 LSTM 的识别方法不能很好地提取人体的空间结构信息。如果将人体姿态的信息编码成图片或者视频的形式，那么我们可以使用现成的基于 CNN 的网络架构来提取姿态信息，从而可以同时提取姿态的空间信息和时间信息。

将每一帧的姿态信息编码为一张图片，称为 Pose Image。对于一个视频里面的所有帧，就可以得到 Pose Image 片段。对于这个片段，我们可以使用 3DCNN 来提取片段中包含的时空信息，进而将提取出的特征用于动作识别。由于不同动作的姿态运动速率不同，我们提出了 Pose Image 金字塔结构，从而针对不同速率的动作进行更好的编码。

融合 Pose Image 与 RGB，Optical Flow 的人体手势识别如图 4.14 所示。三

种信息先分别由 3D 卷积神经网络（3DCNN）处理，再由全连接层连接，将提取的特征串联到一起，形成 Concatenated Features（串联特征），经由 Softmax 函数分类，形成动作的预测结果。

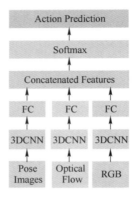

图 4.14　融合 Pose Image 与 RGB，Optical Flow 的人体手势识别

在有姿态标注的 NTU-RGBD 数据库和 JHMDB 数据库中，我们的方法能通过姿态信息取得目前最好的手势识别效果。在没有姿态标注的 UCF101 和 HMDB 数据库中，由于目前使用的人体姿态提取的方法还不是很精确，我们仅使用姿态的信息无法得到基于 RGB 和 Optical Flow 作为输入的方法那么高的精确度，但是在合并姿态、RGB、Optical Flow 的特征之后，我们在这两个数据库上也得到了目前最好的手势识别结果。其实验结果分别如表 4.4 和表 4.5 所示。

表 4.4　我们的方法在 NTU-RGBD 数据集上的人体手势识别结果

方　　法	CS	CV
Lie Group	50.1	52.8
H-RNN	59.1	64.0
Deep LSTM	60.7	67.3
PA-LSTM	62.9	70.3
ST-LSTM+TS	69.2	77.7
Temporal Conv	74.3	83.1
JDM	76.2	82.3
C-CNN+MTLN	79.6	84.8
ST-GCN	81.5	88.3
3DM	82.0	89.5
DPRL	83.5	89.8
Pose Image Pyramid	83.6	90.0

表 4.5　我们的方法在 JHMDB、HMDB、UCF-101 数据集上的人体手势识别结果

方　　法	JHMDB	HMDB	UCF-101
P-CNN	61.1	—	—
Action Tubes	62.5	—	—
MR Two-Stream RCNN	71.1	—	—
Chained(Pose+RGB+FlOW)	76.1	69.7	91.1
Potion+I3D	85.5	80.9	98.2
Attention Pooling	—	52.2	—
Res3D	—	54.9	85.8
Two-Stream	—	59.4	88
IDT	—	61.7	86.4
Dynamic Image Networks	—	65.2	89.1
C3D(3 nets)+IDT	—	—	90.4
Two-Stream Fusion+IDT	—	69.2	93.5
LatticeLSTM	—	66.2	93.6
TSN	—	69.4	94.2
Spatial-Temporal ResNet+IDT	—	70.3	94.6
I3D	—	80.7	98
SVMP+I3D	—	81.3	—
Pose Image Pyramid	76.1	42.3	58
I3D	87.8	80.6	98
I3D+Pose Image	90.4	81.3	98.2

参考文献

[1] VIOLA P, JONES M. Robust real-time object detection. International Journal of Computer Vision, 2001, vol 4: 51-52.

[2] MITTAL A, ZISSERMAN A, TORR P. Hand detection using multiple proposals. In Proceedings of the British Machine Vision Conference. BMVA Press, 2011: 1-11.

[3] ROWLEY H A, BALUJA S, KANADE T. Rotation Invariant Neural Network-Based Face Detection [C] // IEEE Computer Society Conference on Computer Vision & Pattern Recognition. IEEE Computer Society, 1998.

[4] A. Krizhevsky, I. Sutskever, G. Hinton. "Imagenet classification with deep convolutional neural networks," in Proceedings of Advances in Neural Information Processing Systems. NIPS Press, 2012: 1097-1105.

[5] JADERBERG M, SIMONYAN K, ZISSERMAN A, et al. Spatial Transformer Networks [J]. 2015.

[6] DENG X, YUAN Y, ZHANG Y, et al. Joint Hand Detection and Rotation Estimation by Using CNN [J]. IEEE Transactions on Image Processing, 2016.

[7] TKACH A, PAULY M, TAGLIASACCHI A. Sphere-meshes for real-time hand modeling and tracking [J]. ACM Transactions on Graphics (TOG), 2016, 35 (6): 222.

[8] WANG R, PARIS S, POPOVIĆ J. 6D hands: markerless hand-tracking for computer aided design [C] //Proceedings of the 24th annual ACM symposium on User interface software and technology.

[9] TOMPSON J, STEIN M, LECUN Y, et al.. Real-time continuous pose recovery of human hands using convolutional networks [J]. ACM Transactions on Graphics (ToG), 2014, 33 (5): 169.

[10] OBERWEGER M, LEPETIT V. Deepprior++: Improving fast and accurate 3d hand pose estimation [C] //Proceedings of the IEEE International Conference on Computer Vision.

[11] GE L, LIANG H, YUAN J, et al. Robust 3d hand pose estimation in single depth images: from single-view cnn to multi-view cnns [C] //Proceedings of the IEEE conference on computer vision and pattern recognition.

[12] ZIMMERMANN C, BROX T. Learning to estimate 3d hand pose from single rgb images [C] //Proceedings of the International Conference on Computer Vision.

[13] DENG X, YANG S, ZHANG Y, et al.. Hand3d: Hand pose estimation using 3d neural network [J]. arXiv preprint arXiv: 1704.02224, 2017.

[14] MOLCHANOV P, YANG X, GUPTA S, et al. Online Detection and Classification of Dynamic Hand Gestures with Recurrent 3D Convolutional Neural Networks [C] // 2016 IEEE Conference on Computer Vision and Pattern Recognition (CVPR). IEEE, 2016.

[15] CAO C, ZHANG Y, WU Y, et al. Egocentric Gesture Recognition Using Recurrent 3D Convolutional Neural Networks with Spatiotemporal Transformer Modules [C] // 2017 IEEE International Conference on Computer Vision (ICCV). IEEE Computer Society, 2017.

第 5 章
草图计算与交互

5.1 概述

　　草图作为一种具有抽象特性的形象化信息，是自然、直接的思维外化和交流方式，可以有效地描述用户意图，真实地反映用户个性化特点。草图的英文"Sketch"在字典中的解释是"to make a hasty or underutilized drawing or painting often made as a preliminary study"。草图可以被解释为在交互过程中利用图形和语言信息表达空间和概念信息。手绘草图是人类一种自然而直接的思路外化和交流方式。从草图的数据组成来看，草图是一系列带有时间和空间信息的点的集合。它的基本组成单位是笔画（stroke）。从草图所表达的信息本身来看，草图一方面是人们利用手绘各种非正式几何图形、符号等对客观世界及抽象思维的可视表达，另一方面是人们借助手势向计算机传达的操作命令。

　　近年来，草图广泛地应用于可视化交互技术的研究上[1]。草图交互技术来源于最自然的交互方式。人们通过简单的绘图或者书写文字来进行信息交流。草图和绘画的艺术就像千百年来人们说话或打手势一样，是信息的一种图像化表达方法，也成为用于交流知识和经验的一种重要方式。在人机交互的图形化信息系统中，草图交互的自然、直观、高效的特点，使其成为用户的有效辅助工具，因为大部分的用户任务与基于输入的交互紧密关联。对于相对简单的交互方式，比如单击选择，草图交互的优势并不明显，但是对于一些比较复杂的图形说明、层次说明或者概念结构的说明都不能使用简单的交互方式很好地表达，而草图交互完全适应这种交互方式。在某些特定的应用中，草图交互本身具有的特性能够实现对应用功能更加有效的支持。

　　草图交互具有自然、直观、高效的特点。草图交互方式与基于传统 WIMP 交互方式的思考不同，在传统的鼠标键盘交互中，用户更多的注意力集中在菜单和图标上。在基于草图的交互方式中，设计者的注意力转移到手势和草图上。手势和草图的交互及绘制过程就是整个设计过程的实现。草图交互的应用不只是在概念设计上，在移动设备上也同样得到了应用。基于草图交互的简单自然高效性，草图交互界面被称为新一代自然用户界面。草图用户界面秉承了传统纸笔的交互隐喻，是自然用户界面的一个重要类型。它将纸笔的灵活性和计算机处理的高速度、高性能集合起来，提供了一种与计算机系统交互的自然高效的方式。

草图智能处理技术以草图交互技术为基础，包括草图手势、草图研判以及草图补全。草图手势是草图用户界面的主要交互方式。草图手势与草图不同。草图手势包含的笔画数量较少，一般为1~2笔（特殊情况下为3~4笔）。草图手势可以看作是简单的草图[2]。使用草图手势可以方便地进行命令的输入，并且操作简单、自然、直观，符合人们的操作习惯。草图研判技术是一种基于草图交互的监控视频案件研判技术。该技术能够辅助相关人员对案件信息进行高效的筛选，并且做出有效的判断。草图研判技术通过将监控视频信息进行结构化的展示，提供了一种自然高效的交互方式，帮助案件研判人员获取案件的有效信息。草图补全技术针对实际应用场景中通常存在不完整草图（或残缺草图）的情况，借助草图交互技术和深度学习算法对残缺草图进行处理，目的是生成合理的草图曲线来填充残缺草图缺失区域的信息，能够推动草图相关的应用或研究，特别是草图识别算法的准确率将会得到很大的提高。

视频是一类重要的视觉媒体，也是人们进行信息交流的重要载体。面向视频语义的草图化表征方式是利用草图的抽象性和概括性等特点，支持对视频内容的语义草图注释和视频语义的表征。语义草图主要包括行为草图、对象草图以及注释草图。行为草图用于描述视频非有形类信息的特殊语义符号，如运动轨迹、运动方式以及事件发生的环境等，一般由线条、箭头、曲线等符号组成，通过对对象的概念功能、属性、关系的标记和指示，强调草图元素之间的关系与边界信息。对象草图表现视频对象实体的形状类信息，通过不同的线条表现二维、三维图形的边界。注释草图一般涵盖图形、符号以及文本信息，用于评价、提问、解释以及强调等，帮助用户明确概念，增强视频的索引和检索功能。融合对象草图、行为草图以及注释草图，可以有效地概括、表征事件，利用时间、空间以及对象运动等表征事件连续性的信息线索可以扩展传统的视频内容描述方法，获得更多的各个帧之间关系和约束的信息，从而有助于用户更快更好地理解视频内容。

针对视频数据，在视频操作方面，草图交互同样具有非常广泛和有效的应用。基于草图的自身特性以及描述能力，在传统的信息数据可视化交互技术的基础上，针对视频内容的特点融入草图交互技术，让用户以自然高效的草图交互方式与视频内容交互[3]。基于草图交互技术的视频分析和可视化分析工具主要分为三类，即视频场景草图摘要、视频螺旋摘要以及视频地图，主要面向视频数据的分析与可视化。基于场景结构图的视频创作技术主要利用草图标记和场景草图可视化来辅助视频编辑，结合场景结构图的编辑与叙事结构来辅助用户进行视频个性化创作。使用草图表达视频内容是一件相对费时的工作，因此基于草图的视频标记在视频编辑过程中十分重要，借助两种形态的草图用户交互界面对视频进行草图标记，能够帮助视频分析任务的高效完成。视频螺旋摘要符合视频摘要的特点，满足用户对视频快速浏览的需要，解决了传统视频摘要时间轴与视频内容分离的问题，充分发挥了螺旋视图的连续性和空间优势，支持视频高效浏览与定位。视频螺旋摘要包括静态螺旋结构和动态螺旋结构。静态螺旋摘要形式的生成主要包括视频关键帧的处理和视频形式的构造，螺旋结构是静态的，用户不可以交互式地修改螺旋结构。动态螺旋摘要是一种动态的视频摘要形式，支持用户对视频片段的移动、编辑以及在螺旋结构上插入新的区域。视频螺旋摘要能够提高用户对特定场景定位的效率，降低用户的认知负担。视频地图是一种基于地图隐喻的高效直观的视频可视化分析工具，不仅借鉴了电子地图的优点，还能够通过多尺度缩放的形式来展现不同粒度下的视频信息，并且能够识别一些特定的草图手势，以帮助用户探索视频内容。视频地图通过可视化不同粒度下的视频信息，能够对视频数据进行结构化表示，并且能够展示视频中不同人物之间的关系，显示事件发生的场景和地点。另外，用户通过自然的草图交互手势能够对视频不同粒度的信息进行检索，帮助用户更好地理解视频中复杂的人物、事件和场景之间的关系。视频地图提供给用户多种直观的方式来探索视频信息，满足用户多种多样的需求。

下面将从草图表征方法与认知模型、草图智能处理技术以及基于草图交互的多模态视频摘要生成与可视化分析等三个方面对草图计算与交互技术进行详细的介绍。

5.2 草图表征方法与认知模型

5.2.1 草图表征方法

对于视频语义，草图除了可记录视频对象的外在形状等信息，还可以借助特定的草图语义符号描述对象的行为特征以及对象间、镜头间或场景间隐含的高层语义。草图本身具有的抽象特性，使其可以忽略事物的细节和冗余特征，而保留主要信息来概括性地描述事件本身。我们可以借助草图的语义符号，如箭头、线条等各类注释来描述视频对象的动态特征，从而表达更加丰富的视频内容。基于草图的交互方式符合概念设计初期用户的认知习惯，通过自由的手绘勾描便可以支持用户连续的、个性化的思维表达形式。

对于视频数据，虽然关键帧给出了镜头中的主要信息内容，包括颜色、纹理以及形状等可以反映视频底层物理特征的基本信息，但是无法从语义高层来描述视频内容的完整信息。视频注释可以辅助用户增强对视频语义的理解以及对视频进行管理、浏览和定位操作[4]。其中，文本、图片或关键帧、草图等都可以用来对视频进行注释，但是也存在一些问题。例如，文本注释缺乏直观印象，存在不同语言种类间的认知差异；图片或关键帧比较直观，但是对动态信息的表征不够。基于草图的视频注释方式和语义草图的表达方式能够避免上面的问题，并且草图形式简洁抽象，用户处理的信息量少，可以快速地获取内容，并且借助各类草图符号，如箭头、线条等来描述视频对象的某些动态特征。

基于草图的视频注释方式和语义草图表达方式，不仅能够为用户操作视频内容增加新的互动性，而且草图的抽象和概括特性可以保留所表达内容的主要信息，去掉冗余信息[7]。通过草图符号能够给出动态信息的表征，丰富了表征的内容，能够更好地辅助用户理解并操作视频。为了能够使用草图符号对视频动态信息进行更好的表征，针对视频语义具有层次性的特点，在草图结构和视频语义的不同层次之间建立对应关系，如图 5.1 所示。语义草图分为两类：一类是行为草图，用于描述视频非有形类信息的特殊语义符号，如注释、轨迹、运动方式以及时间发生的环境等；另一类是对象草图，表现视频对象实体的形状类信息[9]。两类语义草图用来从不同的侧面共同描述视频对象的多个信息属性。

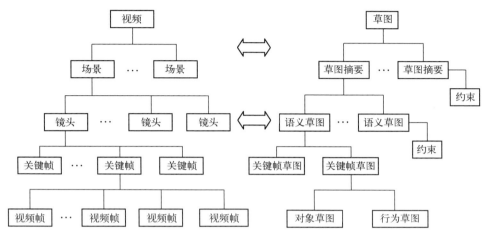

图 5.1　草图结构与视频语义结构的对应

使用草图符号对视频语义表征，首先需要从视频关键帧中提取关键帧草图，采用改进的 CLD[1] 算法来从给定的关键帧中提取关键帧草图；然后需要在关键帧草图基础上进一步进行去除杂点、消除硬边界以及重绘，才能达到更好的视觉效果和视频语义表示效果。①去除杂点：检测当前图像的所有轮廓的面积，如果面积小于预定义的阈值而且轮廓区域的长宽比在规定的范围之内，那么此区域中所有像素点都会被去掉，否则保留。②消除硬边界：边缘像素的透明度取决于此像素距离图像的相应边缘的距离，如果此像素距离边缘较近，那么透明度值较小，反之则较大。对于图像的不同边界，采用不同的扫描方式，具体来说左右边界垂直扫描，上下边界水平扫描。③重绘：通过去除杂点和硬边界，使得部分线条清晰度降低，为了突出草图中的主要线条，我们采用了基于图像梯度域的方法，并结合 Local-Max-Img 图像处理方法平衡生成的重绘线条的宽度，达到较满意的效果。草图效果改进示例如图 5.2 所示。

行为草图的生成采用 Camshift 算法得到视频对象的运动轨迹与运动方向。首先利用目标的颜色直方图模型将图像转换为颜色概率分布图，并初始化一个搜索窗的大小和位置，根据视频中上一帧得到的结果自适应调整搜索窗口

　　CLD算法　　　　　　　　去除杂点　　　　　　　　　重绘

图 5.2　草图效果改进示例

的位置和大小，从而定位出当前图像中视频对象的中心位置，进一步得到视频对象的运动轨迹。首先，需要对每一帧在颜色概率分布图中选取搜索窗口，计算搜索窗口的零阶矩和一阶矩：

$$M_{00} = \sum_x \sum_y I(x,y)$$

$$M_{10} = \sum_x \sum_y xI(x,y), \quad M_{01} = \sum_x \sum_y yI(x,y)$$

以及搜索窗口的质心 $x = \dfrac{M_{10}}{M_{00}}$ 和 $y = \dfrac{M_{01}}{M_{00}}$，并设置搜索窗口宽度为 $s = \dfrac{\sqrt{M_{00}}}{16}$，长度为 1.2。然后，求得视频对象的运动轨迹，并为运动对象的轨迹添加方向。

　　经常使用的行为草图符号包括箭头、速度线、放射线、局部线以及爆炸线等。这些行为草图符号可以辅助表达视频中物体的运动信息。这几种行为草图符号适应于不同的情况，并且可以组合使用。草图表征示例如图 5.3 所示。

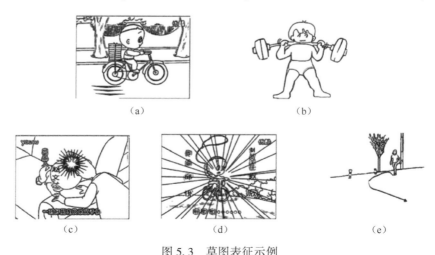

图 5.3　草图表征示例

5.2.2 草图认知模型

心理学研究表明，人们在感知事件时习惯于将连续事件依据各类特征分割为若干有意义的片段[6]。事件边界即为相邻片段之间的间隔，能够辅助用户更好地理解、记忆事件。视频信息是由各类不同事件组成的具有一定连续性的信息类型，是具有时序特性的非结构化信息。用户需要按时序浏览才能获得原始信息的高层语义，导致了视频难以被快速浏览、检索，影响了基于视频信息分析的应用效率。虽然传统的基于关键词或关键帧的视频内容表征方法在一定程度上可以辅助对视频内容的获取和利用，但其将连续的视频数据分割为若干离散、相互独立的单元，忽略了有助于用户理解、记忆视频内容的边界线索。

草图本身是一种具有动态性、多义性、概括性和高度集成性的视觉符号系统[7]。草图除了可记录颜色、形状等低层物理特征，还可通过其抽象描述能力反映事件、对象、运动、时空约束关系等高层语义，辅助缩小低层物理特征与高层语义之间的鸿沟。

草图认知模型用来描述草图表征认知过程，如图 5.4 所示。认知环境主要围绕草图以及草图摘要。分布到环境中的草图知识主要包括草图符号（如草图事件、草图摘要表示）、外部的规则和限定（如草图构成间的约束）以及物理特征之间的联系（如草图符号之间的空间联系、草图摘要的视觉和空间布局等）。草图认知模型对草图的信息加工过程包括选择注意、工作记忆、长时记忆和决策系统四大模块。在选择注意阶段，用户抽取草图蕴含的多种信息，对信息进行理解、学习和记忆，为进一步的认知加工提供基础。工作记忆包括草图识别单元，接受结构编码中的信息和长时记忆中反馈的各种草图符号特征信息，输出结果进入决策系统。工作记忆中的草图识别结果可以进入长时记忆；不同草图特征的整合以及对草图特征自上而下的加工离不开长时记忆。由于用户的认知资源有限，当用户面对连续的复杂多变的视频信息时，草图可以帮助用户快速理解视频的信息。草图具有的勾画、审查、修订等方面的优势，支持用户的连续思维，可促使新线索的发现。

与文字相比，草图本质上是一种可视化的信息表征。因此，将草图作为人机之间交流的信息载体符号，能够增强人们对信息的认知，提高信息利用效率。与图像或几何模型相比，草图特征主要具有一定的概括性，能够突出

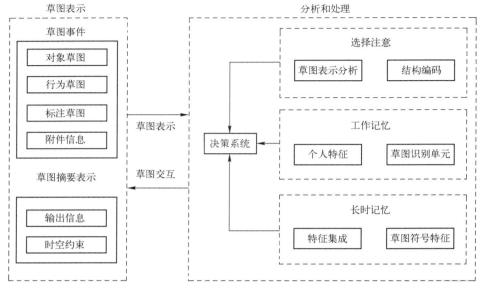

图 5.4 草图认知模型

关键信息，虽然草图难以精确地描述、定义对象属性，但其快速的表征方式在人机之间提供了有效的媒介和翻译，为突破思维局限、揭示隐含的关系空间提供了可能，从而可保证交互过程顺利进行。采用草图这种信息载体形式，描述、表征原始类型的领域信息，将人难以直接认知、理解的计算机支持的计算模型转换为形象、直观的草图描述，使得信息的表征与呈现方式尽可能地与人脑中的思维概念模型相一致，成为沟通人脑思维意图与领域信息间的一座桥梁。

5.3 草图智能处理技术

草图界面通过模拟物理纸笔的操作方式，尤其在概念设计、构思创作和思维捕捉等领域符合人们长久以来的书写习惯。草图用户界面以草图为信息载体实现人与计算机间的信息交流。其本质特点是面向人的思维过程的交互方式，为表达连续性的设计概念和创新思维提供了有力手段，是沟通人脑中的概念模型与计算机的可计算模型之间差异性的桥梁。

草图是草图界面的主要信息载体，是沟通用户与计算机之间的中间载体。

草图用户界面具有连续性、非精确性、不确定性的交互特点。本节重点介绍草图手势、草图研判、草图补全等基础草图智能处理技术。

5.3.1 草图手势

草图手势是草图用户界面主要的交互方式。手势中所包含的笔画数量一般要比草图少，为 1~2 笔（特殊时为 3~4 笔）。草图手势可以看作是简单的草图。用手势来完成命令是很便捷的。命令和输入都用笔画来完成。草图手势符合人们的操作习惯，比较直观，因此比文字命令更易记忆，比按钮图标更易操作。

1. 草图手势设计

能够影响用户识别和区别一个草图手势的物理特征有如下几个方面。
- 几何元素及数量，主要有圈、弯和线等三种。
- 几何元素所在的空间方位，可以分为上、下、左、右 4 个方位。
- 笔画顺序点，可以分为起笔、过渡和落笔。

在设计草图手势时，为了不使一组草图手势中的两个草图手势过于相似，至少要使两个草图手势的基本几何元素的数量、空间方位和笔画顺序点等方面中有两个方面不同。

良好的草图手势应该具有简单性（如一般草图手势符号不应超过 3 个圈的复杂程度）、直观性（相对于所代表的命令来说是形象的）、可区分性（一组中的手势两两之间相似性应该尽量小）等特点。

草图手势的设计同样应当考虑手势识别技术的限制。草图手势识别与草图的基础结构识别紧密联系。在草图手势识别技术方面，现有的方法主要分为基于规则的草图手势识别方法和基于统计的草图手势识别方法。基于规则的草图手势识别：根据草图手势的几何特征来设计识别规则后，再开发规则实现的算法。需要开发人员针对每一个具体的草图手势来设计规则和实现算法。因此，开发的工作量是随着草图手势数目的增加呈线性增长的。基于统计的草图手势识别主要有神经网络和基于特征的方法。神经网络识别需要很大的训练样本集合，增加了用户的认知负担。基于特征的统计识别需要的样本数量较少，识别算法易于实现，草图手势集合的扩充和修改也比较方便。

通过对各主流可视媒体视图交互任务的分析可以发现,虽然各个可视媒体视图的交互任务有差别,但是这些交互任务之间有一些共性,例如都具有导航跳转等一系列交互任务,所以在设计交互手势时应本着减小用户认知负荷的原则,对相似的交互任务(如视频处理系统、可视分析、草图研判等任务)进行总结并,使用相同的草图手势去完成相似交互任务,构建完整的语义一致的交互规则,便于用户使用系统。

2. 面向视频智能处理的草图手势设计

近年来,为了帮助用户快速了解视频的主要内容,获取并组织视频内的高层语义,对视频内容进行有效分析,越来越多基于草图交互的视频处理系统被提出[5]。不同视频处理系统中的交互任务往往是相似的,通常包括:

(1)视频内容浏览[7]:这一类任务主要包括在观看视频的过程中对视频播放进行暂停、播放或重置等基本操作,以及用正常、快进、快退等速度观看原视频,或通过拖曳时间轴等操纵方式进行跳跃式的视频浏览。(通常用主视图展示不同粒度层级视频内容之间的关系,同时也起着导航索引结构的作用。)

(2)视频内容的导航及快速定位[8]:这一类任务是为视频内容构建起索引结构,使用有效的表达方式进行展现的同时,也需要将索引结构与对应的视频内容建立起超链接,实现由导航到对应视频内容的转换。(通常用详情统计视图展示相应的场景里不同对象出现的情况,起到辅助用户进行视频内容定位的作用。)

(3)视频内容的组织与编辑:对视频中的内容进行打破时空约束的组织,按照一定的关联关系对这些视频内容进行再组织,并对相应的视频片段进行剪辑组合等操作,生成具有一定含义的视频片段。(通常通过对象场景转换视图从对象的视角展现不同对象随着时间在不同场景间的转换过程,节省用户在组织与编辑过程将视频中散落出现的情况拼接起来的时间。)

(4)基本视频浏览的需求——暂停、播放、快进、快退、拖曳时间轴等,这些交互功能的实现则是由标准的视频播放器控件实现的,视频视图的交互任务有视频浏览操作与对象检索这两大交互任务。(视频视图是让用户浏览原视频内容。)

表5.1是常见的草图手势及其在相应场景中的交互含义。前两列是草图

手势以及草图手势交互意义，后面 4 列则是这个手势在对应视图中实现的交互功能。

表 5.1 常见的草图手势及其在相应场景中的交互含义

草图手势	交互意义	在主视图中的交互功能	在详情统计图中的交互功能	在对象场景转换图中的交互功能	在视频视图中的交互功能
·	单击手势	选择扇片	选择统计节点	选择单个对象	暂停/播放
··	双击手势	导航，内容跳转	导航，内容跳转	导航，内容跳转	无
○	圈选	无	无	无	圈选检索对象
∨	添加	添加自定义扇片或注释	无	添加显示对象	无
╲	删除	删除扇片	无	去除某些显示对象	无
⊔	区域选取	选取显示扇片	选取显示的对象信息	选取显示时间	无
⌐	回退到上一个状态	回到上一个显示尺度	无	无	无
⌇	注释	添加注释	无	无	无

3. 面向可视化交互技术的草图手势设计

近年来，草图广泛地应用于可视化交互技术的研究上，在传统的可视化交互技术上针对视频内容的特点融入草图交互技术，如对运动轨迹的手势操作和基于地图浏览方式的缩放操作等，让用户以自然高效的方式进行交互，更利于用户清晰表达自身的需求。

在实际应用中经常采用草图手势来帮助用户更好地对可视媒体进行分析操作。通过草图手势编辑和浏览媒体的示例如图 5.5 所示。草图手势支持对视频内容的浏览和编辑，选中特定轨迹段后可进行快进播放（上拉手势）、慢速播放（下拉手势）或跳过该段（打叉手势）。也可以链接两段轨迹来选择不同场景内的关联视频进行拼接播放。采用草图手势对轨迹进行编辑后，可以让视频按照设定的方式进行播放，能够帮助用户集中主要精力观看感兴趣的内容，跳过无关的信息。通过拼接不同轨迹的视频内容便于在不同场景下对各对象进行对比分析。用户还可以在分析过程中对重要情节添加草图注释，以便于记录分析过程。

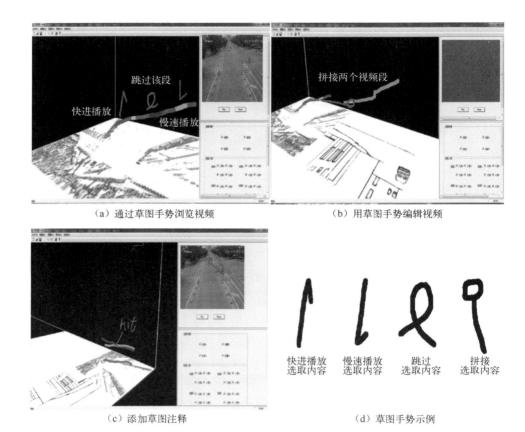

图 5.5 通过草图手势编辑和浏览媒体的示例

VideoMap[8]为了追求与地图交互时的表现力与自然性的平衡，提供了基于草图的交互方式，支持用户自由地绘制可编辑的草图符号，更便利于用户去探索和分析视频内容。图 5.6 给出的是 VideoMap 提供的一些草图手势。这些手势便于用户进行交互操作。

图 5.6 VideoMap 提供的一些草图手势

5.3.2 草图研判

随着硬件技术和信息技术的快速发展,监控设备得到了迅速普及,监控视频在案件研判中扮演的角色越来越重要。如今基于监控视频的案件研判的信息筛选效率及有效性已经发展到了一个瓶颈,而如何对基于监控视频的案件进行有效的整理和分析是现在的研究重点。在关注监控视频内容的同时,部分学者也在研究利用可视化方法,将监控视频信息进行相应结构化可视展示,设计更为自然高效的交互方式帮助案件研判人员获取案件有效信息。以下将介绍在草图结构识别与交互分析和监控视频可视分析方面的相关研究。

1. 关联草图

关联草图是监控视频内容的一种可视化展现,可以展现某个案件监控视频中的对象信息,更可以展示出整个案件与监控视频内容相关的整体关联关系。通过对关联草图中信息的挖掘,可以得到案件中的关键信息,基于监控视频的关联草图有助于案件研判人员对案件整体信息进行有效梳理,尽可能多地描述案件信息及判案分析过程,以辅助判案决策,提高判案效率。

关联草图是草图研判的载体,由节点、连接线、连接线标注和节点标注构成,节点之间通过连接线相连接。关联草图示例如图 5.7 所示。关联草图的节点可以是手绘草图或者通过视频标注获得的视频帧。关联草图支持对连接线进行个性化绘制,可以通过连接线的个性化特征表示节点之间关联的紧

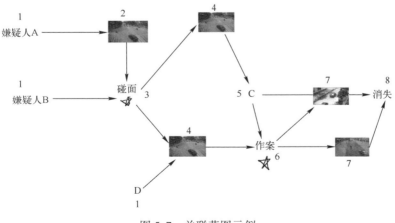

图 5.7 关联草图示例

密程度。同时，因为关联草图由节点和连接线连接而成，具有一定的结构特征，所以支持基于结构的草图交互方法。

近年来，有关关联草图相关的技术研究包括关联草图的绘制、关联草图的结构识别、关联草图的连接线识别、关联草图的层次关联识别等。这对后续基于草图交互的研判技术尤其重要。关联草图的标注符号示例如图 5.8 所示。

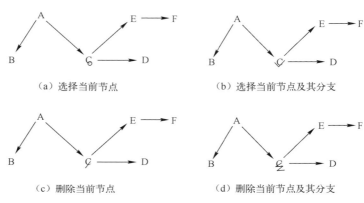

图 5.8 关联草图的标注符号示例

2. 多模态数据链

多模态数据链以关联草图为基础。与关联草图不同的是，多模态数据链的节点不仅仅是草图和视频帧，还可以是文本、图片和视频等多模态数据。多模态数据链中的节点都具有时间特征和空间特征。多模态数据链将整个案件的素材或者证据信息采用关联图的形式进行关联并展示，实现了整个案件信息的结构化。基于多模态数据链采用草图交互的方式实现自然快速的编辑工作。通过对多模态数据链中信息的分析来实现对案件信息的分析获取，进而支持研判思路和证据的整理，以及证据线索的逻辑关系识别。图 5.9 为多模态数据链示例。

草图研判的主要过程包括对多模态数据链的构建、关联、关键路径及关键节点展现、关键节点筛选、关键路径提取、矛盾节点筛选、相似子图分析等步骤。

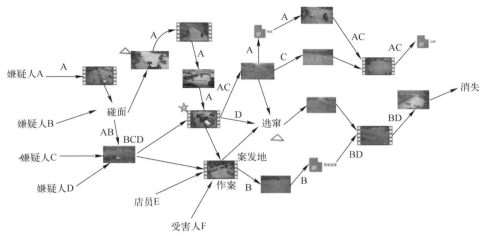

图 5.9 多模态数据链示例

5.3.3 草图补全

1. 草图补全的背景与目的

草图是一种能直观地表达抽象概念与用户意图的自然符号，在多媒体与人机交互领域具有广泛的应用。近年来，草图识别（Sketch Recognition）、基于草图的图像识别（Sketch-Based Image Retrieval，SBIR）、基于草图的图像生成（Sketch-Based Image Generation，SBIG）、草图解析（Sketch Parsing）、草图视频摘要（Sketch-Based Video Summerization）等与草图相关技术的研究都取得了巨大进展。特别的，随着深度学习技术的引进，几个重要的草图数据库得以建立（如 TU-Berlin、The Sketchy Database、The SketchyScene、Fine-Grained SBIR Datasets 等），基于大数据的草图基础技术研究得到了进一步发展。

目前，草图相关基础技术和应用技术都建立在输入草图具有完整性的前提下。完整的草图包含视觉感知上闭合的轮廓，用一系列稀疏的线条来描述物体关键形状的特征。近十年来，草图识别算法与草图分类技术取得了巨大进展，但对于残缺草图的识别问题一直未得到关注与解决。

手绘草图的实际应用场景通常存在不完整草图（或称残缺草图），例如同一草图场景中多个草图目标互相重叠、手绘草图编辑过程的中间结果、经目标检测和目标分割后产生的结果草图，通常都是不完整的。残缺草图的存在给草图相关的应用带来了很大的局限性。目前的草图相关算法都是为完整草图设计的，将残缺草图直接应用于草图相关应用，特别是草图识别算法，会大大降低现有草图识别算法的准确率。

草图补全的目的是生成合理的草图线条来填充残缺草图缺失区域的信息。近年来，彩色图像的补全问题（Inpainting）得到了广泛的研究。草图相比彩色图像缺少了颜色和纹理信息。为彩色图像设计的补全方法不能直接运用在草图上。进一步地，草图具有多样性，同一物体的草图可能有多种风格的画法，不同人对同一物体的草图绘制也不尽相同，这给草图补全问题带来了巨大的挑战。

2. 基于级联生成式对抗神经网络的草图补全与识别方法

下面针对现有草图应用场景中存在残缺草图的情况（例如草图场景中物体相互覆盖、物体分割、中间过程草图等），分析残缺草图的修复需求。草图补全研究的难点在于草图没有固定的模式，不同类别的草图可能相似，而相似的草图不一定是同一类别。草图相比图片缺少了颜色与纹理信息，不能用已经成熟的图片补全方法来修复草图。

基于级联生成式对抗神经网络的草图补全与识别方法（简称 SketchGAN）[10]，可对残缺草图数据进行有效的生成式补全与修复，并利用补全后的草图数据进行草图识别，提高了目前主流草图识别算法对残缺草图的识别准确率。SketchGAN 以草图补全为主，以草图识别为辅，同时解决草图补全与草图识别两个问题的深度神经网络：一方面，利用草图识别辅助任务提供草图补全主任务的算法性能；另一方面，利用草图补全的结果，反过来提高大多数现有主流草图识别算法对残缺草图的识别准确率。SketchGAN 基于生成式对抗神经网络的草图补全与识别方法的优势在于：草图识别能提高草图补全主任务的补全效果；草图补全的结果能提高草图识别算法的识别精度。两个任务相互促进，相互改善。

SketchGAN 的算法步骤如下。

（1）基于生成式对抗神经网络（Conditional Generative Adversarial Networks），针对草图相对于彩色图片语义信息稀疏的特点，利用级联策略对生成式对抗神经网络进行改进。级联式草图补全方法：通过将前一个级联阶段的输出特征与原始输入的残缺草图融合，并作为后一个级联阶段的输入。如此，重复利用原始输入残缺草图和各中间级联层输出的草图特征信息，逐步增强草图补全的效果。

（2）扩展草图补全网络的类别通用性，设置草图识别任务作为辅助任务，同时在网络结构中增加草图识别辅助网络。在模型训练过程中，对原始输入的残缺草图首先进行补全，然后将补全后的草图输入识别网络。利用草图识别结果作为草图类别的先验知识，反过来辅助草图补全主任务，改善草图补全网络对多类别残缺草图的补全效果。

（3）将草图补全方法应用于残缺草图的识别任务中，提出一种新型的残缺草图识别（Sketch Recognition）模式，通过将原始输入的残缺草图先补全，再识别，提高残缺草图的识别精度。

草图补全应用示例如图 5.10 所示。

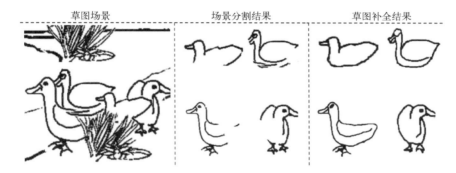

图 5.10　草图补全应用示例

5.4　基于草图交互的多模态视频摘要生成与可视化分析

前面介绍了有关草图交互的基本方法和与草图相关的智能技术。本节将从应用角度，围绕视频分析介绍基于草图交互的视频分析与可视化分析工具。共有三类将草图交互融合于视频摘要与可视化分析的工具，包括基于场景结构图的视频创作、视频螺旋摘要以及视频地图。三者都是基于自然的草图交互技术，面向视频表达与分析的交互分析工具。

5.4.1 基于场景结构图的视频创作

在信息加工活动中，存在于人脑中表达用户意图的概念模型与计算机本身可加工处理的计算模型之间存在一定程度的差异性，造成了人机之间自然交流的障碍，而以草图作为信息载体来实现人与计算机之间的信息交流为表达连续性的设计概念和创新思维提供了有力手段。用户自由手绘的草图信息反映了用户操作过程中的意图表达和思维过程的组织方式，直观的视频内容呈现方式和高效的交互方式是视频创作中的重要方面，我们结合空间、时间属性以及笔迹操作的实时属性等特征描述，用草图来进行视频注释以及描述视频内及视频间的语义和各类关系，采用草图形式的描述方法保留所表达内容的主要信息，去掉冗余信息，辅助用户高效获取视频的语义，并通过场景结构图的方式实现面向视频语义两层视图的同步编辑技术。

1. 场景结构图

利用草图标记和场景草图可视化可以辅助视频编辑，结合场景结构图的编辑与叙事结构来辅助用户进行个性化创作。我们遵循 Gestalt 定律，考虑到在结构图中人对分组元素的感知、对视觉关系的理解等方面的因素，定义了视频摘要的基本概念模型 $V(d,v)$，d 是视频片段的数据集合，v 是视频可视化的草图集合。对于用户自主的编辑需求，$V(d,v)$ 通过感知模型 $P(V(d,v),p)$ 不断优化参数 p 来完善模型。无论是草图编辑还是视频可视化都通过交互草图的方式来表达，多种形式的草图符号对应标记的相应视频片段，同时我们提供了自动化提取视频边缘生成草图的算法，辅助用户对视频内容进行草图抽象化的提取。

每个视频片段都会对应多个草图标记，我们定义了场景结构图（SSG）[7]来表达层次关系，辅助用户快速理解草图风格的可视化内容。定义 s 为对应视频子片段，c 为草图标记，$SSG(c,s)$ 作为组成草图可视化的基本部分，且 s 作为草图可视化的子集 $s \subseteq v$。每个视频子片段 $c \subseteq d$，$SSG(d,v)$ 是由基本 $SSG(c,s)$ 组成的更大的结构图。视频草图标记与可视化如图 5.11 所示。图 5.11（a）中，用户可以通过自动化草图生成辅助算法并根据视频内容创作相关的草图。图 5.11（b）中，对应多个视频片段，用户可以将不同的草图融合为视频草图摘要的形式，对应层次结构 SSG。用户通过交互草图可自由地检索、编辑、创作草图，并根据视觉反馈不断优化草图摘要。

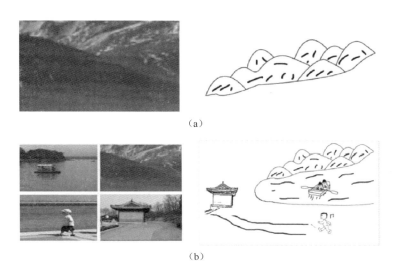

图 5.11 视频草图标记与可视化

场景结构图分为两层：可视化层与图结构层。可视化层通过草图结合视频叙事结构来表达视频语义摘要。在图结构层中，每个节点为草图图形，节点之间的连线表达了时间的传递流程与关联信息。图 5.12 为双层的场景结构图。参数 p 在感知模型 $P(V(d,v),p)$ 中表达了概念的关联，如草图标记 v 中包含的时空关联。双层结构的 SSG 能帮助用户快速掌握整体视频的结构内容，并通过草图与视频片段进行自然交互。感知模型 $P(V(d,v),p)$ 在这个过程中

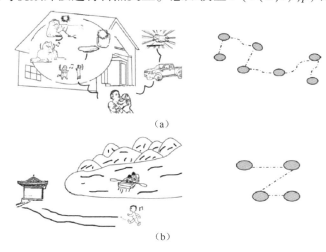

图 5.12 双层的场景结构图

保证了良好的交互质量。用户创作草图主要分为以下两个阶段。

（1）标记阶段：用户浏览视频片段，通过草图形式对视频镜头 s 进行表达，对应不同视频片段 c 的草图形式，建立 $SSG(c,s)$ 作为每个视频片段的基本结构（$c \subseteq d$）。

（2）创作阶段：用户设计并组合不同的 $SSG(c,s)$ 来创建结构图，通过感知模型 $P(V(d,v),p)$ 可视化并编辑视频的叙事结构。用户基于 SSG 可以实现查询和编辑操作，并实现基本 SSG 的复用。

2. 基于草图的视频标记

借助草图来表达视频内容是一个较费时的工作，为了减少用户的工作量。这里提供了两种形态的用户交互界面来辅助用户进行草图标记，即基于关键帧检测的草图标记和基于数据集的标记。前者结合自动化算法辅助提供了视频内容中目标的草图风格符号，减少了用户绘制的工作量。后者基于草图数据库为用户提供查询、编辑草图的功能。

场景结构图的生成依托于不同视频段对应的用户草图标记。SSG 中的不同节点根据其对整个视频段的贡献度来组织。贡献度计算方式如下：

$$\text{contrib}_i = \max\left(\frac{\beta_i}{\sum_{i=1}^{n}\beta_i}, 0.05\right)$$

为了整合所有节点尺寸，我们对每个草图标记 s_i 设置一个比率 $r_i = \text{scale} \times \text{contrib}_i$，$\text{scale} = \dfrac{\alpha \times w \times h}{\sum_{i=1}^{n} w_i \times h_i}$，$\alpha \in (0,1)$ 表示草图占整体画布的比例。为了保证草图拼合过程的对齐，我们设置了惩罚函数 p，即

$$p = w_{\text{time}} \times p_{\text{time}} + w_{\text{rel}} \times p_{\text{rel}} + w_{\text{ovl}} \times p_{\text{ovl}} + w_{\text{cross}} \times p_{\text{cross}}$$

式中，w 为权重，用来平衡各项的比例；p_{time} 表达节点在时序上的约束，p_{ovl} 表示草图重叠区域的面积约束，p_{cross} 表示视频内容故事线的交叉数量。要求各个节点按照时间循序，对应时序的相应惩罚如下：

$$p_{\text{time}} = \sum_{i=1}^{n} \delta x_i + \sum_{i=1}^{n} \delta y_i$$

式中，δx_i 和 δy_i 根据时序是否正确取 0/1。(x_i, y_i) 为草图的重心位置，p_{rel} 是用于表达空间关系的约束，这里采用节点距中心距离与相似度的比值来计算关系惩罚，即

$$p_{\text{rel}} = \sum_{i=1, i \neq j}^{n} \sum_{j=1}^{n} \frac{\text{dist}(\text{node}_i, \text{node}_j)}{\text{similarity}(\text{node}_i, \text{node}_j)}$$

通常每个视频片段对应的草图标记少于 10 个，保证了惩罚函数的计算量较小。为了优化惩罚函数，我们采用了方向集合的方法来存储 p 的参数。基本 SSG 生成的示例如图 5.13 所示。用户可通过草图编辑修改场景结构图。

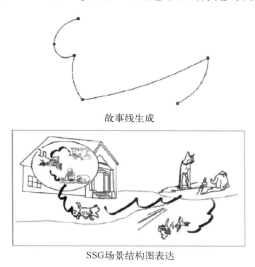

故事线生成

SSG场景结构图表达

图 5.13　基本 SSG 生成的示例

3. 用场景结构图进行视频创作

在基于草图进行视频创作的过程中，我们提供用户查询、相关视频段推荐和管理结构图等一系列功能。在整个交互创作过程中，通过场景结构图的生成及组合来表达不同视频内容的叙事结构。我们通过对用户草图标记的特征提取和特征向量的词袋模型计算进而比较两个草图的相似性，根据绘制历史为用户提供相似风格的草图绘制推荐。

根据每个视频对应的场景结构图，系统提供了对不同视频组织的可行方法。系统会根据用户输入的草图标记检索草图数据库中对应的视频片段，将与结构图最相关的视频片段推荐给用户。进一步地，通过采用包括动态调整、节点编辑、子图合并等标准图方法，用户可编辑结构图来编辑组织视频内容，增强结构图的复合性。图 5.14 为基本 SSG 合成的示例。首先，用户根据不同视频片段的草图标记设计结构图，将结构图的节点和数据库草图对应得到推荐的最相似草图；其次，用户通过操作结构图的节点将两张草图摘要合并，生成新的更大的视频草图摘要场景结构图。

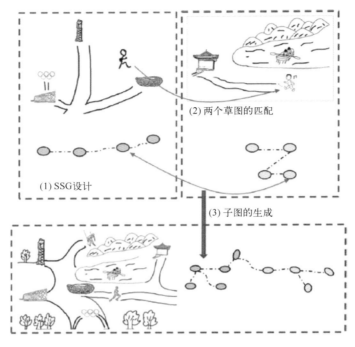

图 5.14　基本 SSG 合成的示例

5.4.2　视频螺旋摘要（SpiralTape Video Summarization）

传统视频主要是基于时间轴的操作方式。时间轴与视频内容是分离的，很难根据视频内容快速定位。目前大多数视频摘要是从原视频中提取出有意义的关键帧，并将它们以某种方式进行组合，形成简洁而又能够充分表现视频主要内容的概要表示。这里结合视频摘要的特点以及对视频快速浏览的需求，提出了一种新的螺旋摘要形式[11]。它充分发挥了螺旋视图的连续性和空间优势，支持视频的高效浏览与定位，并给出螺旋摘要的生成方法以及布局优化算法。

1. 螺旋形式设计原则

（1）空间利用率：将视频内容用螺旋的形式表达兼顾了审美与空间表达的优势，提高空间利用率的同时，相比传统视频的线性表现模式增加了展示的内容。

(2) 时间持续性：如图 5.15 所示，相较于传统的线性表达方式和关键帧堆积的形式，螺旋的形式在视觉感知上更具连续性。关键帧之间的连接经过算法处理后也具有平滑性与层次感。

(3) 全局有效性：基于空间利用率较高的优势，螺旋摘要的形式从全局来看更有利于用户快速掌握视频内容的整体结构。

(4) 交互性：针对不同用户对视频浏览的个性化需求，友好的交互设计能够帮助用户从个性化角度出发高效地浏览视频内容。我们提供了一系列草图交互手势辅助用户通过螺旋摘要浏览、编辑视频。

    螺旋摘要   矩形铺排   毯式铺排

图 5.15 三种视频摘要形式的对比

2. 静态螺旋摘要

静态螺旋摘要形式的生成主要分为两步：视频关键帧的处理和螺旋形式的构造。在视频处理部分，首先将视频片段分为四个层次：时间、场景、镜头、关键帧，然后基于视频关键帧之间的距离算法和运动计算[14]，获取视频中的一些语义信息。通过视频关键帧选取确定不同镜头，再通过镜头特征聚类来组成特定场景的片段，从而组合成不同的事件视频。为了利用螺旋结构更好地跟踪视频中的时序动作信息，我们将视频片段用特征向量表达，设计了计算视频片段间平均运动向量的方法来计算空间密度：

$$\mathrm{md}(i,j) = \frac{1}{N_i} \frac{1}{N_j} \sum_{r=1}^{N_i} \sum_{s=1}^{N_j} \| m(p_r(i)) - m(p_s(j)) \|_2^2$$

将视频中的运动向量用 $m(p)$ 作为图像中二维向量形式表达，其中，$p_r(i) \in C(w_i)$，$p_s(j) \in C(w_j)$，N_i 和 N_j 表示不同集合 $C(w_i)$ 与 $C(w_j)$ 包含的向量数。计算两个向量之间的距离方法表达如下，λ 用于平衡视频片段的静态与动态信息。

$$\mathrm{wd}(i,j) = \lambda \frac{\| w_i - w_j \|_2^2}{\max\ \{\| w_k - w_l \|_2^2, w_k, w_l \in V\}} + (1-\lambda) \frac{\mathrm{md}(i,j)}{\max\ \{\mathrm{md}(k,l), w_k, w_l \in V\}}$$

将一段视频分解成多个镜头,我们设置了显著性变化检测来判断镜头之间的边界过渡,对于视频关键帧f_k,设置长度为$2T$的间隔,计算在间隔内关键帧最大的显著性变化,若超过阈值,则建立一个镜头过渡。显著性变化检测方法定义为

$$SC(k') = \max\{D(i,j), i \neq j, i,j \in [k'-T, k'+T]\}$$

阈值$\tau = SC_{total}/10$,SC_{total}为$2T$间隔内的显著变化值之和。分割镜头后,视频由多个镜头组成,表示为$\{s_i\}_{i=1}^{n_s}$,通过聚类算法将镜头组成不同场景,计算不同镜头特征语义距离的方法如下:

$$D(s_i, s_j) = \frac{1}{n_{s_i}} \sum_{r=1}^{n_{s_i}} \min\{wd(w_r(s_i), w_s(s_j)), 1 \leq s \leq n_{s_j}\} +$$

$$\frac{1}{n_{s_j}} \sum_{r=1}^{n_{s_i}} \min\{wd(w_r(s_i), w_s(s_j)), 1 \leq r \leq n_{s_i}\}$$

对于一个镜头s中的关键帧k的排列顺序定义如下,n_s为镜头帧数:

$$\Pi = \left\{\left[\frac{j n_s}{i}\right], i = 1, 2, \cdots, n_s - 1, 0 < j < i\right\}$$

对视频内容进行处理划分后,将视频内容映射到螺旋结构中,构造静态的螺旋结构。我们利用极坐标(r,θ)来定义一个阿基米德空间螺旋$r = \frac{\theta}{2\pi}d$。螺旋摘要的生成包括把显著区域(ROI)图片集合沿着螺旋形轨道无缝排列起来,去除显著区域(ROI)图片超出螺旋轨道的部分。为了实现这个目的,把螺旋摘要的生成过程分为绘制螺旋线、计算关键点、计算包围盒、边缘处理、螺旋摘要旋转算法处理。图 5.16(a)表示计算关键点,图 5.16(b)表示计算包围盒,图 5.16(c)表示对边缘渐变和隐藏区域的处理。

3. 动态螺旋摘要与交互

视频螺旋摘要是一种动态的视频摘要形式,支持用户对视频片段的移动、编辑,包括在螺旋上插入新的区域。为了根据用户操作实时地进行反馈,螺旋摘要提供了对不同视频片段的平滑过渡动画,用户可选择任意螺旋弧片段并结合缩放查看。在抽取的关键帧以及相应的显著区域(ROI)基础上,根据不同的粒度将 ROI 划分为不同的层次,进而通过螺旋的平滑旋转实现不同层次、不同粒度的视频信息展示,如图 5.17 所示。

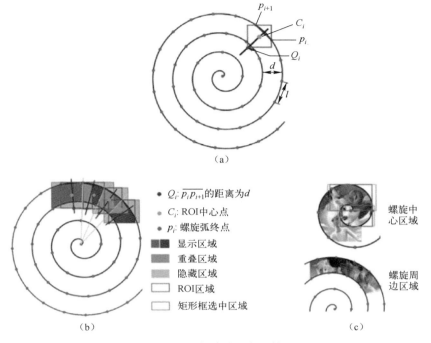

图 5.16 视频螺旋摘要布局算法

图 5.17 螺旋旋转算法示意图

进一步面向螺旋摘要视图，系统实现了一种基于手势操作以及多指触摸的高效交互方法，支持基于手势操作的整体缩放、螺旋的旋入与旋出、视频内以及视频间的超链接创建、视频片段截取以及合并功能等操作。我们将螺旋摘要、多行平铺摘要以及 Video Tapestries 进行了初步比较，针对视频内容进行理解以及对特定场景的定位需求利用三种摘要进行实验对比，结果表明，螺旋摘要在视频定位上与其他两种摘要存在显著性差异，可以提高用户对特定场景定位的效率，降低了用户的认知负担。

5.4.3　视频地图（Video Map）

大规模动态数据可视化的研究是大数据技术的研究热点，引起了研发人员广泛的关注。时长较长的视频（如电影）往往由大量的视频片段组成，通常包含着丰富的内容信息（如人物、事件以及场景等），并且这些信息之间的联系是十分复杂的。可视分析通过图形化的表现形式揭示数据中隐藏的规律与模式，有助于提高人们的认知水平，这已经成为人们分析复杂问题的强有力的工具。

针对现有的视频可视化方案中存在的一些问题，Ma 等人提出了一种基于地图隐喻的高效直观的视频可视化分析工具——视频地图[8]。视频地图借鉴了电子地图的优点，通过多尺度缩放以展现不同粒度下的视频信息，能够识别一些特定的草图手势以帮助用户探索视频内容。通过用户与地图之间的交互操作，隐藏在原始数据中的关联关系以道路的方式呈现在地图上。实验表明，视频地图能够显著缩短用户浏览视频的时间，帮助用户理解视频内容。图 5.18 展示了不同粒度下的视频地图。

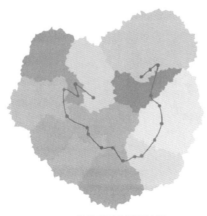
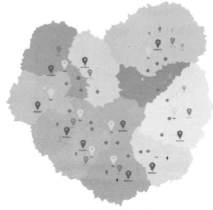

(a) 粗粒度下的视频地图　　　　　　　(b) 细粒度下的视频地图

图 5.18　不同粒度下的视频地图

1. 视频结构化表示与视频内容定义

以时间顺序给定一系列的实体以及它们之间的关系，视频地图能够生成兼具可读性和美感的可视化形式，并且同时支持实时交互分析。在系统中，输入的视频数据是一系列包含场景、事件和人物的集合，并且以层次结构进行组织。视频由若干表示空间地理位置的场景组成，每一个场景又由若干个事件组成。每一个事件对应着视频的一个片段并且由若干个主要人物组成。这里以《黑客帝国》为例来解释系统所使用的方法。所使用到的数据集是从电影和其他公共资源中通过人工提取的方式得到的。并且可视化方法同时适用于具有层次结构的其他类型的数据集。更准确地说，视频数据的基本形式是一个由场景组成的集合 $S=\{s_1,s_2,\cdots,s_n\}$，这里 s_k ($1 \leq k \leq n$) 是由一系列发生在该场景内的时间上连续的事件组成的场景。每一个事件有三个属性：

- 起始时间 t_i；
- 持续时间 t_d；
- 参与该事件的人物集合 $C=\{c_1,c_2,\cdots,c_m\}$。

为了衡量事件之间的相似度，需要分别对事件的人物、场景以及起始时间等进行定量分析。

（1）人物相似度

人物可以被视为视频数据中最重要的元素。相比事件和场景，用户会更多地关注视频中的主要人物。因此，研究这些人物的重要性或者影响力，并且将这种信息表现在视频地图上是十分必要的。借鉴社交网络中基于图论的分析方法，使用卡茨中心度[12]定量分析视频中主要人物的重要性。在系统中，人物可以被看作是网络中一个个孤立的节点。如果两个人物共同参与同一个事件，那么这两个人物之间用一条边来连接，并且边的权重表示它们共同参与的事件数目，这样就得到了一个无向有权图。《黑客帝国》中主要人物的卡茨中心度数值如表 5.2 所示。

（2）场景相似度

在视频中，场景用来表明故事发生的地方，是重要的视频元素之一。这里我们使用单帧图像来表明场景信息。继而衡量场景之间的相似度就转化成了衡量图像之间的相似度。经典的图像相似度计算方法有颜色直方图、Trace 变换、图像哈希、sift 特征方法等。这里使用 sift 特征方法来衡量场景之间的相似度，系统使用两幅图片中匹配到的特征点数目来表示场景相似度，匹配到的特征点数目越多,场景相似度越高。

表 5.2 《黑客帝国》中主要人物的卡茨中心度数值

人物	数值
Neo	0.55
Morpheus	0.50
Trinity	0.43
Cypher	0.31
Dozer	0.2
Apoc	0.17
Smith	0.15
Tank	0.14
Switch	0.12
Mouse	0.12
Oracle	0.03

(3) 时间相似度

每一个事件都有一个发生的起始时间 t_i,利用时间差来表征时间上的相似度,时间差越小,时间相似度越高。

(4) 事件相似度

对于事件来说,存在一些重要的因素(如起始时间、参与该事件的人物、该事件的场景信息等)会影响事件之间的相似度。将这些因素考虑在内来构建距离矩阵。考虑到这些特性之间没有明显的相关性,使用欧氏距离来描述相似度。在计算之前,需要对数据进行归一化处理:

$$t_i = \frac{t_i - t_{\min}}{t_{\max} - t_{\min}}$$

$$\text{score}(c_i) = \frac{\text{score}(c_i) - \min\{\text{score}(c)\}}{\max\{\text{score}(c)\} - \min\{\text{score}(c)\}}$$

$$\text{sift}(i,j) = \frac{\text{sift}(i,j) - \min_{m \neq n}\{\text{sift}(m,n)\}}{\max_{m \neq n}\{\text{sift}(m,n)\} - \min_{m \neq n}\{\text{sift}(m,n)\}}$$

……

$$\text{Sim}(\text{Event}_i, \text{Event}_j) = (w_1 |t_j - t_i|^2 + w_2 |\text{score}(c_j) - \text{score}(c_i)|^2 + w_3 |1 - \text{sift}(i,j)|^2)^{-1/2}$$

式中，$w_1 \sim w_3$ 是三个特征的权重，分别设置为 0.55、0.25、0.20；t_* 表示事件 $*$ 的起始时间；c_* 表示事件 $*$ 中所有人物的卡茨中心度数值之和；$\text{sift}(i,j)$ 表示事件 i 和 j 所在场景图像匹配到的特征点数目。

2. 地图布局

在数据预处理完成之后，需要建立视频数据与地图元素的对应关系。不同类型的数据实体对应不同种类的图形符号。首先利用上面所得到的事件之间的相似度，通过多维尺度分析方法将事件点映射在地图的二维平面上以构成地图的基本骨架，接下来将人物点置于与其对应的事件点附近，最后利用泰森多边形生成场景块[13]，使视频数据的层级结构更加清晰。

多维尺度分析是一种探索数据的分析方法，以一种经济的方式将大量的数据压缩在相对简单的空间图上，并且保留了数据之间的内在关系。在地图布局算法中，首先为所有的事件点赋予一个预先设置的坐标，然后对所有的事件点进行迭代。在每一次调整过程中，该方法致力于减弱事件点在高维空间中的实际距离及其二维空间中距离的差异。满足一定条件之后迭代终止，事件点的位置坐标得以确定。具体流程如下：

（1）Net 表示事件的数量。对于每一个事件，我们为其定义一个三维向量 $X_i \mid i = 1,2,\cdots,\text{Net}$，与之相对应定义一个二维向量 $Y_i \mid i = 1,2,\cdots,\text{Net}$。对于每一对事件，定义它们在三维空间中的距离为

$$D_{ij}^* = \text{dis}[X_i, X_j] = \text{Sim}(\text{Event}_i, \text{Event}_j)^{-1}$$

与之相对应，事件点在二维空间中的距离为

$$D_{ij} = \text{dis}[Y_i, Y_j]$$

（2）通过正交投影的方式初始化二维向量 Y_i。

（3）定义能量函数 E 用来表示事件点在高维空间的实际距离及其在二维空间中距离的差异。能量函数 E 定义为

$$E = \frac{1}{\sum_{i<j}[D_{ij}^*]} \sum_{i<j}^{\text{Net}} \frac{[D_{ij}^* - D_{ij}]^2}{D_{ij}^*}$$

使用 NLM 算法搜寻能量函数的最小值以得到事件点最终的位置坐标。该算法易于实现，其输出结果可以得到较为直观的解释。

为了突出显示事件的位置信息，我们采用一种基于泰森多边形的方法[13]来生成地图疆域。其中不同颜色的疆域表示不同的场景，每一个场景块由若干颜色相同的泰森多边形组成。这种方法使场景块的边界以一种随机化的方

式呈现，显得类似于真实的地理地图，也更加自然，如图 5.19 所示。

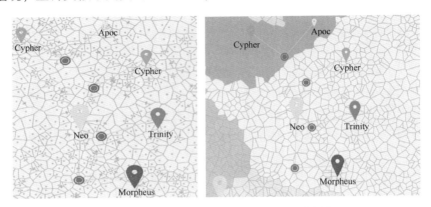

图 5.19　泰森多边形填充画布生成地图边界

3. 可视化与交互

为了帮助用户更好地理解视频中复杂的人物、事件以及场景之间的联系，视频地图提供给用户多种直观的方式来探索视频数据。关系型数据以各种各样线条的形式出现，如公路、铁路、河流等。这些线条在起初的时候处于不可见的状态，当用户通过单击或草图手势的方式发起查询请求时，相应的线条以查询结果的方式展现出来；一方面，这样的处理过程可以满足用户多种多样的个人请求；另一方面，地图上不会展现过多用户不感兴趣的冗余信息，避免了视觉混乱的产生。这样的体验就好像在真实的电子地图上寻找道路一样。

在地图中，定义两种类型的关系：不同人物之间的关系和事件之间的关系。如果人物 A 和 B 同时出现在一个或多个中间事件中，认为它们产生了某种关系，并且把这种关系以道路的形式表现出来。同时也可通过一定的草图手势选中事件 M 和 N，它们所包含的公共人物会被标注出来。关系分析为系统提供了更丰富的视角，以揭示隐藏在原始数据中的关系。多种关系以不同种类的道路形式展现，每条道路展现了两个数据实体之间可能存在的关系。更准确地说，如果想要探索分布在两个事件中的不同人物之间的关系，则在遍历两个事件之间的"中间事件"后，可寻找出这两个人物同时参与的事件。用户通过这些事件可以了解到两个人物何时何地相遇，因此这些事件提供了重要的时空信息，是连接这两个人物的桥梁。在寻找完所有可能的路径后，使用折线将这些路径表现出来。如果用户在地图上进行了多种查询请求，那么地图上会出现多条道路。道路数目的增加会在一定程度上增加道路交叉的概率。图 5.20 为视频地图中的寻路过程。

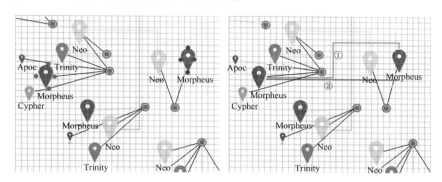

图 5.20 视频地图中的寻路过程

草图手势技术为用户与系统之间提供便捷的交互方式，允许用户在地图上自由地绘制各式各样可识别、可编辑的图案，准确捕捉用户的浏览需求，允许用户为地图添加更丰富的关联关系。如图 5.21 所示，用户通过"check"手势选中了某一事件，系统根据该事件所包含的人物，将所有包含这些人物的事件按照时间顺序以一条铁路线的形式串联起来。同样的方法也适用于人物点，如图 5.22 所示。用户选中了 3 个人物。这 3 个人物的故事线就展现在地图上了。

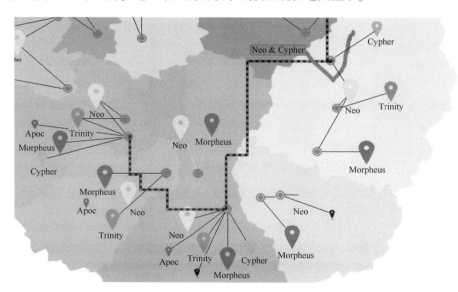

图 5.21 包含选中事件所有人物的事件以时间顺序通过铁路线串联起来

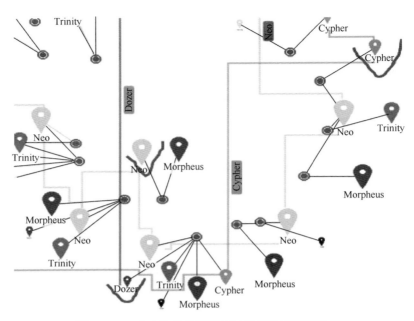

图 5.22 3 个人物的故事线通过手势操作展现出来

参考文献

［1］ BIMBER O, ENCARNA O L M, ANDRÉ S. A multi-layered architecture for sketch-based interaction within virtual environments［J］. Computers & Graphics, 2000, 24（6）: 851-867.

［2］ MA C X, LIU Y J, YANG H Y, et al. KnitSketch: A Sketch Pad for Conceptual Design of 2D Garment Patterns［J］. IEEE Transactions on Automation Science and Engineering, 2011, 8（2）: 431-437.

［3］ ZHANG Y, MA C, ZHANG J, et al. An interactive personalized video summarization based on sketches［J］. 2013.

［4］ LIU Y J, MA C X, FU Q F, et al. Sketch-Based Approach for Interactive Organization of Video Clips［J］. ACM Transactions on Multimedia Computing, Communications, and Applications（TOMCCAP）, 2014, 11（1）: 2: 1-2: 21.

［5］ GUO W J, ZHANG Y Q, MA C X, et al. Improving linear drawing concerning stylized sketch［J］. Signal Process, 2012, 28: 1-4.

［6］ FU Q F, LIU Y J, CHEN W F, et al. The time course of natural scene categorization in human brain: simple line-drawings vs. color photographs [J]. Journal of Vision, 2013, 13: 1060.

[7] MA C X, LIU Y J, WANG H A, et al. Sketch-Based Annotation and Visualization in Video Authoring [J]. IEEE Transactions on Multimedia, 2012, 14 (4): 1153-1165.

[8] MA C X, LIU Y J, ZHAO G Z. Visualizing and Analyzing Video Content With Interactive Scalable Maps [J]. IEEE Transactions on Multimedia, 2016, 18 (11): 2171-2183.

[9] MA C X, LIU Y J, FU Q F, et al. Video sketch summarization, interaction and cognition analysis [J]. Scientia Sinica, 2013, 43 (8): 1012.

[10] LIU F, DENG X M, LAI Y K, et al. SketchGAN: Joint Sketch Completion and Recognition with Generative Adversarial Network [C] //The IEEE Conference on Computer Vision and Pattern Recognition (CVPR), 2019: 5830-5839.

[11] LIU Y J, MA C, ZHAO G, et al. An Interactive SpiralTape Video Summarization [J]. IEEE Transactions on Multimedia, 2016, 18 (7): 1269-1282.

[12] TANASE C, GIANGRECO I, ROSSETTO L, et al. Semantic Sketch-Based Video Retrieval with Autocompletion [C] // Companion Publication of the 21st International Conference on Intelligent User Interfaces. ACM, 2016.

[13] KATZ L. A new status index derived from sociometric analysis [J]. Psychometrika, 1953, 18 (1): 39-43.

[14] GANSNER E R, HU Y, KOBOUROV S. GMap: Visualizing graphs and clusters as maps [C] // 2010 IEEE Pacific Visualization Symposium (PacificVis 2010). IEEE Computer Society, 2010.

[15] JIANG Y G, YANG J, NGO C W, et al. Representations of Keypoint-Based Semantic Concept Detection: A Comprehensive Study [J]. IEEE Transactions on Multimedia, 2010, 12 (1): 42-53.

第 6 章
情感计算与交互

随着人工智能和人机交互技术的发展，人们对于如何使计算机能够识别用户的情感并进行智能反馈的应用需求也越来越强烈。心理学和认知科学的相关研究成果表明，人类在进行感知、认知、判断、决策等生理心理活动中，情感因素是其中的重要影响因素，在特殊的情况下甚至成为决定性因素，往往影响着人们的理性判断和决策。已有不少学者认为情感能力是人类智能的重要标志，领会、运用、表达情感能力的高低，甚至发挥着比传统智力更为重要的作用。人类在进行社会活动的时候，与环境和人类个体之间不断进行着各种类型的情感交互，在这些交互活动中产生、传递着大量的情感信息。这些信息直接或间接地反映着人们在整个过程中的活动。与人类可以自然而然地进行情感的表达、领会和运用相比，对信息系统而言，情感是最难被分析、处理和加工的一类信息。在本章中，我们将围绕着如何将人类情感引入人机交互系统这一问题展开，详细介绍人机情感交互的方法和技术。

6.1 概述

人机交互中需要解决的问题实际上与人人交流中的重要因素是一致的，其中关键的部分都与"情感智能"密切相关。要使计算机与人的交流能够进行得更加和谐融洽，计算机就不仅要理解用户发出的各种指令，而且还要能富有感情地与用户进行各种交流，并且能够在交流中进行自我分析、自我调节以及自我完善。

情感是人类在进行感知、认知、判断、决策等理性思考活动时的一种重要的、具有决定性作用的因素。在人类智能中，情感智能是与理性思维和逻辑推理能力相辅相成的一类重要的智慧形式。情感认知可以反映自然交流中人类感知、认知、推理和思考等复杂加工过程。同时，情感不仅仅体现在人们的交流和表达形式中，更重要的是还影响着人的决策过程。人在决策时，掺杂太多的情感因素固然不可，但是如果丧失了理解和表达情感的能力，那么理性的判断和决策同样是难以达到的。例如，当大脑皮层和边缘系统之间的通道缺损时，人会由于缺乏感情而导致决策能力下降。由此可见，对情感的感知、认知、决策和表达是情感智能的四个关键部分。

在心理学理论中，情感（Affect）是包容了情绪（Emotion）和感受（Feeling）的综合体验。情绪是人对客观事物的态度和体验，是人（包括动物）所具有的一种心理形式，具有内部的主观体验（如喜、怒、哀、乐等感受色彩）、外部表现形式（如面部表情）和独特的生理基础（如大脑皮层下等部位、杏仁体和腹内侧前额叶皮质中的特定活动）。感受是对情绪做出的一种精神反应，是关于身体变化而产生的精神画像。在个人经历、信念和记忆的影响下，感受为感知到的情绪赋予某种主观含义。情绪和感受同属于感情性活动的范畴，是同一过程的两个方面。情绪着重表明情感的过程，着重描述情感过程的外部表现及其可测量的方面；而感受着重表明情感过程的感受方面，是情绪过程的主观体验。

情感表达是情绪在有机体身上的外在表现，包括在身体姿态、语言和人脸上的表现，形成了姿态表情、语言表情和面部表情。表情是研究情感现象的重要客观指标，是情感所特有的外显表现，在高等动物的种属内或种属间起着通信作用。对于人类，表情是人与人之间进行交际的重要工具。

情感是人类区别于低级生物的重要特征，是人的各种感觉、认知和行为的一种综合心理和生理状态。情感的产生和对情感的感知源自大脑的不同区域，并因先天基因和后天经验而使得人对情感的理解、表达及后续行为因人而异。对于情感的产生，尽管众说纷纭，但研究者大都认为它是在生理唤醒、内在体验和认知、表情和外部表达三者的共同作用下构成的一个完整的情感体验过程。情感感知是在外界刺激作用于感官时，大脑对外界感官信息进行的组织、识别和解释，从而对情感信息或环境进行表示和基本理解。神经生理学研究认为，情感是人在受到外部事件刺激时所产生的一系列行为（包括面部的表情、言语、手势、身体姿势等）和紧随其后对相关行为变化的感知所共同构成的一个功能序列。它引起了人对刺激源的显著反应以及对所处形势的思考，并进一步成为接下来做出决策或表达意图的一种依据。

人的情感源自大脑和神经系统，通过面部表情、言语等行为对外表达，通过眼睛和耳朵进行觉察，通过大脑进行感知和认知，最终影响人的决策和行为。作为人体内部独特的主观经历,情感本身不容易被觉察和捕获。然而,情感的表达总是伴随着外部可观测的物理表现,这为情感的感知和分析提供了有效途径。按照这样的方式,人们可以建立情感交互系统,通过从视觉和听觉等通道接收来自用户的可观测信号,通过处理器和存储器模拟大脑,对输入信号传递的情感信息进行感知和认知计算后,根据用户的情感状态和交互上下文进行综合决策,并向用户表达情感内容。在理解用户情感的基础上,情感交互系统能够尽可能像人一样适应用户的情感并通过多种表达方法影响用户的情感。

6.2 情感计算与交互模型

6.2.1 情感计算

结合计算机科学、认知科学、神经科学、脑科学和医学等交叉学科的研究成果,著名计算机科学家、美国麻省理工学院的皮卡德(Picard)教授提出了情感计算(Affective Computing)的概念,指出它是一种能够对人类情感的外在表现和内在反应进行测量、分析并对情感施加影响的计算技术[1]。此后,国内学者对此进一步具体化,提出情感计算是通过赋予计算机识别、理解、表达和适应人类的情感能力来建立和谐人机环境,并使计算机具有更高的、更全面的智能计算技术[2]。情感计算为建立人机情感交互系统提供了基础理论,使得计算机得以通过计算方式感知、理解和表达人类情感。

情感交互通过对人机交互过程中的情感信息进行规范的处理,可以尽量消除用户和计算机系统之间的障碍,成为自然和智能人机交互的核心与基础。人机情感交互的目的就是要赋予计算机类似于人一样的观察、理解和生成各种情感特征的能力,最终使得计算机能够像人一样与人类进行自然、亲切、生动和富有情感的交互。透过情感用户界面,用户能够通过情感信息与计算机系统进行交互,而计算机也能够感知周围的环境气氛以及用户的情感变化,自适应地理解用户的交互意图,并提供智能反馈。皮卡德教授在其著作《情感计算》中断言:"情感是未来计算机能够有效工作的必要条件之一[1]。"情感交互已经成为计算机科学和未来信息世界中不可或缺的关键技术,将对现在和未来的科学技术、生产生活、国家安全、社会发展等方面产生深远影响。

随着信息技术的发展，计算机对情感认知和表达的需要变得越来越迫切。研究者提出了多种情感的可计算模型，主要包括情感分类模型（Categorical Model）和情感维度模型（Dimensional Model）等。情感分类模型是最为流行的一种情感计算模型。它认为情感具有原型模式，即存在着数种基本情感类型。不同模式的生理机制各不相同，各有独特的体验特性、生理唤醒模式和外显模式。其不同形式的组合形成了人类的所有情感。艾克曼（Ekman）教授提出的由愤怒、厌恶、恐惧、高兴、悲伤和惊讶组成的六种基本情感已经成为应用最广泛的分类模型[3]。情感分类模型有利于对情感类别进行区分，具有目标确定、易于理解的优点。但是它也存在明显的不足，例如它既不能表达不同情感之间的关系，如距离、粒度、相关性、构成等，也不能完全通过文本描述清楚复杂或微妙的情感，例如厌倦、焦虑、满足、困惑、尴尬等。

为了能够更加细致地描述情感，研究者提出了情感维度模型。情感维度模型采用由若干个维度组成某一情感空间，特定的情感状态通过数值表示，代表其在连续情感维度中的位置。不同情感之间的相似性和差异性可以根据彼此在维度空间的距离来显示，不同情感之间不是独立的，而是连续的，可以实现逐渐的、平稳的转变。情感维度模型有利于数学建模和计算求解，在理论和实践中得到了广泛应用。拉塞尔（Russell）教授提出的 Circumplex 模型由垂直的唤醒度（Arousal）和水平的效价（Valence）组成平面直角坐标系，坐标原点表示中性情感，其他坐标点则构成了 150 种情感状态[4]。麦拉宾（Mehrabian）教授提出了可以表示任意情感的 PAD 三维模型。它由愉悦度（Pleasure）、唤醒度（Arousal）和优势度（Dominance）组成；愉悦度用于测量情感中的愉悦成分；唤醒度用于测量情感的强度；优势度用于测量情感源自自身的程度[5]。PAD 三维模型是应用最广泛的情感维度模型，许多情感数据集基于 PAD 三维模型为表情图片或视频片段进行量化标注。

6.2.2 情感交互模型

在进行情感交互时，用户需要通过情感用户界面（Affective User Interface，AUI）与计算系统对话。AUI 建立在传统用户界面技术的基础之上，通过情感表示和情感计算提供了一个新的交互模型。该模型由用户情感数据获取（Collection）、情感感知与识别（Recognition）、情感意图推断与决策

(Strategy) 和情感内容呈现（Presentation）四个计算过程构成交互闭环，如图 6.1 所示。

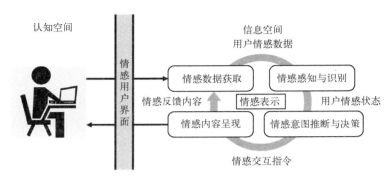

图 6.1 情感交互模型

一方面，站在计算系统的角度，用户在交互过程中的多种情感表达信息（如面部表情、言语表达）被摄像机、麦克风等信号采集设备捕获，成为系统的输入信息。通过情感感知与识别计算，它们被转换为可计算的一种或多种情感表示和特性数据（Affective Characteristic Data）后，并进行视觉、听觉以及多通道整合的情感特征提取和模式分类、回归，从而识别用户在交互过程中所处的情感状态。在此基础上，结合交互上下文信息，对用户富有感情色彩的交互意图进行推断，并根据推断结果进行决策，生成情感交互指令，从而指导计算系统向用户呈现情感化的反馈信息。按照这样的交互模式，在一轮人机对话之后，用户将在系统反馈信息的影响之下，调整自身情感状态，并与计算系统进行更深层次的情感交互。另一方面，用户通过感官接收计算系统输出的反馈内容，在大脑中对其中的情感刺激（Affective Stimuli）进行感知和认知，理解计算系统的情感表达，在此基础上进行自身情感状态和交互意图的调整，最终通过情感化的决策过程做出自己的行为改变，从而开始新一轮的情感表达和意图传递。用户与计算系统之间通过这样的往复对话过程在交互中传递情感信息，使得人机交互技术的智能程度和用户体验得到了极大提升。计算系统能够更加懂得如何与用户进行情感交流，更加懂得如何通过人的情感信息来提供人性化的计算服务。

1. 情感数据获取

情感数据获取的计算过程主要解决如何通过视觉、听觉和生理信号等多种通道获取用户在交互过程中的丰富情感表达数据的问题。常用的数据采集设备包括网络摄像机、高清相机、高清摄像机、高速摄像机、三维扫描系统 Di3D 和 Di4D、深度感知相机 Kinect、麦克风、麦克风阵列，以及 EEG 和 ECG 等。

借助这些数据采集设备，不仅能够进行在线的情感交互，而且能够将交互过程中的用户情感表达历史记录到存储设备中，从而建立情感数据集，为分析用户情感状态提供数据支撑。根据不同的数据采集方式，现有情感数据集可分为从实验室中采集、从影视资料中采集和从互联网中采集三类。

在实验室中获取情感数据时，用户需要按照预先设置的交互流程和情感启发方法（Elicitation）来表达情感。为了采集自发和真实程度更高的情感数据，研究者需要精心设计能够诱发目标情感的交互任务，例如黑箱触觉体验、观看视频、参加远程协作等，使得被试者能够在这些活动中自发地表达情感。自发表情的面部肌肉变化通常比较细小、微弱、复杂，被试者的头部姿态和面部光照相对自由，各类表情的持续时间不相同。自发表情更加接近日常生活中的自然情感表达，所受的条件约束较少，使得对自发情感数据的分析和感知更加具有挑战性，从而展现出更大的科研和实用价值。

与实验室情感数据获取方法不同，从影视资料和互联网中获取的情感数据更加自然，并且在头部姿态、光照条件、图像背景、年龄、文化等方面均没有严格的约束条件。在电影和电视节目中，人的情感表达通常比较自如，因而可以对这些影视资料进行信息加工，从中提取所需的情感数据。按照这种方法采集的情感数据受到的约束较少，因而可以得到更加复杂、自然的表情。由于缺少被试者的主观评价，数据样本的情感状态需要相应的情感描述。随着存储技术和搜索引擎的发展，研究者可以使用情感语言通过搜索引擎检索海量互联网图像，并从中获取所需的情感数据。使用这种方法能够通过程序自动地获取大规模面部表情数据，有利于促进基于深度学习的感知方法取得更好的计算结果，但由于所得原始数据的质量参差不齐，通常需要进行人工数据清洗和情感标注。

2. 情感感知与识别

情感感知与识别的计算过程主要解决如何根据获取的用户情感表达数据计算情感表示，并将其映射为用户情感状态的问题。该过程以获取的情感数据作为输入，以识别的用户情感状态作为输出。输出的情感状态由相应的情感模型表示，例如使用情感分类模型表示的高兴、悲伤等离散情感类型，或者使用情感维度模型表示的效价、唤醒度等情感维度的数值。根据所处理的情感数据的不同通道，相关方法可分为基于表情、姿态、语音、文本和生理信号等的情感感知识别，以及基于两种或多种数据的多通道情感感知识别，如图 6.2 所示。

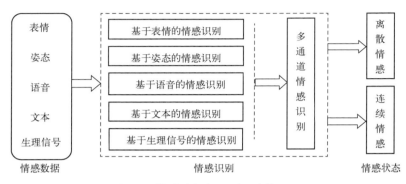

图 6.2　情感感知与识别的计算过程

3. 情感意图推断与决策

情感意图推断与决策的计算过程主要解决如何根据识别的情感状态为计算系统生成用于情感内容呈现的情感交互指令的问题。该过程由交互意图推断和情感交互决策两部分组成，如图 6.3 所示。在该过程中，首先将已识别的用户情感状态和交互上下文（例如用户配置文件、交互目标、采集设备和当前环境等）作为输入，通过意图推理技术估计用户的交互意图，在此基础上进行情感交互指令的决策计算。

图 6.3　情感意图推断与决策的计算框架

情感参与的交互意图推断是在一般人机交互的意图理解基础上，通过考虑用户在交互时的情感状态，使得计算系统能够推断更精确、更深入的用户意图。用户意图包括基本交互意图和情感交互意图。基本交互意图是用户明显的行动、操作或需求，例如获取某种服务、执行某种操作等，是一种具有任务和操作目的性的交互意图。现有交互意图推断方法大多针对基本交互意图进行。与此不同，情感交互意图不针对明确的行为需求，而是用户对于计算系统提供的情感反馈或者情感调节的心理需求，需要结合用户情感状态进行推断。它主要推断与用户情感状态相关的内容，包括"用户的情感需求"和"用户情感状态与基本交互意图的关联"，即推测用户希望获得怎样的情感反馈。例如，在与虚拟客服进行交互时，若情感交互系统推断出用户希望获得"微笑服务"的情感意图，那么在进行决策时，通常将"微笑"作为情感交互指令，指导虚拟客服做出友善、微笑等情感表达。

4. 情感内容呈现

情感内容呈现的计算过程主要解决如何根据情感交互指令进行情感反馈内容输出的问题，也就是如何针对用户当前的状态，通过情感输出设备向用户提供情感反馈。情感呈现的通道包括多种可传递喜、怒、哀、乐等情感信息的渠道，比如文本、表情、手势、姿态、语音、乐曲等。情感呈现通道的选择是与场景相关的。情感呈现的方式包括多种可传递情感信息的渠道，比如人脸表情生成、情感语音合成、情感自然语言生成等，如表6.1所示。

表6.1 情感呈现方式

方式	描述
人脸表情生成	表情可分为静态离散表情和动态连续表情，分别都有脸部表情动画合成和仿真机器人
情感语音合成	在语音合成基础之上，根据情感调整语音语气、声调、音量及语速等语音特征，通过改变情感倾向语句的韵律特征，赋予其感情色彩，使其能够表达特定的感情
肢体	通过肢体表达情感，例如拍手、挠头及拥抱等肢体动作，可使整个情感呈现得更加完整和生动，交互过程更加真实
自然语言	在自然语言文本生成的基础之上，通过情感用词、句式、语序等变化以表达情感色彩

6.3 自发情感跟踪与识别

6.3.1 综述

作为人体内部独特的主观经历，情感本身不容易被觉察和捕获。然而，情感的表达总是伴随着外部可观测的物理表现，这为情感的感知和分析提供了有效途径。这些外部表现主要包括面部表情、身体姿态和语音语调等活动行为信息。一些心理学家在研究人类交往活动的信息表达时发现表情起到了非常重要的作用，他们认为：情感表达=55%面部表情+38%声音+7%语言。由此可知，在所有可用的外部观测中，面部表情作为一种携带并传递了大量情感信息的表达形式，很自然地成为了获取用户情感状态的焦点。研究表明，视觉信号对于情感识别而言最为重要，同时也是最为可靠的信息来源，因此基于视觉特征的情感识别方法是研究重点。在人机交互环境下，计算系统获取的用户面部表情大多是自发的，使得情感感知与识别计算不仅要处理细小、微弱、复杂、随时间变化的自发情感表达，还需要处理由头部姿态、面部遮挡、光照条件、用户身份等变化因素带来的鲁棒性影响。实现高效率、高稳定、易推广的自发情感跟踪与识别算法是当前研究的关键和热点。

1. 自发情感跟踪与识别方法

根据使用特征类型的不同，自发情感跟踪与识别方法主要分为三类：基于二维图像特征的方法、基于三维图像特征的方法以及基于动态视觉特征的方法。

（1）基于二维图像特征的方法：该方法分为基于图像表观特征的方法和基于图像几何特征的方法。基于图像表观特征的方法主要依靠分析用户面部与像素值相关的外表特征及其变化量来估计用户当前的情感。奥贾拉（Ojala）等人首先将基本的局部二值模式（Local Binary Patterns，LBP）扩展到任意大小的多尺度圆形邻域，通过不断旋转圆形区域并取最小值，使其具有旋转不变的性质，然后将图像划分为若干网格单元，对每一单元统计特征直方图，最后根据得到LBP表情特征进行情感识别[6]。巴特利特（Bartlett）等人使用Gabor滤波对图像进行小波变换，并提取变换之后的图像纹理特征进行情感识别[7]。拓尔（Dhall）等人同时提取了图像的梯度金字塔特征（Pyramid of Histogram of Gradients，PHOG）以及局部相位量化（Local Phase Quantization，LPQ）特征，并将其用于情感估计[8]。基于图像几何特征的方法主要依靠面部关键点（Landmark）的位置或者面部轮廓形状来分析用户当前的情感。例如，维尔斯塔（Valstar）等人通过记录面部20个关键点及其位置之间的关系来分析用户的情感[9]。

（2）基于三维图像特征的方法：该方法分为基于三维形状特征的方法和

基于深度特征的方法。基于三维形状特征的方法旨在通过用户的三维头部模型的姿态或曲面参数等信息来分析用户当前的情感。基于三维形状特征的方法使用三维曲面参数，或者三维面部关键点的位置来表示情感。例如，勒梅尔（Lemaire）等人首先使用微分平均曲率映射（Differential Mean Curvature Maps，DMCM）从深度图像（Depth Map）中捕捉全局和局部的人脸表面形变，将深度信息转换为二维图像，然后通过梯度直方图（HoG）进行模式统计，最后使用多分类支持向量机（Support Vector Machine，SVM）模型进行情感识别[10]。基于深度特征的方法则依靠获取用户面部的深度信息来估计用户当前的情感。张（Chang）等人使用连续帧图像恢复了头部的三维流形，并且使用恢复之后的三维面部关键点对应位置的纹理信息进行情感的识别[11]。法内利（Fanelli）等人使用 Kinect 获取用户头部的深度信息，并依靠获取的深度信息对用户的情感进行了分类识别，取得了较好的效果[12]。

（3）基于动态视觉特征的方法：基于动态视觉特征的方法可以分为基于视觉特征变化量的方法、基于情感发展规律的方法和基于融合图像的方法。其中，基于视觉特征变化量的方法旨在记录每一帧图像与其相邻帧图像之间的特征变化量，并以其作为当前情感的表达。例如，吴（Wu）等人使用 Gabor 动态能量滤波（Gabor Motion Energy Filter，GME）提取面部关键区域特征与其相邻帧相比的变化量，并使用其进行情感的识别，能够很好地检测面部关键点的细微变化[13]。赵（Zhao）等人在三个正交平面上提取具有旋转不变性的 LBP 特征，并使用该特征来识别情感，并进一步扩展为包含时空信息的 LBP-TOP 特征用于表情识别。基于情感发展规律的方法基于心理学情感发展的观点，把情感的发展和产生看作一个从低谷到顶峰再回到低谷的变化过程，通过记录情感发展状态，结合起来作为当前的情感表达[14]。苏（Suk）等人将情感表达为"Neutral-Onset-Apex-Offset"四个状态的自动机模型进行情感识别。基于融合图像的方法将多帧图像进行融合，融合之后的图像将拥有多帧图像共同的特征。这类方法使用融合之后的图像来提取相应的视觉特征，并将其作为当前情感的表达[15]。杨（Yang）等人将一段视频中的所有图像进行了融合，构成融合情感图像（Emotion Avatar Image，EAI），并在融合后的图像上提取 LBP 和 LPQ 特征进行情感识别[16]。

此外，LSTM（Long Short-Term Memory）和 C3D 是两种常用的深度动态视觉特征感知模型。例如，哈萨尼（Hassani）等人提出了一个由 3D Inception-

ResNet 和 LSTM 模型组成的连续表情感知模型，通过将面部关键点轨迹特征用作残差单元中的输入，加强了面部关键点附近表观特征对情感识别的重要程度[17]。C3D 是沿着时间轴进行的三维卷积操作。与 LSTM 相比，C3D 的优势在于能够学习到序列中的关键信息，而非严格的时序结构化信息。郑（Jung）等人提出了一种深度时序表观和几何网络[18]。它使用没有权值共享的三维卷积沿着时间轴对表情图像序列进行特征学习，同时将连续的面部关键点按照坐标串联起来形成轨迹数据后，使用 DNN 进行形变感知。

相比于非动态视觉特征，动态视觉特征包含了时间上下文信息以及与人无关的特征等，可以对情感进行更好的描述和表达。

在上述特征描述方法的基础上，根据情感识别目的的不同，各种方法选择用于情感识别的模型也有所区别。对于致力于识别分类情感的算法，其目的在于将情感区分为离散的几大类，因此这类方法常选用分类模型对情感进行识别。使用隐马尔可夫模型（Hidden Markov Model，HMM）、最近邻算法（k-nearest Neighbors Algorithm，kNN）等对情感进行分类。除此之外，还有一些常用的分类机器学习模型被用于情感识别，如决策树（Decision-Tree）和线性判别分析（Linear Discriminant Analysis，LDA）等。对于在连续情感空间中对情感进行识别和跟踪的算法，其识别的情感是连续空间上的一个数值，因此这类方法常选择回归模型对情感进行估计，例如通过支持向量回归（Support Vector Regressor，SVR）或条件随机场（Conditional Random Field，CRF）等对情感进行估计与跟踪。

由于单一模型的感知能力有限，将多个单一模型组合起来形成复合模型能够提高感知性能。常见的组合方法包括集成（Ensemble）、多任务学习（Multi-Task Learning）和级联（Cascade）。由于单一模型通常不能兼顾各个方面，因此将多个具有不同优势的模型集成起来，往往可以得到更优的组合模型。例如，金（Kim）等人通过随机生成或初始化滤波器、层、神经元和网络参数来产生一组具有较强多样性的单一模型，并将它们集成起来获得性能提升[19]。笔者采用多数投票、加权平均等混合策略，将多个单一模型层次化地在决策层集成起来。除决策层集成之外，巴尔格尔（Bargal）等人将三种网络提取的特征向量合并起来，实现了特征层的模型集成[20]。刘（Liu）等人建立了面部动作单元感知网络（Action-Unit-Aware Deep Networks，AUDN），包含三个级联的模块，分别完成表情特征的过完备表示（Over-

Complete Representation）生成任务、对产生最佳动作单元组合的特征子集的搜索任务以及使用深度信念网络（Deep Belief Nets，DBN）的表情特征学习任务，最终使用支持向量机进行模式分类[21]。

2. 鲁棒的情感感知与识别

头部姿态的刚性变化和面部表情的非刚性变化之间存在非线性耦合，造成表观信息缺失，使得表情感知算法难以准确、鲁棒地从人脸图像中提取表情特征。考虑到空间深度信息有助于头部姿态控制和表情特征描述，姚（Yao）等人提出了一种根据 RGB 图像重建人脸局部深度信息并进行跨姿态连续面部表情感知的算法，首先通过嵌入的参数化三维头部模型建立表情的时空深度表示，然后进行跨姿态的表情特征提取和情感分类[22]。近年来，生成式对抗网络（Generative Adversarial Nets，GAN）在图像生成领域得到了广泛关注，可被用于生成不同姿态下的面部表情图像。张（Zhang）等人提出了一种基于生成式对抗网络的端到端深度学习模型。该模型通过生成器来学习人脸图像的身份表示。该表示可被进一步分解为表情变化和姿态变化，使其能够同时进行人脸图像合成和姿态不变的表情识别[23]。

面部表情感知是以人脸感知为基础的，因此用户的身份变化将会对表情感知造成干扰。为了减少由用户身份带来的表情类内差异，孟（Meng）等人建立了一种身份感知的情感识别模型 IACNN（Identity-Aware CNN），它能够在图像对之间建立两个参数共享的 CNN 模型，分别提取表情特征和身份特征，通过对比损失（Contrastive Loss）分别度量图像对在身份特征之间的差异和表情特征之间的差异，使得学习到的低级特征能够具有较好的与用户无关的表情感知能力[24]。

针对单一输入信息在尺度、光照、遮挡、人脸校准等变化条件下的缺陷，一些研究者提出采用多输入方法。例如，陈（Chen）等人将眉毛、眼睛和嘴巴附近的三个局部图像块用作一个深度稀疏自编码网络（DSAN）的输入。除针对输入的改进之外，针对优化目标的改进也是一个重要方面[25]。为了能够准确地感知表情，克服在表情数据中同时存在的较高类间相似性和类内相似性等问题，蔡（Cai）等人提出了对 Softmax 层之前的一个全连接层输出计算的 IL（Island Loss）损失，度量了任意两类表情中心的距离，迫使模型在学习表情特征时具有类内差异减小、类间差异加大的趋势[26]。

多任务学习使得在同一个识别模型中能够同时学习多个有关联的任务，

通过共享一些浅层学习过程来增强低级特征、分解耦合因素，从而使用其他任务中的知识来促进目标任务的性能。例如，庞斯（Pons）等人通过人脸 AU 检测和面部表情感知两个任务建立了多任务学习模型，使用 AU 检测任务中的知识来促进鲁棒性受到严重挑战时的表情识别准确性[27]。

6.3.2 基于三维头部信息的连续情感识别与跟踪

在日常人机交互过程中，用户表达的情感往往是无意识状态下的自发情感。这种情感具有变化细微和不易突变等特点，因此更适合使用情感的多维模型对其进行描述和分析。除此之外，在交互过程中，常常会出现用户头部大角度面外旋转、面部局部遮挡和光照条件变化等问题，它们会大幅降低基于二维视觉特征情感识别算法的稳定性与准确性。

针对这些问题，本节介绍一种基于三维头部信息的连续情感识别与跟踪算法[28]。该算法采用传统的单目二维摄像头采集输入视频，借助内嵌三维头部数据库恢复个性化的三维头部模型，引入了更稳定的三维视觉信息。通过多帧图像融合方法，该算法构造了包含时序上下文信息的连续情感表达（Continuous Emotion Presentation，CEP）和去除了用户个性化信息的与人无关情感表达（User Independent Emotion Presentation，UIEP）。同时，它重新设计了随机森林作为情感识别的模型，使其可以同时进行三维头部的实时跟踪以及自然情感的实时回归。该算法由两部分组成：情感识别模型训练以及在线情感估计与跟踪，如图 6.4 所示。

1. 情感识别模型训练

情感识别模型训练分为三维头部模型的恢复、基于三维头部模型的图像融合以及情感识别模型的构造。

1）样本选择

该算法使用 AVEC 2012 数据库中的连续表情图像训练情感识别模型。由于 AVEC 2012 的数据量十分庞大，而且包含大量相似图像，因此其情感值也完全相同。为了减少训练数据的冗余，首先按照如下两条原则进行数据选择。

（1）所选图像的情感值在各情感维度上需覆盖完整的情感范围，并保证所选图像的情感值均匀分布。

（2）所选图像需尽可能地覆盖不同的头部姿态与面部表情。

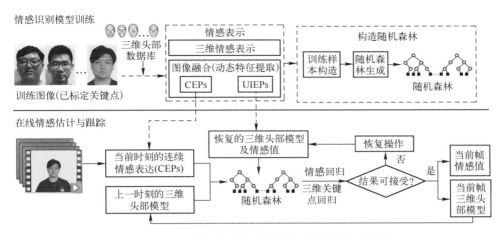

图 6.4　基于三维头部信息的连续情感识别与跟踪算法

选取 160 幅图像作为训练图像。对于每幅训练图像，采用 CLM 人脸校准算法对面部关键点进行自动定位。由于情感表达主要体现在眉毛、眼睛、鼻子以及嘴部等区域，与面部轮廓关系不大，并且面部轮廓点会引入过多的个性化信息，增加视觉特征中的噪声，因此选择了 42 个内部的面部关键点，包括 8 个眉毛处的关键点、12 个眼部轮廓点、4 个鼻子部分的关键点以及 18 个嘴部关键点。

2) 三维头部模型恢复

在获得了所有训练图像的面部关键点之后，通过 FaceWarehouse 对训练图像的三维头部模型进行恢复。FaceWarehouse 中共有 150 位不同的受试者，其中每位受试者都做出了相同的 47 个基表情。由于每位受试者外形差异较大，因此为了保证一致性，首先从 150 组基表情组中计算出一组最优受试者的基表情作为当前训练图像的基表情。

具体来说，定义能量公式：

$$E_{\mathrm{id}} = \sum_{i=1}^{N} \sum_{b=1}^{42} \| P(M^{i} (C_{\mathrm{r}} \times w_{\mathrm{id}}^{\mathrm{T}} \times w_{\mathrm{exp},i}^{\mathrm{T}})^{b}) - u_{i}^{b} \|_{2}^{2}$$

式中，N 代表输入的训练图像的数目；P 代表相机的投影矩阵；M^i 代表计算机的外部参数矩阵；$w_{\mathrm{exp},i}^{\mathrm{T}}$ 指与当前图像最为相似的某一类基表情；u_i^b 代表当前图像的第 b 个关键点。对于 FaceWarehouse 中的每一组基表情，使用上述公式计算其能量 E_{id}，具有最小能量值的一组基表情即为当前最优的基表情。式中，$\pmb{w}_{\text{id}}^{\text{T}}$、$\pmb{w}_{\exp,i}^{\text{T}}$以及$\pmb{M}^i$均通过迭代计算，直至达到最优解。

选定了最优的基表情后，即可使用其对训练图像的三维头部模型进行恢复。计算方式为：对最优基表情进行线性插值，并通过迭代计算不断调整插值参数α，使得最终生成的三维头部模型与原图像中的头部最为接近。此外，在迭代计算的过程中，每一轮更新的线性插值参数应该与前一轮得到的线性插值参数尽可能地类似。恢复得到的模型与原图像中头部的接近程度可以用以下能量公式描述：

$$E'_\text{c} = \sum_{b=1}^{42} \| P(\pmb{M}^i(\pmb{C}_\text{r} \times \pmb{w}_{\text{id}}^{\text{T}} \times \pmb{w}_{\exp,i}^{\text{T}})^b) - \pmb{u}_i^b \|_2^2 + w_{\text{reg}} \| \pmb{\alpha} - \pmb{\alpha}^* \|_2^2$$

式中，$\pmb{\alpha}$为线性插值参数，共47维，它和相机外参数矩阵$\pmb{M}^i$可通过迭代计算得到，具体在每一轮迭代过程中，$\pmb{\alpha}$可以通过梯度下降法计算；$\pmb{\alpha}^*$指前一轮迭代的线性插值参数，其初值设为一个47维的向量$(1,0,0,\cdots,0)^{\text{T}}$；$w_{\text{reg}}$是一个经验权值，用来平衡两部分差异之间的关系。使用上述公式计算能量E_c直至达到最优解，所对应的线性插值参数即为最优的线性插值参数。使用最优插值参数，即可计算出每一幅输入图像所对应的三维头部模型。

3）基于三维头部模型的图像融合

借助恢复的三维头部模型，计算两种不同的情感表达图像：连续情感表达以及与人无关情感表达。其中，前者通过连续时间序列中的图像融合而成，包含了情感的时间上下文；后者通过来自不同受试者的相同情感的图像融合而成，最大限度上去掉了情感表达中与人相关的个性化信息。图6.5为基于三维头部模型的图像融合算法流程图。首先，对于输入图像中的面部关键点进行标定，随后使用前文所述的方法恢复其三维头部模型；接着，对恢复的三维头部模型进行旋转平移变换，使其变换至三维空间坐标系的正交位置；然后，对位于正交位置的三维头部模型进行投影操作，获得正交位置上的二维投影点集。使用原图像上的二维关键点集合以及上文计算得来的正交位置上的二维投影点集，可以计算出两组点集之间的单应性变换矩阵。使用该矩阵，可以将原图像中用户头部的部分提取出来并变换至一个统一的正交区域上，称此区域为正交面部区域。对所有图像进行上述变换，并将正交面部区域上所有的图像进行叠加，即可得到最终的融合图像。

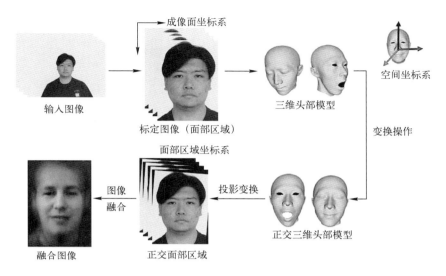

图 6.5 基于三维头部模型的图像融合算法流程图

相对于基于单帧图像的情感表达，使用融合图像进行情感表达可以很好地包含时间上下文等动态视觉特征，并且在一定程度上消除用户个性化信息带来的影响，具有更强的表达能力与更好的表达效果。

4) 训练基于随机森林的情感识别模型

建立随机森林需要较多的样本来保证鲁棒性与准确性，然而在训练数据选择的过程中，对每个情感维度仅提取了 160 帧左右的训练图像，无法满足随机森林对训练样本数量的要求。为此，在构造训练样本时要对训练样本进行扩充。首先，沿着三个坐标轴平移每个三维头部模型，从一个三维头部模型扩充为 M 个；其次，对每个扩充后的训练样本，计算它与平移前的训练样本集合中每个样本的相似度，保留最相似的 L 个样本；最后，将它们沿着空间坐标轴再次进行平移操作，随机选取 K 个作为最终的训练样本。通过数据扩充操作，训练样本集合由 $\{CEP_i, M_i, S_i, A_i\}$ 变成了 $(CEP_{ij}^{lk}, M_{ij}^{lk}, S_{ij}^{lk}, A_l)$，其数量也由最开始的 N 个变成了 $N \times M \times L \times K$ 个。

在此基础上，从每个训练样本中提取一系列训练用图像块（Patch）供给随机森林进行训练。每一个图像块中都包含了三维头部模型的变化量、情感值的变化量以及连续情感表达图像中包含的视觉信息。其中，三维头部模型的变化量记录了训练样本 $(CEP_{ij}^{lk}, M_{ij}^{lk}, S_{ij}^{lk}, A_l)$ 中 S_{ij}^{lk} 与 S_i 每组对应的三维关键点对的位置差，这里记为 $Dis\_shape(S_{ij}^{lk}, S_i)$；情感值的变化量记录了训练样本（$CEP_{ij}^{lk}, M_{ij}^{lk}, S_{ij}^{lk}, A_l$）中 A_l 与 A_i 的差值，这里记为 $Dis\_aff(A_l, A_i)$；连续情感表达图像中包含的视觉信息，记为 $Int\_vec(CEP_{ij}^{lk})$。其计算方式为：在三维头部模型的面部区域随机选取若干关键点（如 Q 个），并将其投影至当前连续情感表达图像上，记录投影点的灰度值，构成 Q 维灰度值向量，并以该向量作为当前训练用图像块对应的视觉信息。图 6.6 为训练用图像块的构造过程。由于面部采样点是随机的，因此每幅训练图像都需要提取多个训练用图像块。假设每个训练样本提取 Z 个训练用图像块，则由原训练样本集合可构造 $N \times M \times L \times K \times Q$ 个训练用图像块。算法使用这些训练用图像块进行随机森林的训练。

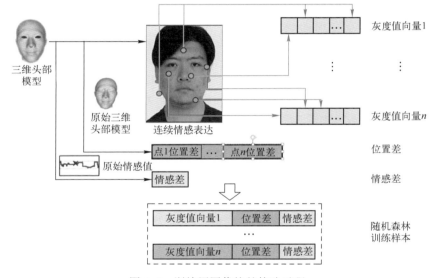

图 6.6 训练用图像块的构造过程

5）训练随机森林

依靠生成的训练用图像块，可以训练包含多棵分类回归树（CART）的随机森林模型。为了防止出现过拟合的现象，对于每棵分类回归树，随机选取全部样本的 70% 进行训练。

每个分类随机数包含两种节点：分裂节点和叶子节点。其中，分裂节点负责分裂样本，并保存分类信息；叶子节点保存落在其中的样本信息。对于每个分裂节点，样本的分裂遵循下列二元测试定义的规则：

$$|\pmb{F}_1|^{-1}\sum\nolimits_{q_1\in \pmb{F}_1}\text{Int\_vec}_{q_1} - |\pmb{F}_2|^{-1}\sum\nolimits_{q_2\in \pmb{F}_2}\text{Int\_vec}_{q_2} > \tau$$

其中，$\pmb{F}_1$ 和 $\pmb{F}_2$ 表示从训练用图像块中的随机位置提取的两段长度相等的子向量；Int_vec 指的是训练用图像块中的灰度值向量；τ 是一个随机阈值，在每次分裂的时候随机选取。

对于每个分裂节点，算法进行多次模拟分裂并进行评估，选取最优的分裂作为当前分裂节点的分裂规则。对于每次模拟分裂，随机选取 $\pmb{F}_1$、$\pmb{F}_2$ 和 τ 的值，其分裂质量由回归不确定性 U_R 评估。它包括两部分：三维模型回归不确定性 U_{R_s} 和情感回归不确定性 U_{R_a}。二者的定义如下：

$$U_{R_s}(P|t^x) = H(P)_s - w_L H(P_L)_s - w_R H(P_R)_s$$
$$U_{R_a}(P|t^x) = H(P)_a - w_L H(P_L)_a - w_R H(P_R)_a$$

这里，$H(P)_s$ 和 $H(P)_a$ 表示训练用图像块在三维头部模型维度以及情感维度上的微分熵；w_L 代表按照当前模拟分裂条件落入左子树的样本数目与当前节点总样本数量的比例；w_R 代表按照当前模拟分裂条件落入右子树的样本数目与当前节点总样本数量的比例。默认训练样本的分布符合高斯分布，因此上述回归不确定性可以使用下面的公式进行计算：

$$U_{R_s}(P|t^x) = \ln(|\pmb{\Sigma}^s|) - \sum\nolimits_{i=\{L,R\}} w_i \ln(|\pmb{\Sigma}^s|)$$
$$U_{R_a}(P|t^x) = \ln(|\pmb{\Sigma}^a|) - \sum\nolimits_{i=\{L,R\}} w_i \ln(|\pmb{\Sigma}^a|)$$

式中，$\pmb{\Sigma}^s$ 和 $\pmb{\Sigma}^a$ 表示当前样本集合中三维模型位置差异以及情感差异的协方差矩阵。计算了三维模型回归不确定性以及情感回归不确定性后，对于某个模拟分裂（t^x）的回归不确定性 U_R 可以定义为

$$U_R(P|t^x) = U_{R_s}(P|t^x) + \lambda\, U_{R_a}(P|t^x)$$

这里，λ 是一个权值，用来平衡三维模型回归不确定性与情感回归不确定性对于回归不确定性的影响。通过最小化回归不确定性 U_R，可以最小化上述协方差矩阵的行列式值，从而从所有模拟分裂中计算出最优分裂，记作 t^{opt}。

一旦计算得到最优分裂参数 t^{opt}，便将其记录下来作为随机森林模型的一部分，并且按照该分裂条件将当前节点的样本集合分裂至其左子树和右子树，依此类推，直至到达叶子节点。当一个节点的层数大于深度阈值 $L_{\max}$ 或者其所包含样本数小于数量阈值 $P_{\min}$ 时，则认为它是一个叶子节点。与分裂节点不同，叶子节点不再继续进行分裂操作，并且记录当前节点中所包含的训练用图像块的信息。具体信息包括：所有训练用图像块中的三维面部关键点差异

的均值和协方差$\{Ave_s, |\Sigma^s|\}$以及所有训练用图像块中的情感差异的均值和协方差$\{Ave_a, |\Sigma^a|\}$。对于随机森林中的每一棵分类回归树，训练样本按照分裂节点的规则选择向下传递路径，直至到达叶子节点。叶子节点记录自己包含的样本集的分布情况以及统计信息。使用上述方法进行分类回归树的训练直至所有分类回归树构造完成，即代表随机森林构造完毕。

2. 在线情感估计与跟踪

在在线情感估计与跟踪的过程中，基于三维头部信息的连续情感识别与跟踪算法以前一时刻的三维头部模型和情感值以及当前时刻的连续情感表达作为输入，以回归的方式计算出当前时刻的三维头部姿态以及情感值，并将当前时刻的输出作为下一时刻的输入，依此类推，直至所有时刻的情感都被识别。

以某一时刻 t 为例，将前一时刻的三维头部模型 S_{t-1} 和情感值 A_{t-1} 以及当前时刻的连续情感表达 CEP_t 作为输入放入随机森林中，模型计算得到当前时刻的三维头部模型 S_t 以及情感值 A_t。

根据输入的前一时刻的三维头部模型以及情感值 (S_{t-1}, A_{t-1})，可以在训练样本中找到与之最为相似的若干训练样本 $\{S^w, A^w\}$。其中，相似度可以用以下公式进行度量：

$$E_s = \sum_{b=1}^{42} \|S^{wb} - S_{t-1}^b\|_2^2 + w_a \|A_{t-1} - A^w\|_1^1$$

$$S^w = M_w S_{t-1}$$

式中，S^{wb} 和 S_{t-1}^b 分别表示三维头部模型 S^w 与 S_{t-1} 上的第 b 个三维关键点；w_a 是一个权值，用于平衡三维头部模型差异以及情感值差异对总能量 E_s 的影响；M_w 表示从 S_{t-1} 变换到 S^w 的旋转平移矩阵。按照上述公式计算总能量 E_s，并选取能量值最小的若干训练样本构成相似样本集合 $\{S^w, A^w\}$。使用 M_w 可以继续计算并求得相应的单应性矩阵，通过该矩阵可以将当前的连续情感表达图像 CEP_t 变换至相似头部模型 S^w 的相应位置。

在测试过程中，首先要从测试图像中提取测试用图像块，然后将它们放入随机森林中进行情感估计。与训练过程相似，对于每个相似训练样本 (S^w, A^w)，从 S^w 的正面部分随机选取若干关键点（选取个数与训练过程中提取的关键点数量相同），即可构造一个灰度值向量 $Int\_vec(CEP_t^w)$；随后计算三维头部模型 S^w 与 S_{t-1} 之间的差异 $Dis\_shape(S^w, S_{t-1})$ 以及情感 A^w 与 A_{t-1} 之间的差

异 Dis_aff(A^w, A_{t-1});使用上述三者即可构造出一个训练用图像块 P^w,其结构形式为

$$P^w = \{\text{Int\_vec}(CEP_t^w), \text{Dis\_shape}(S^w, S_{t-1}), \text{Dis\_aff}(A^w, A_{t-1})\}$$

将构造的所有测试用图像块放入随机森林的每一个分类回归树中。对于每棵分类回归树,都可得到一个叶子节点,每个叶子节点包括一系列情感差异值以及三维头部模型差异值;对于每个叶子节点中的结果,计算三维头部模型差异值的协方差 $|\Sigma^s|$ 以及情感差异值的协方差 $|\Sigma^a|$,并根据两组差异值的协方差对当前叶子的质量进行判断:如果 $\ln(|\Sigma^s|)$ 大于三维模型差异阈值 θ_s 或者 $\ln(|\Sigma^a|)$ 大于情感差异阈值 θ_a,则认为当前叶子质量较低,并抛弃当前叶子;否则,认为当前叶子质量符合要求。

经过质量评估,最终将计算得到符合条件的叶子集合。对叶子集合中所有叶子的三维模型差异量计算均值,即可得到最终的三维模型回归量 Reg_s;同理,可通过计算均值的方式求得情感回归量 Reg_a。将两个回归量分别与原三维头部模型 S^w 和情感值 A^w 相加,即可得到新的三维头部模型 S^{w*} 以及情感值 A^{w*}:

$$S^{w*} = S^w + \text{Reg}_s$$

$$A^{w*} = A^w + \text{Reg}_a$$

对于相似样本集合 $\{S^w, A^w\}$ 中的所有样本,均按照上述方式进行操作,最终可以得到三维头部模型和情感值的估计量集合 $\{S^{w*}, A^{w*}\}$。算法选取集合中的中位数 $(S^{w'}, A^{w'})$ 作为最终的估计结果。最后,使用矩阵 M_w 的逆矩阵 M_w^{-1} 对 $S^{w'}$ 进行旋转平移变换,即可得到当前时刻的三维头部模型 S_t,当前时刻的情感值 A_t 与 $A^{w'}$ 相等,即

$$S_t = M_w^{-1} S^{w'}$$

$$A_t = A^{w'}$$

最后,对于每一个时刻,取当前时刻的情感值以及之前若干时刻的情感值计算均值,并以该值作为当前时刻的最终情感值,对每一时刻的情感值进行平滑操作。

3. 情感识别与跟踪结果

基于三维头部信息的连续情感识别与跟踪算法在 AVEC 2012 测试集上对情感识别性能进行了测试,使用跟踪识别的效价值和唤醒度值分别与相应的

真实值之间的皮尔逊（Pearson）相关系数作为评价指标。该算法与其他几种方法的皮尔逊相关系数比较结果如表 6.2 所示。其中，第一行为舒勒（Schuller）等人在 AVEC 2012 数据库测试集上取得的基线结果，该结果基于支持向量回归计算；第二行展示的是尼科尔（Nicolle）等人提出的基于多尺度动态特征算法的运行结果；第三行展示的是本节介绍的算法对于连续情感识别与跟踪的运行结果。通过对比可以发现，该算法在连续情感识别与跟踪方面具有很好的效果，并且与其他算法相比具有一定优势。

表 6.2　皮尔逊（Pearson）相关系数比较结果

方　　法	唤　醒　度	效　价　值	平　均　值
舒勒（Schuller）等人[29]的方法	0.151	0.207	0.179
尼科尔（Nicolle）等人[30]的方法	0.509	0.314	0.417
本节算法	0.564	0.454	0.509

图 6.7 为连续情感识别与跟踪的计算结果。图中实线表示算法对于测试视频中用于连续情感的估计值，虚线表示用户情感的真实值。从图中可以看出，该算法可以很好地对用户的自发情感进行估计，并且对于用户情感的变化也能进行准确追踪。

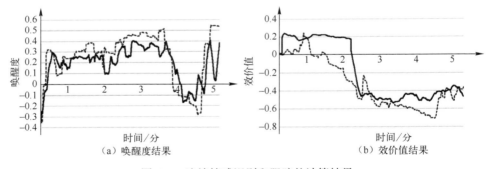

(a) 唤醒度结果　　　　　　　　　(b) 效价值结果

图 6.7　连续情感识别和跟踪的计算结果

6.3.3　头部姿态鲁棒的连续情感识别

在面部表情感知的早期研究中，大多数研究者致力于解决如何提取有效的表情特征以及如何有效地使用特征实现表情感知的问题，因而对用户的情感表达施加了较为严格的约束。绝大多数表情感知算法使用摆拍的表情图像，要求或假设用户头部保持正面或近正面姿态，并且在表达情感的过程中头部不能自由运动。然而在自然交互环境下，人们在思考和交谈过程中的情感表达是自然的，用户头部不会始终处于同一种姿态，经常会出现抬头、低头或大角度转头等动作。因此，如何突破头部姿态变化对面部表情感知方法的限制，实现对自然交互中面部表情的准确、鲁棒感知，是一个富有挑战性的问题。

针对这些问题，本节介绍一种头部姿态鲁棒的连续情感识别算法[31]。该算法由两个阶段组成，如图6.8所示。在第一个阶段中，为连续表情图像计算基于局部深度模型的时空表示。通过对表情图像进行人脸校准之后定位的面部基准点，使用一组三维形变模型（Blendshape）重建表情的深度表示，提取面部基准点及其邻域空间的深度信息，在三维空间内进行多姿态扩充，在时间序列上进行半结构化表示。在第二个阶段中，根据表情的局部深度时空表示，采用深度卷积神经网络（Deep Convolutional Neural Network，DCNN）模型进行

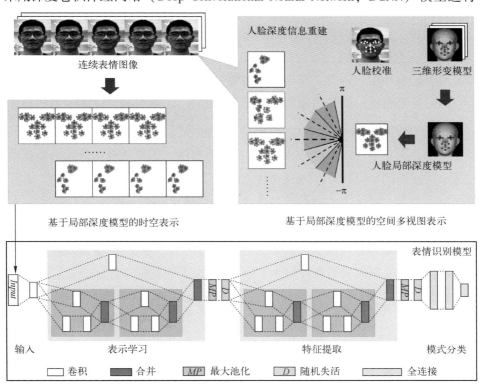

图6.8　基于局部深度表示的姿态鲁棒的连续情感识别算法

深层表示学习，并根据得到的特征表示进行情感分类。本节对该算法进行详细介绍。

1. 计算时空局部深度表示

1）计算局部深度表示

首先在由 L 个人脸基准点构成的二维人脸形状和三维人脸形状的二维投影之间定义一个重建误差 E，表示在两种形状之间的空间相似度，即

$$E = \sum_{l=1}^{L} \| P(M(S_b \times w_{id}^T \times w_{exp}^T))_l - p_l \|_2^2$$

式中，S_b 表示一组 FaceWarehouse 中的三维形变模型；w_{id}^T 和 w_{exp}^T 是列向量，分别对应人脸身份和面部表情的权重。通过参数拟合，任意三维人脸形状可以通过计算 S_b 的线性组合 $S_b \times w_{id}^T \times w_{exp}^T$ 来获得，通过投影变换，三维人脸形状可被投影到二维空间；P 表示由相机焦距参数化的投影矩阵；M 表示该相机的外参数矩阵，可通过 EPnP 算法进行估计；二维人脸形状可以通过人脸校准算法自动计算，p_l 表示其中第 l 个基准点的空间位置。

为了重建最近似的三维面部表情模型，需要取用户身份和面部表情重建误差总和的最小值。因此，首先固定表情权重向量 w_{exp}^T，使其表示一组中性表情；然后计算最优的身份权重向量 w_{id}^{*T}，使得 $\mathrm{argmin}_{w_{id}^T} \sum_{i=1}^{N} E_i$（$N$ 表示输入图像的数量），从而得到一组具有相同身份且重建误差总和为最小值的三维形变模型；其次，固定 w_{id}^{*T}，求解 $\mathrm{argmin}_{w_{exp}^T} E$，计算与输入图像对应的最优表情权重向量 w_{exp}^{*T}，该优化问题可以通过迭代式梯度下降算法（如共轭梯度法）求得近似解；最终，输入图像的最优深度表示为 $S^* = S_b \times w_{id}^{*T} \times w_{exp}^{*T}$。

对最优深度表示 S^* 进行正规化。首先根据相机的全局方向和 S^* 计算仿射变换矩阵，将其变换到坐标系中的正交位置；然后将 S^* 平移到以鼻尖点为中心的坐标系，同时进行统计归一，即

$$S = \left\{ v = \frac{v^* - v_{nt}^*}{\sigma_v} \bigg| v^* = (x,y,z)^T, v^* \in S^* \right\}$$

式中，S 是表情的正规化深度表示；v^* 是 S^* 中的数据点；v_{nt}^* 表示鼻尖点；σ_v 是沿各坐标轴的标准差。

由于面部表情对眉毛、眼睛、鼻子、嘴巴和脸颊附近的肌肉动作非常敏感，使得在这些部位周围的表观信息常被用于表情分析。受到相关工作的启

发，本节将基于重建的深度表示，为覆盖表情敏感区域的深度邻域信息建模，即建立面部表情的局部深度表示模型。

设 v_l 是深度表示 S 中的第 l 个面部基准点。为了保留形状约束，使用测地距离沿着 S 表面度量两点之间的最小空间距离。将点 v_l 周围的深度邻域记作 $S_P^{v_l}$，它由一组数据点 $\{v_P\}$ 组成。这些数据点与基准点 v_l 之间的测地距离不超过阈值 δ，即

$$S_P^{v_l} = \{v_P \mid d_{\text{geo}}(v_l, v_P) < \delta, v^l, v_P \in S, \delta > 0\}$$

式中，d_{geo} 表示 S 上两点之间的测地距离，可以通过 KD 树加速的 ISOMAP 算法计算。

完整的局部深度表示模型 S_P 由 L 个面部基准点及其邻域组成，即

$$S_P = \bigcup_{l=1}^{L} \{S_P^{v_l}\} \subset S$$

它是一个与原始表情图像相互对应的三维表情模型，覆盖了人脸基准点及其 δ 邻域范围内的表情敏感区域，保持了表情信息的局部相关性，同时在全局空间内受到人脸形状的约束。

由于使用测地距离，因此在不同 $S_P^{v_l}$ 中的数据点数量可能不一致。为了在进一步感知过程中便于计算，按照到点 v_l 的测地距离降序排列，选取其中前 k 个数据点组成 $S_P^{v_l}$。例如，在鼻尖点的 δ 邻域内选取前 k 个测地距离最小的数据点，如图 6.9 所示。

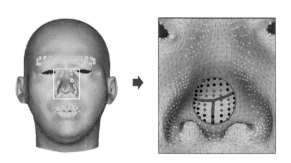

图 6.9 鼻尖点附近的局部深度表示

2）计算时空深度表示

使用 SP 的刚性变换表示不同头部姿态下的面部表情，建立表情的多视图空间表示模型，即

$$S_P^\alpha = \bigcup_\alpha \left\{ R_\alpha S_P \mid \alpha \in \left(s_\alpha - \frac{w_\alpha}{2}, s_\alpha + \frac{w_\alpha}{2} \right) \right\}$$

式中，R_α 表示三维旋转矩阵；α 是旋转角度。建立一个滑动窗口 (s_α, w_α) 将姿态空间划分为若干视图范围，其中，w_α 表示角度范围；s_α 表示滑动步长。例如窗口 $(s_\alpha = 0, w_\alpha = 14)$，则 $\alpha \in (-7, 7)$，即在 $-7° \sim 7°$ 范围内，S_P^α 是 α 姿态下表情的局部深度表示。

人的情感表达是时空连续的，因此在建立时空表示模型时，需要在空间表示模型的基础上，为表情的时序信息建模。引入一个时间滑动窗口 (s_τ, w_τ)，其中，w_τ 表示子序列长度；s_τ 表示滑动步长。该窗口将表情序列分割为若干子序列，使其能够覆盖多种时序上下文。在 t 时刻，子序列的时空表示为

$$q^{(t)} = (S_P^{\alpha(t)} \quad S_P^{\alpha(t+1)} \quad \cdots \quad S_P^{\alpha(t+w_\tau)})^T$$

合并所有子序列，可以得到表情序列的深度时空表示模型 Q，即

$$Q = \{q^{(t)} \mid t = 0, s_\tau, 2s_\tau, \cdots, T_i - w_\tau - 1\}$$

式中，T_i 表示序列长度。

2. 情感识别模型

围绕在面部基准点周围的原始像素或基于表观的特征向量常被用来建立表情感知模型。与此不同，该算法使用局部深度表示模型为表情序列生成对应的时空表示。通过局部深度表示模型，输入的表情序列可以转化为一组空间位置张量。为了处理空间深度信息，该算法建立了基于局部深度表示的情感识别网络模型。

该模型由输入层、特征提取器和表情分类器组成。其中，输入层接受以局部深度模型表示的表情子序列。它是一个四维张量，维度为 $(w_\tau, L, k, 3)$。其中，w_τ 是表情子序列的长度；L 是重建局部深度模型时使用的人脸基准点数量；k 是控制人脸关键点 δ 邻域内数据点个数的控制变量。

特征提取器的任务是根据局部深度信息学习姿态相关的时空特征表示，使其对不同表情类具有足够好的可辨别性。其中，对每个子模块（Block）的输出均加以最大池化（Max-Pooling）和随机失活（Dropout）后，再输入下一个子模块。最大池化的目的是对特征表示进行下采样，提取空间信息的整体特征。在子模块的内部，该算法建立了三条特征表示的变换路径。其中较浅的路径能够快速给出一种粗粒度的特征表示，较深的路径用于同步精化特征表示，从而学

习面部肌肉运动的关键区域在空间和时间上的变化模式。对于路径连接操作，仅使用局部随机路径丢弃，即以概率 p 随机丢弃其中一条路径。

表情分类器由三个全连接层组成。其中，第一和第二个全连接层各包含 512 个神经元；第三个全连接层包含 C 个神经元，对应 C 种表情类型。使用 softmax 激活函数将表情特征映射到后验概率。表情识别模型使用多分类交叉熵 L_{MCE} 度量分类损失，即

$$L_{\text{MCE}}(\boldsymbol{x};\boldsymbol{\theta}) = -\frac{1}{m}\sum_{i=1}^{m}\sum_{c=1}^{C} t_{i,c}\log\frac{\exp(\boldsymbol{x}_{i,c})}{\sum_{j=1}^{C}\exp(\boldsymbol{x}_{i,j})}$$

式中，$t_{i,c}$ 表示第 i 个样本是第 c 个表情类的真值；m 和 C 分别表示训练样本数量和表情类型数量；j 表示第 j 个表情类。为了防止过拟合并降低误差的方差，对模型参数施加 L2 正则化约束。综上，完整的损失函数定义为

$$L(\boldsymbol{x};\boldsymbol{\theta}) = L_{\text{MCE}}(\boldsymbol{x};\boldsymbol{\theta}) + \lambda\,\|\boldsymbol{\theta}\|_{2}^{2}$$

式中，λ 是 L2 正则化项的权重。

3. 情感识别结果

在 BU-4DFE 数据库上进行用户无关的情感识别实验中，采用广泛用于该数据库的实验协议，即从全部 101 名用户中随机选择 60 人的全部六种表情数据，包括愤怒、厌恶、恐惧、高兴、悲伤和惊讶，共 360 个表情序列，每个表情序列的长度约为 100 帧。按照用户编号将它们随机分成 10 组，每次使用 9 组数据进行训练，其余用于测试，执行十折交叉验证。

表 6.3 汇总了一些方法在 BU-4DFE 数据集上进行情感识别的准确率。从方法上看，使用二维表情图像、深度图像和三维图像均可进行多姿态情感识别。表中，2D LBP+RF 方法需要针对不同姿态建立多模型进行联合情感识别；3D Patch+DCT 方法使用三维面部关键点邻域的离散余弦变换（Discrete Cosine Transform，DCT）结果作为特征来进行情感识别，需要预先获得三维面部扫描模型；3D 运动+LDA-HMM 方法使用三维扫描模型的径向曲线表示面部表情，通过黎曼形状分析对空间形变进行量化，从而得到一种非常有效的稠密三维几何特征。大多数基于三维模型的方法能够通过 ICP 配准方法对姿态进行正规化，因此只报告了在近正面姿态下的感知结果。当头部姿态的弧度范围不超过 $3\pi/8$ 时，ICP 方法才能够比较准确地根据鼻尖点和其他稳定点来配准三维点云。与它们不同，本节方法能够根据原始二维图像序列重建时空深

度信息,无须建立多识别模型和已知三维扫描模型,并且能够在较大姿态范围内取得较好的识别效果。

表 6.3 在 BU-4DFE 数据集上进行情感识别的准确率比较

方法	姿态范围	各类准确率/%						平均准确率/%
		愤怒	厌恶	恐惧	高兴	悲伤	惊讶	
2D LBP+RF[32]	小于 36°	96.04	88.12	39.60	70.30	65.35	79.21	73.10
3D Patch+DCT[33]	近正面	85.00	74.60	62.00	78.00	86.00	87.10	78.80
3D 运动+LDA-HMM[34]	小于 3π/8	93.95	91.54	94.55	94.58	94.84	93.57	93.83
本节方法	小于 52°	82.65	81.72	72.40	95.53	94.91	93.98	86.87

图 6.10 展示了五种姿态范围内的表情识别结果,包括使用 t-SNE 方法对特征提取器输出结果的可视化(图中上半部分)以及对应的混淆矩阵可视化(图中下半部分)。由 t-SNE 可视化结果可以发现,尽管在不同姿态范围内的特征分布不同,但大都已经基本可分。在混淆矩阵结果中,颜色越深表示该类的后验概率越大,因此可知愤怒表情易与厌恶和悲伤表情混淆,厌恶和恐惧表情易与除惊讶之外的其他表情混淆。导致易混淆的原因可能是在负面表情的表达中包含许多全局信息,例如明显的皱眉和法令纹变化等,可反映出该方法应当加强面部关键点邻域范围以外的特征描述。

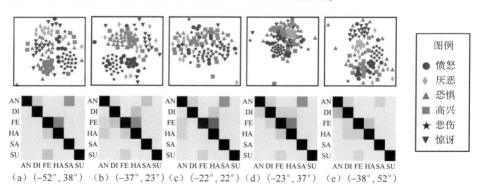

图 6.10 五种姿态范围内的表情识别结果

6.3.4 人脸自遮挡和用户身份鲁棒的情感识别

在自然交互环境中,人的情感表达往往伴随着丰富的头部运动和肢体动作,使得提取有效的表情特征变得困难。许多方法要求或假设用户在表达情感时,其头部始终位于正面或近正面,这样的限制条件显著降低了表情感知方法的通用性。当头部偏离近正面位置时,随之而来的面部自遮挡是造成局部图像信息缺失的主要原因之一,使得表情特征的完整性受到影响,从而对情感感知算法的鲁棒性提出了挑战。此外,一些感知方法使用用户相关的表情特征,这种特征对用户身份信息非常敏感,因而对未知用户的鲁棒性较差。一个可靠的情感感知系统应当对头部姿态和用户身份具有较强的适应能力,即能够对存在面部自遮挡的人脸图像进行用户无关的情感感知。

针对这些问题,本节介绍一种由面部自遮挡图像补全和面部表情感知级联的情感识别算法[35]。人脸自遮挡和用户身份鲁棒的情感识别算法框架如图 6.11 所示,首先训练一个基于 WGAN 的人脸图像生成网络,对输入图像中由二值掩码矩阵标记的遮挡部分进行补全,然后训练一个基于 VGG 16 的卷积神经网络对补全图像进行人脸特征提取,通过提出的对抗学习方法对用户身份特征加以抑制,从而学习用户无关的表情表示并推断表情类别。下面对该算法进行详细介绍。

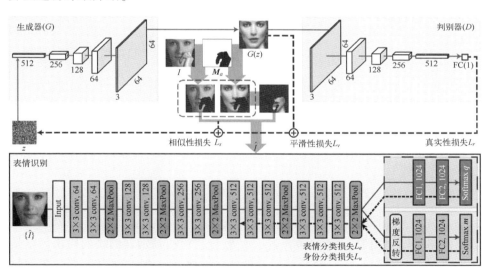

图 6.11 人脸自遮挡和用户身份鲁棒的情感识别算法框架

1. 生成式对抗的图像补全

遮挡图像的补全问题可以转化为保持上下文一致性的图像生成问题。为此,该算法建立了一个能够产生人脸图像的 WGAN 网络,使用它生成与遮挡图像最相似的图像,再用它填充遮挡区域。生成器网络首先产生与真实图像集最相似的人脸图像,然后由判别器网络通过 Wasserstein 距离度量生成图像集的真实性。生成器网络使用核大小为 5 像素×5 像素的卷积层对隐变量 z 进行上采样,将输出通道数逐层缩减为前一层的一半,同时特征图的尺寸扩大为原来的 2 倍。判别器网络与生成器网络保持对称结构,以加快模型参数在对抗训练过程中的收敛速度。

在训练判别器网络时,首先分别从正态分布 $N(0,1)$ 和训练集中各采样 m 个样本作为一个批次的训练数据,然后使用 WGAN 的判别器损失函数计算判别器网络的损失和梯度更新方向。为了使判别器网络近似满足 Lipschitz 连续性条件,在判别器网络的参数更新完成之后,对其梯度进行剪裁,使之落入一个较小的区间 $[-c,c]$。在训练生成器网络时,首先固定判别器网络的参数,从正态分布 $N(0,1)$ 中采样 m 个样本作为一个批次的训练数据输入判别器网络,然后根据 WGAN 的生成器损失函数计算生成器网络的损失。由于更好的判别器网络可以反向传播给生成器网络更准确的梯度信息,因此从训练开始,在每一次更新生成器网络之前,均更新判别器网络 K 次,以使判别器网络更快收敛。

建立一个与局部遮挡图像等大的二值掩码矩阵 M_a,其元素值为 0 表示像素被遮挡,否则为 1。人脸补全算法通过优化图像真实性、上下文相似性和平滑性目标来更新图像补全网络的输入隐变量 z,对输入图像中被 M_a 标记的遮挡区域进行图像补全。

图像真实性约束使得补全人脸能够尽可能接近真实人脸。将补全图像的真实性损失 L_r 定义为

$$L_r = D(G(z;\theta_G);\theta_D)$$

式中,$z \sim N(0,1)$ 是输入生成器网络的隐变量;$G(z;\theta_G)$ 表示由 θ_G 参数化的生成器网络的输出图像;$D(\cdot;\theta_D)$ 表示由 θ_D 参数化的判别器网络的输出,度量了补全图像与真实图像之间的概率分布距离。随着判别器网络损失的逐渐降低,生成图像将逐渐接近训练集中的真实人脸。

图像上下文相似性约束迫使图像补全网络在生成图像空间中搜索与遮挡图像中无遮挡部分最相似的样本来优化输入隐变量,保持无遮挡部分与补全部分之间上下文的一致性,最大限度地保留身份和表情信息。将遮挡图像和生成图像中的无遮挡部分之间的相似性损失 L_s 定义为

$$L_s = \delta(G(z;\theta_G) \odot M_a, I \odot M_a)$$

式中，$\delta(\cdot)$表示度量矩阵间相似度的函数，取为 L2 范数；I 表示遮挡图像；M_a 是对应的掩码矩阵；$\odot$ 表示元素级乘法运算。

为了使补全图像尽可能平滑，引入图像的平滑性损失 L_v，其定义为

$$L_v = \sum_{(x,y) \in G(z;\theta_G)} (\nabla_x p_{x,y} + \nabla_y p_{x,y})$$

式中，$p_{x,y}$ 是生成图像 $G(z;\theta_G)$ 中 (x,y) 处的像素值；∇_x 和 ∇_y 是沿 x 方向和 y 方向的梯度。

综上，总体的优化目标为

$$\min_{z \sim N(0,1)} (L_s + \lambda_r L_r + \lambda_v L_v)$$

式中，λ_r 和 λ_v 分别表示真实性损失权重和平滑性损失权重。

经过充分训练的生成器网络能够将隐变量空间映射到人脸图像空间。在补全图像时，固定生成器网络和判别器网络的参数，使用遮挡图像数据集优化隐变量 z，使得生成图像能够尽可能地接近遮挡图像。最终，补全人脸图像 $\hat{I}$ 由遮挡图像 I 中的无遮挡部分和生成图像中与原遮挡区域相对应的部分组成，即

$$\hat{I} = I \odot M_a + G(\hat{z};\theta_G) \odot (1 - M_a)$$

式中，$\hat{z}$ 表示经过优化的隐变量 z。

2. 判别式对抗的用户身份抑制

理想的情感感知系统应当是与用户无关的。使用某些用户的表情图像训练得到的感知算法也应该能够很好地用于感知另一些用户的表情。对于同一类表情，希望在提取表情特征的过程中减弱用户身份等类内差异，使同种表情的特征尽可能在分布上接近。

具体的，该算法将表情训练集表示为

$$\{(x, y_{\exp}, y_{\mathrm{id}}) \mid x \in \mathbb{X}^l, y_{\exp} \in \mathbb{E}^q, y_{\mathrm{id}} \in \mathbb{U}^m\}$$

式中，$\mathbb{X}$ 表示 l 维输入图像空间；$\mathbb{E}$ 表示 q 维表情类别空间；$\mathbb{U}$ 表示 m 维身份类别空间。取一个批次的训练数据 $(x_i, y_{\exp_i}, y_{\mathrm{id}_i})_{i=1}^b$，表情特征提取函数 N_f 从中学习特征向量

$$\mathrm{feat}_i = N_f(x_i; \theta_f) \in \mathbb{F}^d$$

式中，b 是批次的大小；$\mathbb{F}$ 是对应 d 维表情特征空间；θ_f 是网络 N_f 的参数。令 $T(x, \cdot)$ 表示训练集中的图像和表情类别在 $\mathbb{F} \otimes \mathbb{E}$ 空间上的分布，则训练集中

某一类表情的特征分布为

$$S(\text{feat}, k) = \{N_f(\boldsymbol{x}; \theta_f) | \boldsymbol{x} \sim T(\boldsymbol{x}, k), k \in \mathbb{E}\}$$

式中，$T(\boldsymbol{x}, k)$ 表示第 k 类表情图像的分布；$S(\text{feat}, k)$ 表示第 k 类表情在特征空间的分布。

为了抑制表情特征中的用户身份，需要使同类表情的特征分布 $S(\text{feat}, k)$ 在空间 F 中更加集中，意味着根据 $S(\text{feat}, k)$ 将难以区分用户身份。由于 $S(\text{feat}, k)$ 分布未知，并且随着训练的进行，样本在 F 空间上的分布不断变化，因此难以直接衡量分布之间的相似度。为此，建立一个表情感知网络和一个身份感知网络，通过在它们之间进行对抗学习来近似逼近该分布。

具体的，在表情感知任务中，表情分类网络 N_e 将特征向量映射为表情类别，即

$$\hat{y}_{\exp_i} = N_e(\text{feat}_i; \theta_e)$$

式中，$\hat{y}_{\exp_i}$ 表示推断的表情类别；θ_e 是网络 N_e 的参数。

类似的，身份分类网络 N_u 将特征向量映射为身份类别，即

$$\hat{y}_{\text{id}_i} = N_u(\text{feat}_i; \theta_u)$$

式中，$\hat{y}_{\text{id}_i}$ 表示推断的身份类别；θ_u 是网络 N_u 的参数。

交叉熵损失衡量预测类别和真实类别之间的距离，其定义为

$$L_y = -\sum_{i=1}^{N} [y_i \log \hat{y}_i + (1 - y_i) \log(1 - \hat{y}_i)]$$

式中，y_i 和 $\hat{y}_i$ 分别表示真实类别和预测类别进行 one-hot 编码后的第 i 位。记表情识别的交叉熵损失为 L_e，通过最小化该损失来优化参数 θ_f 和 θ_e，使得提取的特征能够有效地识别表情。该过程可表示为

$$\min_{\theta_f} \min_{\theta_e} L_e(\theta_f, \theta_e)$$

对于身份感知任务，记身份识别的交叉熵损失为 L_u，通过调整 θ_u 和 θ_f 与表情感知任务形成对抗关系，迫使网络 N_u 在分布 $S(\text{feat}, k)$ 上难以识别用户身份。该过程可表示为

$$\max_{\theta_f} \min_{\theta_u} L_u(\theta_f, \theta_u)$$

联合表情感知任务，为模型设置多任务目标函数，并使用 SGD 算法优化参数。定义目标函数 J 为

$$J(\theta_f, \theta_e, \theta_u) = \sum_{i=1}^{b} L_e(\theta_f, \theta_e) - \lambda \sum_{i=1}^{b} L_u(\theta_f, \theta_u)$$

式中，b 为批次的大小；λ 为平衡表情感知任务和身份感知任务的权重。$J(\cdot)$ 中的第 1 项反映了表情感知任务的损失，可直接通过 SGD 算法优化；第 2 项反映了身份感知任务的损失，优化方向与第 1 项相反。

对 $J(\cdot)$ 分别计算关于 θ_f, θ_e 和 θ_u 的梯度，有以下更新规则：

$$\theta_f = \theta_f - \eta \frac{\partial L_e}{\partial \theta_f} + \eta \lambda \frac{\partial L_u}{\partial \theta_f} = \theta_f - \eta \left(\frac{\partial L_e}{\partial \theta_f} - \lambda \frac{\partial L_u}{\partial \theta_f} \right)$$

$$\theta_e = \theta_e - \eta \frac{\partial L_e}{\partial \theta_e}$$

$$\theta_u = \theta_u - \eta \frac{\partial L_u}{\partial \theta_u}$$

式中，η 表示学习率，用于控制每次更新的步长。上式表示模型以表情感知为目标的同时，能够尽可能地对身份特征进行抑制。

以 VGG 16 作为表情特征提取网络 N_f，使用在 ImageNet 上预训练的参数初始化其前三组卷积层并固定，保留 VGG 16 对低层视觉特征的感知能力后，在训练过程中调优其余参数。对于表情感知任务，建立一个能够区分 q 类表情的多层感知器网络 N_e；对于身份感知任务，使用另一个能够区分 m 类用户身份的多层感知器网络 N_u。

在训练时，由于存在 θ_f 梯度的负系数，SGD 算法不能直接对表情感知模型进行训练。为此，在网络 N_f 和 N_u 之间使用了梯度翻转层（Gradient Reversal Layer，GRL）。对于任意的输入 X 和输出 Y，GRL 对其进行等值前向传播时，$Y = IX$，反向缩放传播时，$\frac{\partial L}{\partial X} = -\alpha \frac{\partial L}{\partial Y}$。其中，$L$ 表示损失函数；I 为单位矩阵；α 为梯度缩放系数。

此外，在模型训练初期，网络 N_u 的身份感知能力较弱，较强的反向传播容易加大噪声。为此，在训练过程中按下式逐渐增加身份感知损失的权重：

$$\lambda = \frac{2}{1 + \exp(-10p)} - 1$$

式中，p 为当前训练轮数占最大训练轮数的比例。随着训练的进行，λ 的取值逐渐从 0 递增到 1。

3. 情感识别结果

1）多姿态补全人脸的情感识别结果

从 Multi-PIE 数据库中选取 273 名用户在 $-45°\sim 45°$ 标准光照下的 8714 张

表情图像,其中90%的图像用于训练,其余用于测试。对这些图像进行正规化后,分别对无补全的图像和补全图像进行表情识别。两组数据对应的平均准确率如表6.4所示。从识别结果中可以发现,补全人脸图像使得头部旋转角度在±15°和±30°条件下非正面表情感知的平均准确率分别提高了2.89%和2.85%,表明图像补全能够增强±30°范围之内的表情识别效果。随着头部旋转角度逐渐加大,补全图像对于表情感知准确率的增强作用逐渐减弱(从2.89%到-1.13%),这可能是因为遮挡范围增大且累积了过多的生成噪声。

表6.4 在Multi-PIE数据集上进行多姿态情感识别的平均准确率

实验设置	各姿态范围条件下的平均准确率/%			
	近正面	±15°	±30°	±45°
无补全人脸	93.24	88.42	86.85	83.33
补全人脸	93.24	91.31	89.70	82.20

2)跨用户的情感识别结果

为了评估用户身份抑制方法对情感感知准确性的作用,该算法在CK+数据库上针对6类基本情感进行实验,与其他同样使用空间表观信息的感知方法进行对比。对CK+中118人的327段标注视频按照用户分组,再按照用户编号由小到大排序后,取步长为10,采样10个测试集和10个训练集(采样剩余图像),再进行十折交叉验证。表6.5的结果表明,在抑制用户身份的条件下,情感识别算法在单帧图像上的识别准确率达到96%;在未对用户身份进行抑制时,识别算法的准确率大约降低了4.5%,表明抑制方法对情感识别任务具有较为明显的促进作用。

表6.5 在CK+数据集上进行情感识别的平均准确率比较

方　　法	平均准确率/%
DTAN[18]	91.44
本节方法(未抑制用户身份)	91.48
本节方法(抑制用户身份)	96.00

3)多姿态、多身份的情感识别结果

为了扩充情感表达的多样性,基于CK+、Multi-PIE和JAFFE数据库构建了一个混合数据集,增加了表情变化的复杂度。在混合数据集上进行情感识别实验，训练集和测试集按照90%和10%的比例划分。在用户无关的实验中，测试集不包含训练集的用户数据。每项实验均按照十折交叉验证的方法重复十次，按数据集分别统计最优模型取得的平均准确率和各类准确率，如表6.6所示。与用户相关识别的结果相比，用户无关识别的准确率降低了6.45%。较小的降低幅度表明识别算法对身份信息不敏感，意味着对用户身份具有较好的鲁棒性。从各类表情的识别结果可以发现，悲伤表情的识别准确率在两种识别设置之间的差距为17.43%。一种可能的原因是混合数据集中用户表达的悲伤表情不一致，并且与中性、愤怒和厌恶表情非常相似，导致识别算法易在这三种表情之间出现混淆。计算相应的混淆矩阵（见表6.7），结果显示，悲伤表情容易被感知算法错分为愤怒表情，中性表情容易与其他几种表情混淆。

表 6.6 在混合数据集上进行情感识别的准确率

设置	各类准确率/%						平均准确率/%
	中性	愤怒	厌恶	高兴	悲伤	惊讶	
用户相关	95.41	98.85	94.12	96.55	100.00	97.54	97.07
用户无关	87.78	95.52	93.15	93.91	82.57	90.82	90.62

表 6.7 在混合数据集上进行用户无关情感识别的混淆矩阵

表情	中性	愤怒	厌恶	高兴	悲伤	惊讶
中性	**87.77**	1.06	5.32	3.19	0.53	2.13
愤怒	0	**95.52**	3.14	0	1.35	0
厌恶	3.65	0	**93.15**	0.04	3.16	0
高兴	4.78	0.43	0.43	**93.91**	0.43	0
悲伤	0.92	11.93	4.59	0	**82.57**	0
惊讶	2.55	2.04	2.04	1.02	1.53	**90.82**

6.4 情感生成

6.4.1 情感生成综述

面部表情是人类情感的最直观表达形式，它携带的情感信息可以经由视觉感官接收并进一步理解。在人与计算机交流时，如果计算机能够模拟出逼真的人脸表情来表达自身情感，则无疑会使人类和计算机之间的差距缩短，加快信息传递和反馈的效率。情感生成在电影特效、人机互动、游戏娱乐以及视频会议等产业中被广泛使用，在近几年比较热门的人工智能、虚拟现实和增强现实等领域中也占据重要地位。

随着智能机器人变得越来越普及，在其行为越来越接近人类时，它的情感表达方式也必须跟人类接近时才能被接受。学习能力是人工智能非常重要的一个方面，让机器人通过观察真实人类的面部表情，不断学习表情和情感的关联，最终使智能机器人拥有自己的表情生成系统，是人机情感交互技术的一个重要发展方向。全世界有200多个国家和地区、五六千种语言，使用不同语言的人之间进行交流往往通过肢体动作和表情变化来传达信息，表情所传达的信息将大于语言所传达的信息。互联网的发展加速了人们之间的交流并拉近了人与人之间的距离，因此在语言不通的情况下，通过计算机合成的虚拟表情可以获取对方想要表达的感情和意图，进一步增加不同地域、不同种族之间的沟通与联系。这也是现代科学需要大力发展表情合成技术的原因。

现有基于视觉的情感生成方法可分为基于图形学的方法和基于数据驱动的方法。在基于图形学的方法中，一些工作借助于人脸形状的参数化全局模型，例如，穆罕默德（Mohammed）等人通过一种概率式生成模型产生服从结构约束的图像[36]。与此不同，另外一些工作则对输入人脸图像进行二维三维扭曲形变（Warp）来逼近目标表情。例如，埃夫巴克（Averbuch）等人通过计算图像扭曲来改变输入图像中人物的表情，使其看起来非常逼真[37]；通过增加一些与面部表情相关的动态细节，例如皱眉和一些嘴部动作，能够使得生成的图像更加精细。尽管基于图形学的方法在高分辨率表情图像合成方面取得了一些积极进展，但仍然受限于复杂形变和计算开销。

与理论驱动的图形学方法不同，基于深度学习的生成式建模方法是由数据驱动的。通过使用表情数据集训练出包含身份、表情和姿态等信息的生成模型来生成面部表情。生成式建模方法降低了在面部纹理与情感状态之间建立联系的复杂性，将直观的人脸特征编码为数据分布的参数。一些开拓性的生成模型已被应用于面部表情生成，例如深度信念网络、高阶玻尔兹曼机（Boltzmann Machine）、变分自编码器（Variational Auto-Encoder，VAE）和对抗自编码器（Adversarial Auto-Encoder，AAE）等。然而，这些模型仍然在生成图像的质量方面存在着一些缺陷，难以很好地对面部表情生成的过程进行控制。

近期，基于生成式对抗网络的新兴方法在计算机视觉任务中的价值逐渐体现，一部分研究人员已经将其应用于面部表情合成之中。生成式对抗网络通过零和博弈学习接近数据分布的生成器，将数据生成器和数据判别器之间的博弈过程转化为min-max问题。由于原始的生成式对抗网络模型无法生成具有特定面部表情和身份的人脸图像，因此一些研究者提出了以表情类型作为条件的图像生成方法。舒（Shu）等人训练了一个生成式对抗网络模型学习人脸内在特性的分离表示，并使用隐变量操纵面部表观信息[38]。丁（Ding）等人提出的ExprGAN模型能够通过控制表情强度生成具有照片级真实感的面部表情图像，但它仍然受限于面部表情标签，无法生成平滑变化的表情图像[39]。宋（Song）等人提出的G2GAN模型使用两个生成式对抗网络模型并在形状信息的引导下合成面部表情图像[40]。通过操纵面部基准点，该方法可以生成平滑变化的表情图像，但它需要目标用户的一张中性人脸图像作为表情生成的媒介。

6.4.2 几何引导的连续面部表情生成

目前的人脸表情合成算法主要依赖于传统的计算机图形学方法。基于传统图形学的方法通常包含复杂的设计流程和较大的计算量，并且大多数方法不能合成原始人脸中没有的区域。此外，有许多方法采取序列到序列的方式，即假设已经获取到了目标人脸的一段视频，该视频包含了各种表情和姿态的变化，然而在实际应用中很难获得目标人脸的大量视频片段。人的情感表达是一个连续的过程，不同人的同一种表情仍然存在较大的差异，因此离散的标签诸如高兴、悲伤和惊讶等不足以描述表情的详细特征。

针对这些问题，本节介绍一种基于几何引导的面部表情生成方法，能够从单张人脸图像合成连续的面部表情图像序列[41]。为了在生成过程中减少对表情标签和中性人脸图像的依赖，保持人脸表情序列的连续性，该方法通过对人脸关键点进行建模，利用对比学习将人脸关键点映射到一个连续的隐空间，使其作为一种控制条件，从而操纵生成式对抗网络模型生成表情图像和序列。

几何引导的连续面部表情生成算法如图 6.12 所示。在面部表情生成过程中，人脸形状信息作为一种条件控制信息被嵌入基于 VAE-GAN 的模型，从而在形状信息的引导之下学习特征表示，从一张输入图像生成连续的面部表情序列。该算法既不需要以中性人脸图像作为中介，也不依赖与输入图像对应的人脸形状。

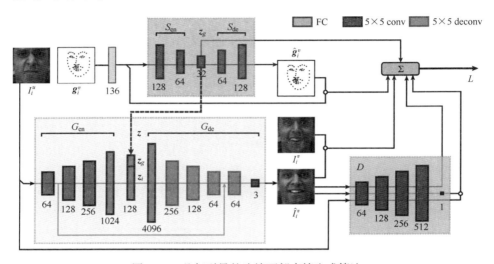

图 6.12　几何引导的连续面部表情生成算法

1. 算法框架

给定一个作为生成源的人脸图像 I_i^u 和一个使用面部基准点表示的作为生成目标的人脸形状 g_i^v，生成算法的任务是根据 g_i^v，产生保持源用户身份的新表情图像 $G(I_i^u, S_{en}(g_i^v))$。在算法实现时用 I_i^j 和 g_i^j 分别表示任意用户 i 在表达任意表情 j 时的人脸图像和形状张量。$S_{en}(\cdot)$ 以及相对的 $S_{de}(\cdot)$ 表示对形状张量的编码器和解码器。类似的，使用 $G_{en}(\cdot)$ 和 $G_{de}(\cdot)$ 表示对人脸图像的编码器和解码器。

表情生成算法由三部分组成，分别是对形状张量进行编码和解码的条件嵌入模型 S、对表情图像进行编码和解码的图像生成模型 G 以及判断生成图像真实性的判别器 D，如图 6.12 所示。图像生成模型的网络结构与 U 形网络相似，均使用批正规化（Batch Normalization，BN）方法和 ReLU 激活函数。此外，在第一个卷积操作和倒数第二个反卷积操作之间增加了一条额外路径，以使图像生成模型 G 能够重用与身份信息相关的低级面部特征。在判别器 D

中，使用层规范化（Layer Normalization，LN）方法和 Leaky ReLU 激活函数，输出 2×2 大小的特征图。条件嵌入模型 S 由五个全连接层组成，同样使用批正规化和 ReLU 激活函数。人脸图像 I_i^v 和人脸形状 g_i^v 分别被模型 G_{en} 和 S_{en} 编码为 z_i 和 z_g，再合并为单一向量 z，最后经由 G_{de} 解码为表情图像。

1）几何引导

由面部关键点组成的人脸形状能够提供人脸形状约束、空间几何信息和面部表情信息。同一种表情对应的人脸形状具有相似特征，可以通过表情类型学习关于人脸形状的语义流形。将形状张量排列成一维向量，使其作为条件嵌入模型 S 的输入后，使用隐变量 z 作为图像生成模型 G_{de} 的输入，从而使用形状信息引导表情生成过程。

为了进一步增强表情生成模型对测试集中未知用户身份的鲁棒性，引入了对比学习。使用任意用户的形状张量对 (g^t, g^r) 作为训练数据，其中 g^t 对应目标表情，g^r 对应参考表情，对比学习的目标根据表情标签来度量 $S_{en}(g^t)$ 和 $S_{en}(g^r)$ 之间的相似性。为此，定义对比损失 L_{contr} 为

$$L_{contr} = \min S_{en} \left[\frac{\alpha}{2} \max(0, m - \|S_{en}(g^t) - S_{en}(g^r)\|_2^2) + \frac{1-\alpha}{2} \|S_{en}(g^t) - S_{en}(g^r)\|_2^2 \right]$$

式中，当 $t = r$，即表情类别相同时，α 为 0，否则为 1；m 是一个表示距离边距的正数。优化对比损失的过程即为对比学习，对形状张量在隐空间中的表示进行了相似度约束。

2）多任务学习

在整合了人脸形状信息之后，使用 WGAN-GP 算法训练图像生成模型 G 和图像判别模型 D。它们的对抗损失 L_{adver} 可以表示为

$$L_{adver} = E_{\hat{I} \sim p_{\hat{I}}} D(\hat{I}_i^v) - E_{I \sim p_I} D(I_i^u) + \lambda_{gp} E_{\tilde{I} \sim p_{\tilde{I}}} (\|\nabla_{\hat{I}} D(\hat{I})\|_2^2 - 1)^2$$

式中，p_I 和 $p_{\hat{I}}$ 表示真实人脸图像的数据分布和生成图像的数据分布；$p_{\tilde{I}}$ 表示沿着从 p_I 和 $p_{\hat{I}}$ 中采样的数据对之间的线性空间均匀采样的样本数据。通过对抗学习，生成模型能够从计算的目标图像分布中生成目标表情图像。

另一方面，使用表观图像和形状的重建误差作为一种正则化手段对图像的生成过程施加约束。对于生成的人脸图像 $\hat{I}_i^v$，使用 L1 范数衡量生成人脸图像和目标真实图像的像素级精度。设图像重建误差为 L_{ir}，其定义为

$$L_{ir} = \min_{G, S_{en}} \|I_i^v - \hat{I}_i^v\|_1^1$$

类似的，使用 L2 范数在对应的形状张量之间进行正则化。设形状重建误差为 L_{gr}，其定义为

$$L_{\text{gr}} = \min_{S} \|\bm{g}_i^v - \hat{\bm{g}}_i^v\|_2^2$$

综上，得到表情生成模型的总损失函数为

$$L = \lambda_1 L_{\text{contr}} + \lambda_2 L_{\text{adver}} + \lambda_3 (L_{\text{ir}} + L_{\text{gr}})$$

式中，λ_1、λ_2 和 λ_3 分别是各损失项的权重。

在建立训练集时，首先使用人脸校准算法自动检测位于眉毛、眼睛、鼻子、嘴唇和下巴附近的面部基准点；然后通过二维仿射变换，基于内眼点和下嘴唇位置对人脸图像进行剪裁和校准，并缩放为 64 像素×64 像素大小；接着对像素值和面部基准点的位置进行规范化，使其值位于 [−1, 1] 范围内；最后，建立三元组 ($I_i^u, I_i^v, \bm{g}_i^v$) 作为训练样本，使用所有用户身份的所有表情对，并从随机分布中采样作为参考的形状张量。

2. 情感生成结果

在 Multi-PIE 和 CK+ 数据库上进行表情生成实验。从 Multi-PIE 数据库中选择由全部 377 人的 3 种头部姿态（正面和±15°姿态）、20 种光照条件和 6 种表情（中性、微笑、惊讶、眯眼、厌恶和尖叫）组成的 150~244 张人脸图像作为实验数据。其中，输入图像和目标图像具有相同姿态和光照条件。从 CK+ 数据库中，选择由 118 人的 7 种表情（愤怒、蔑视、厌恶、恐惧、高兴、悲伤和惊讶）组成 327 个图像序列。每个序列起始于中性表情，终止于峰值表情。根据一种被广泛接受的数据协议[18]，将 Multi-PIE 和 CK+ 中选择的实验数据按照用户编号分为 10 个子集，其中 9 个子集用于训练，1 个子集用于测试。

1）表情图像生成

静态表情图像的生成结果如图 6.13 所示，从上到下的各行分别对应输入图像、生成图像和目标图像。从生成图像中可以看出，用户身份的一致性可以被很好地保持，并且能够获得与目标图像保持一致的面部表情，表明了形状引导的有效性。

2）表情序列生成

为了得到平滑过渡的面部表情序列，对 Multi-PIE 中的 RGB 图像进行连续图像生成。给定一张输入人脸图像、使用形状张量表示的相同用户不同表

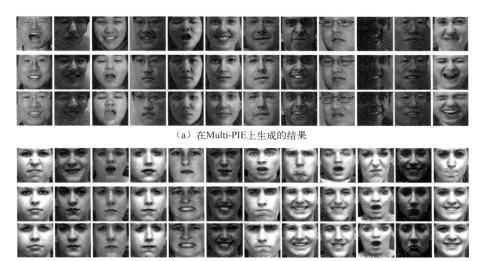

(a) 在Multi-PIE上生成的结果

(b) 在CK+上生成的结果

图 6.13　静态表情图像的生成结果

情 g_k^u 和 g_k^v 以及生成序列的长度 N，按照下式进行线性插值，产生 N 个中间形状张量。

$$\left[\frac{t}{N} \cdot g_k^u + \left(1 - \frac{t}{N}\right) \cdot g_k^v \right]_{t=0}^{N}$$

将它们连同一组相同的输入图像一起输入生成模型，由形状张量引导关键帧的生成，从而产生一组面部表情序列。图 6.14 为在 Multi-PIE 数据集上生成平滑过渡的表情图像序列。其中，图 6.14（a）为起始表情形状，图 6.14（b）为生成的表情图像序列，图 6.14（c）为目标表情图像。图中，每行均展示了从一种表情到另一种表情的过渡，例如第一行为从微笑表情到尖叫表情的过渡。图 6.14 表明，通过在两种表情的形状张量之间进行线性插值，可以为不同用户生成表情平滑过渡的图像序列。

3）表情生成的细节控制

对于某个确定的用户，使用一些关键帧来引导其面部表情过渡。这些关键帧对应的人脸形状，既可以从某种表情的一些图像中自动获取，也可以通过对已有形状进行手工调节来获得。例如，提高或降低眼睑位置对应的面部关键点，或者通过移动嘴角附近的像素来较为精细地操纵人脸形状的变化。面部表情序列生成过程中的细节控制如图 6.15 所示。其中，第一行展示了关

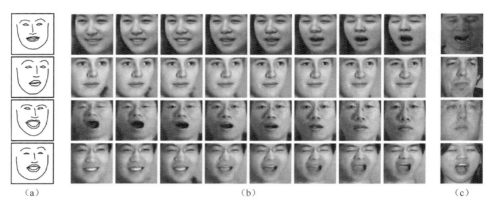

图 6.14 在 Multi-PIE 数据集上生成平滑过渡的表情图像序列

键帧 t、$t+t_1$、$t+t_2$、$t+t_3$ 及其之间的插值。这些关键帧使用人脸形状表示目标表情，其中 $(t+t_2)$ 帧的形状受手工调节。第二行是对应的生成图像，其中一些图像的眼部和嘴部细节被放大，展示在它们的下方。从图中可以看出，通过形状引导，表情生成模型不仅能够生成完整的表情图像和序列，还能够对局部细节进行较为精细的控制。随着引导形状的细微改变，通过嵌入形状信息隐变量 z，生成图像的细节也随之改变。此外，在表情变化的过程中，瞳孔、牙齿、舌头等隐藏部分也能够被生成，增加了生成序列的逼真程度。

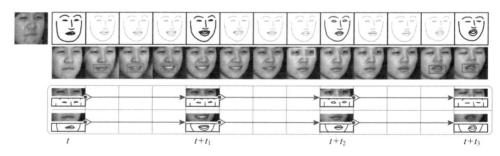

图 6.15 面部表情序列生成过程中的细节控制

6.5 实例

本节以一个具体的情感交互界面作为实例，对它的界面元素和技术原理进行详细解析。通过该界面，用户可以直接与计算机进行情感交互，即计算机从实时捕获的用户面部表情视频中识别用户情感后，将推断结果以直观的方式呈现给用户；用户在收到反馈信息之后，调整自身表情，继续下一轮交互操作。

情感交互界面实例如图 6.16 所示。它由以下四部分组成。

（1）视觉采集信息反馈区：将摄像头捕获的视频数据逐帧回显在用户界面上，使得用户可以像照镜子一样看到自己的面部表情，便于进行表达调整。

（2）人脸校准结果反馈区：对输入的视频帧进行在线人脸校准和面部关键点跟踪后，逐帧地将人脸和面部关键点位置显示在原始视频帧上，便于用户观察计算系统对人脸的感知结果。

（3）情感识别结果反馈区：在计算系统识别出用户的情感类型之后，将识别结果以含有情感隐喻的表情图标、情感标签和识别概率相结合的方式输出，便于用户观察计算系统对面部表情的感知结果，识别概率越高的情感类型所对应的界面视觉效果越高亮，如图 6.16 中的惊讶表情。

（4）一般操作区：提供用户控制应用程序的一些基本操作。

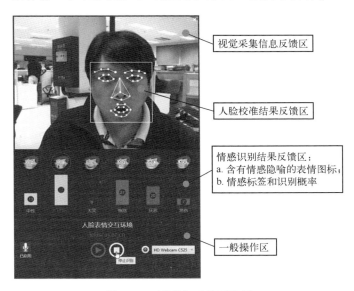

图 6.16 情感交互界面实例

上述界面的计算框架由五个主要模块组成，如图 6.17 所示。下面分别对它们的主要功能、输入/输出信息和关键实现方法进行介绍。

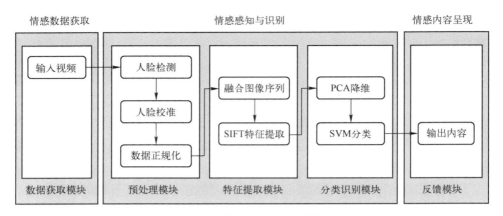

图 6.17 情感交互界面的计算框架

1) 数据获取模块

该模块的主要功能是驱动摄像头捕捉用户的面部表情视频后，将捕获的视频帧回显到用户界面，同时将该帧的一个副本输入情感感知与识别过程的预处理模块。

```python
import cv2
import numpy as np

video = []
cap = cv2.VideoCapture(0)                          #捕获默认摄像头
while True：
    ret, frame = cap.read()                        #读取当前视频帧
    raw_frame = frame.copy()
    video.append(frame)
    #后续模块
    if cv2.waitKey(1) & 0xFF == ord('q'):          #退出程序
        break
cap.release()                                      #释放摄像头
cv2.destroyAllWindows()
```

2) 预处理模块

该模块将彩色人脸图像转换为灰度图像，使用 ERT 算法进行人脸校准，

定位 42 个人脸内部的面部关键点，按照内眼角和下嘴唇位置对齐；将人脸区域缩放到 256 像素×256 像素，使用直方图均衡化进行数据正规化后，将其输入特征提取模块。

```python
aligndlib = AlignDlib('shape_predictor_68_face_landmarks.dat')  #加载CMU人脸校准库

aligned_face, bbox, lmks = aligndlib.align(256, frame)
lmks = lmks[17:]

#显示人脸区域
cv2.rectangle(frame, (bbox.left(), bbox.top()), (bbox.right(), bbox.bottom()),
(0, 255, 0), 2)

#显示面部关键点
for lmk in lmks:
    cv2.circle(frame, (lmk[0], lmk[1]), 2, (255, 255, 255))
for group in [range(0, 5), range(5, 10),                              #眉毛
              range(10, 14), range(14, 19), [10, 14, 13, 18, 10],     #鼻子
              list(range(19, 25)) + [19], list(range(25, 31)) + [25], #眼睛
              list(range(31, 43)) + [31], list(range(43, 51)) + [43]]: #嘴巴
    l = group[0]
    for c in group:
        cv2.line(frame, (lmks[l][0], lmks[l][1]), (lmks[c][0], lmks[c][1]), (255, 255, 255))
        l = c

#转换为灰度
aligned_gray = cv2.cvtColor(aligned_face, cv2.COLOR_BGR2GRAY)

#直方图正规化
# equalized_gray = cv2.equalizeHist(aligned_gray)                  #全局直方图
clahe = cv2.createCLAHE(clipLimit=2.0, tileGridSize=(8, 8))         #局部直方图
equalized_gray = clahe.apply(aligned_gray)
```

3) 特征提取模块

该模块的主要功能是对输入的正规化人脸图像进行特征提取。为了利用动态视觉特征，该模块首先将由当前帧及其前 9 帧组成的子序列融合在一起。

```
#子序列融合
# CLIP_LEN = 10
video.append(equalized_gray)
fused_gray = np.array(video[-CLIP_LEN:]).mean(axis=0)
```

然后对融合图像中面部关键点邻域范围内的像素提取 128 维 SIFT 特征，将它们连接起来，形成一个 42×128 维的表情特征向量，经过 PCA 降维之后，输入分类识别模块。

```
# SIFT 特征提取
descriptor = cv2.xfeatures2d.SIFT_create(42, 1, 0, 0, 1.6)
kps = []
for i in range(42):
    angle = grad_hist(fused_gray, lmks[i], 36, 6, 1.6)
    kps.append(cv2.KeyPoint((lmks[i][0], lmks[i][1]), 6, angle, 3.0, 0))
_, features = descriptor.compute(fused_gray, kps)

# PCA 降维
from sklearn.decomposition import PCA
pca = PCA(n_components=0.95)
pca.fit(features)
new_features = pca.fit_transform(features)
```

4) 分类识别模块

该模块通过支持向量机对输入的表情视觉特征进行模式分类，识别情感类型。由于需要识别 NUMS_OF_EMOTION =6 种情感，故使用 15 个 1v1 支持向量机进行综合投票，将各类得票数量进行归一化，得到各分类概率，输出到反馈模块。

```
scores = np.zeros((NUMS_OF_EMOTION,))    # 各类情感的分类得票
for i in range(NUMS_OF_EMOTION):
```

```
        for j in range(i + 1, NUMS_OF_EMOTION):
            svm = cv2.ml.SVM_load(SVM_PREDICTOR_ROOT/('%d_%d.xml' % (i, j)))
            k = svm.predict(features)
            scores[k] = 1.0
    scores = scores / scores.sum()
```

5) 反馈模块

该模块可以根据推断的用户情感状态和基于情感的决策结果来呈现各种各样的反馈内容。本节直接将情感识别结果以柱形图和情感图标的直观形式反馈给用户。其中，柱形图反映出了识别为各类情感的可能性，柱形的高度与可能性大小成正比。对于具有最大可能性的情感类型，我们将其图标高亮显示，表明它是推断出的与真实情感最接近的情感类型。

表情识别结果以柱形图的形式反馈给用户，柱形图上的数值表示识别概率，数值越大柱形越高，表示该类表情的可能性越大。

参考文献

[1] PICARD R W. Affective computing [M]. MIT Press, 1997.

[2] 胡包钢，谭铁牛，王珏. 情感计算——计算机科技发展的新课题 [J]. 科学时报，2000, 3.

[3] EKMAN P. Facial action coding system [M]. Consulting Psychologists Press, 1978.

[4] RUSSELL J. Affective space is bipolar [J]. Journal of Personality and Social Psychology, 37 (3): 345-356, 1979.

[5] MEHRABIAN A. Pleasure-Arousal-Dominance: A General Framework for Describing and Measuring Individual Differences in Temperament [J]. Current Psychology, 14 (4): 261-292, 1996.

[6] OJALA T, PIETIKINEN M, MENP T. Multiresolution gray-scale and rotation invariant texture classification with local binary patterns [J]. IEEE Transactions on Pattern Analysis and Machine Intelligence, 24 (7): 971-987, 2002.

[7] BARTLETT M S, LITTLEWORT G, FASEL I R, et al. Real time face detection and facial expression recognition: Development and applications to human computer interaction [C]// Proceedings of the IEEE Conference on Computer Vision and Pattern Recognition (CVPR) Workshops. Madison, USA: IEEE Computer Society: 42-47, 2003.

[8] DHALL A, GOECKE R, LUCEY S, et al. Collecting large, richly annotated facial-expression databases from movies [J]. IEEE Multimedia, 19 (3): 34-41, 2012.

[9] VALSTAR M F, PANTIC M. Combined support vector machines and hidden Markov models for modeling facial action temporal dynamics [C]//Proceedings of IEEE International Workshop on Human-Computer Interaction. Rio de Janeiro, Brazil: Springer: 118-127, 2007.

[10] LEMAIRE P, ARDABILIAN M, CHEN L, et al. Fully automatic 3D facial expression recognition using differential mean curvature maps and histograms of oriented gradients [C]// Proceedings of the 10th IEEE International Conference and Workshops on Automatic Face and Gesture Recognition. Shanghai, China: IEEE Computer Society: 1-7, 2013.

[11] CHANGK I, BOWYER K W, FLYNN P J. Multiple nose region matching for 3D face recognition under varying facial expression [J]. IEEE Transactions on Pattern Analysis and Machine Intelligence, 28 (10): 1695-1700, 2006.

[12] FANELLI G, DANTONE M, GALL J, et al. Random forests for real time 3D face analysis [J]. International Journal of Computer Vision, 101 (3): 437-458, 2013.

[13] WU T, BARTLETT M S, MOVELLAN J R. Facial expression recognition using Gabor motion energy filters [C]//Proceedings of the 23rd IEEE Conference on Computer Vision and Pattern Recognition (CVPR), SanFrancisco, USA: IEEE Computer Society: 42-47, 2010.

[14] ZHAO G, PIETIKINEN M. Dynamic texture recognition using local binary patterns with an application to facial expressions [J]. IEEE Transactions on Pattern Analysis and Machine Intelligence (TPAMI), 29 (6): 915-928, 2007.

[15] SUK M, PRABHAKARAN B. Real-time facial expression recognition on smartphones [C]//Proceedings of IEEE Winter Conference on Applications of Computer Vision (WACV). Waikoloa, USA: IEEE Computer Society: 1054-1059, 2015.

[16] YANG S, BHANU B. Facial expression recognition using emotion avatar image [C]//Proceedings of the 9th International Conference on Automatic Face and Gesture Recognition (FG). Santa Barbara, USA: IEEE Computer Society: 866-871, 2011.

[17] HASSANI B, MAHOOR M H. Facial expression recognition using enhanced deep 3D convolutional neural networks [C]//Proceedings of the 30th IEEE Conference on Computer Vision and Pattern Recognition (CVPR) Workshops. Honolulu, USA: IEEE Computer Society: 2278-2288, 2017.

[18] JUNG H, LEE S, YIM J, et al. Joint fine-tuning in deep neural networks for facial expression recognition [C]//Proceedings of the 15th IEEE International Conference on Computer Vision (ICCV). Santiago, Chile: IEEE Computer Society: 2983-2991, 2015.

[19] KIM B K, LEE H, ROH J, et al. Hierarchical committee of deep CNNs with exponentially-

weighted decision fusion for static facial expression recognition [C]//Proceedings of the 17th ACM International Conference on Multimodal Interaction (ICMI). Seattle, USA: ACM: 427-434, 2015.

[20] BARGAL S A, BARSOUM E, CANTON-FERRER C, et al. Emotion recognition in the wild from videos using images [C]//Proceedings of the 18th ACM International Conference on Multimodal Interaction (ICMI). Tokyo, Japan: ACM: 433-436, 2016.

[21] LIU M, LI S, SHAN S, et al. AU-aware deep networks for facial expression recognition [C]//Proceedings of the 10th IEEE International Conference and Workshops on Automatic Face and Gesture Recognition (FG). Shanghai, China: IEEE Computer Society: 1-6, 2013.

[22] YAO N, CHEN H, GUO Q, et al. Non-frontal facial expression recognition using a depth-patch based deep neural network [J]. Journal of Computer Science and Technology (JCST), 2017, 32 (6): 1172-1185.

[23] ZHANG F, ZHANG T, MAO Q, et al. Joint pose and expression modeling for facial expression recognition [C]//Proceedings of the 31st Conference on Computer Vision and Pattern Recognition (CVPR). Salt Lake City, USA: IEEE Computer Society: 3359-3368, 2018.

[24] MENG Z, LIU P, CAI J, et al. Identity-aware convolutional neural network for facial expression recognition [C]// Proceedings of the 12th IEEE International Conference on Automatic Face & Gesture Recognition (FG). Washington, USA: IEEE Computer Society: 558-565, 2017.

[25] CHEN L F, ZHOU M, SU W, et al. Softmax regression based deep sparse autoencoder network for facial emotion recognition in human-robot interaction [J]. Information Sciences, 428: 49-61, 2018.

[26] CAI J, MENG Z, KHAN A S, et al. Island loss for learning discriminative features in facial expression recognition [C]//Proceedings of the 13th IEEE International Conference on Automatic Face & Gesture Recognition (FG). Xi'an China: IEEE Computer Society: 302-309, 2018.

[27] PONS G, MASIP D. Multi-task, multi-label and multi-domain learning with residualconvolutional networks for emotion recognition [EB/OL]. arXiv: 1802.06664v1 [cs. CV] [2019-04-07] http://arxiv.org/abs/1802.06664.

[28] CHEN H, Li J, ZHANG F, et al. 3D model-based continuous emotion recognition [C]// Proceedings of the 28th IEEE Conference on Computer Vision and Pattern Recognition (CVPR). Boston USA: IEEE Computer Society: 1836-1845, 2015.

[29] SCHULLER B, VALSTER M, EYBEN F, et al. AVEC 2012: The continuous audio/visual emotion challenge [C]// Proceedings of the 14th ACM International Conference on Multi-

modal Interaction (ICMI). Santa Monica, USA：ACM：449-456, 2012.

［30］NICOLLE J, RAPP V, BAILLY K, et al. Robust continuous prediction of human emotions using multiscale dynamic cues［C］// In Proceedings of the 14th ACM International Conference on Multimodal Interaction (ICMI). Santa Monica, USA：ACM：501-508, 2012.

［31］YAO N, CHEN H, GUO Q, et al. Non-frontal facial expression recognition using a depth-patch based deep neutral network［J］. Journal of Computer Science and Technology, 32 (6)：1172-1185, 2017.

［32］MEGUID M K A E, LEVINE M D. Fully automated recognition of spontaneous facial expressions in videos using random forest classifiers［J］. IEEE Transactions on Affective Computing, 5 (2)：141-154, 2014.

［33］XUE M, MIAN A S, LIU W, et al. Automatic 4D facial expression recognition using DCT features［C］//Proceedings of 2015 IEEE Winter Conference on Applications of Computer Vision (WACV). Waikoloa：USA, 199-206, 2015.

［34］AMOR B B, DRIRA H, BERRETTI S, et al. 4-D facial expression recognition by learning geometric deformations［J］. IEEE Transactions on Cybernetics, 44 (12)：2443-2457, 2014.

［35］姚乃明, 郭清沛, 乔逢春, 等. 基于生成式对抗网络的鲁棒人脸表情识别［J］. 自动化学报, 2017, 44 (5)：865-877.

［36］MOHAMMED U, PRINCE S, KAUTZ J. Visio-lization：generating novel facial images［J］. ACM Transactions on Graphics, 2009, 28 (3)：57：1-57：8.

［37］AVERBUCH-ELOR H, COHEN-OR D, KOPF J, et al. Bringing portraits to life［J］. ACM Transactions on Graphics, 2017, 36 (6)：196：1-196：13.

［38］SHU Z, YUMER E, HADAP S, et al. Neural face editing with intrinsic image disentangling［C］// Proceedings of the 30th IEEE Conference on Computer Vision and Pattern Recognition (CVPR). Honolulu USA：IEEE Computer Society, 2017：5444-5453.

［39］DING H, SRICHARAN K, CHELLAPPA R. ExprGAN：Facial expression editing with controllable expression intensity［C］//Proceedings of the 32nd AAAI Conference on Artificial Intelligence. New Orleans：USA, AAAI, 2018：6781-6788.

［40］SONG L, LU Z, HE R, et al. Geometry guided adversarial facial expression synthesis［C］//Proceedings of ACM Multimedia Conference on Multimedia Conference (MM). Seoul：Republic of Korea, 2018：627-635.

［41］QIAO F, YAO N, JIAO Z, et al. Geometry-contrastive GAN for facial expression transfer［EB/OL］. arXiv：1802.01822v2［cs.CV］［2019-04-07］http：//arxiv.org/abs/1802.01822.

第 7 章
言语计算与交互

7.1 概述

言语（Spoken Language）交互是人与人之间联系和交流信息的主要方式[1]。在此过程中，人们不仅对言语中表达的具体字面含义进行识别，同时还将基于自己的常识知识和领域知识，对言语信息的上下文进行分析和理解，计算和推理言语背后的意图，实现交互双方思想和观点的共享和交流。在互联网时代，这一交互方式逐渐扩展到人机交互领域，已成为人与计算机之间交互过程中的重要通道，也可看作智能时代"自然交互"的重要体现方式。

正如第 1 章所述，当前的计算机主要采取的是图形用户界面，用窗口、按钮、菜单等图形化控件作为接口，与使用键盘和鼠标的用户进行一轮或多轮交互。与这种传统的交互方式相比，言语交互可使用户的观点和意图更直接地表现出来，不需要通过图形符号进行转换，在一定程度上克服了图形界面交互原语的局限性，避免了在转换过程中可能出现的歧义和理解不一致的现象。此外，言语交互可在一定程度上解放用户的双手，使得用户在交互过程中可通过多通道，从多个角度共同表达更加丰富的信息，实现通道之间的协同交互。比如，当用户发出要对某图片进行操作的指令时，可能同时需要用鼠标指向目标图，甚至对操作进行演示，这时就非常适合用言语交互的形式发出指令，而不会影响其他交互通道的动作和协同作用。对于一些新兴的可穿戴设备，与传统 PC 交互的很多方式已不再具备实现的条件，而言语交互则显得更为重要，它使得交互过程趋于自然，更加符合人类的生活习惯，大大提升生活和工作的质量和效率。

这里所说的言语可理解为口语化文本，既可以是文本输入直接产生的，也可以是语音输入通过识别之后转化得到的。要构建一个完整的言语交互系统，并在具体的场景中得以实际应用，需要语音采集、语音识别、自然语言理解、语音合成等多个模块的共同作用。对于每个模块，都需要特定的领域知识进行支撑，也都面临着鲁棒性、灵活性、可整合性、实时性等多方面性能需求的挑战。本书重点关注智能人机交互层面的内容，故本章的目标并不是构建完整的言语交互系统，对每个模块的实现方法和过程进行阐述，而是从人机交互的角度对言语交互过程进行建模，并给出交互意图理解和计算中的一般方法和框架。

本章将首先简单介绍语音识别技术及其发展过程；然后建立言语表示模型，以及基于语义三角形的人机交互模型，刻画言语交互过程中的知识转移过程，实现人机之间知识空间的共享；在此基础上，将运用自然语言理解的相关技术，重点介绍"开发（Exploitation）-探索（Exploration）融合"的言语交互意图理解和计算方法；最后，将通过金融审计领域的一个实际案例，对言语交互过程中的交互意图理解方法进行说明。

7.2 语音识别技术

语音识别是语言学、声学和计算机科学的交叉学科。它的基本任务是把人发出的语音自动转化为文本，使得计算机更容易理解其内容，可看作支持言语交互过程的基础步骤。20世纪90年代以来，语音识别的研究对象逐渐由标准的朗读式语音发展为现实生活中不规则的真实语音[2]。近20年来，随着深度学习的迅速发展和广泛应用，语音识别技术取得了显著进步，开始从实验室真正走向市场，实际进入了工业、家电、通信、汽车电子、医疗、家庭服务、消费电子产品等各个领域，大大改善了人类的生活方式和生活水平。

传统的语音识别技术主要包括特征提取技术、模式匹配技术以及模型训练技术三个方面，难点在于噪声环境下的语音识别、语音中的情感识别以及多说话人识别。在面向噪声环境的稳健性特征提取方法方面，其主要方法有基于人耳听感知的特征提取方法[3,4]以及基于子带能量规整的特征提取方法[5]和特征规整方法[6]。在声学模型的建模和训练方面，基于最小音子错误准则的鉴别性训练方法[7]和高斯子空间建模方法[8]成为主流，它们充分利用了模型空间和特征空间，并在多个领域得到了广泛应用。另外，基于深度信念网络（Deep Belief Network，DBN）与隐马尔可夫模型（Hidden Markov Model，HMM）相结合的声学模型建模方法[9]的出现大大提升了语音识别系统的性能。在语言模型方面，目前主要使用大规模分布式的语言模型[10]。在解码器方面，基于加权有限状态转换器（Weighted Finite State Transducer，WFST）的方法逐渐取代了动态扩展搜索网络的方法[11,12]。该解码网络可以把语言模型、词典和声学共享音字集统一集成为一个大的解码网络，大大提高了解码的速度，为语音识别的实时应用奠定了基础。

2009 年以来，借助机器学习，尤其是深度学习研究的发展，以及大数据语料的积累，语音识别技术取得了突飞猛进的发展[13,14]。一方面，很多学者将深度学习方法引入语音识别声学模型的训练过程，使用带 RBM 预训练的多层神经网络，避免了难处理的人工特征提取过程，极大地提高了声学模型的准确率。在此方面，微软公司的研究人员率先取得了突破性进展，他们使用深层神经网络模型（DNN）后，语音识别错误率降低了 30%，是近 20 年来语音识别技术方面最突出的技术进步之一[15]。在此之后，出现了一系列特征表示方法和深度学习模型，比如卷积神经网络（CNN）、基于长短时记忆（LSTM）的循环神经网络（RNN）、带注意力机制（Attention）的深度神经网络以及专门针对语音识别设计的深度神经网络[16]等。另一方面，随着互联网的迅速发展，以及手机等移动终端的普及应用，目前可以通过多种渠道获取大量语音或文本方面的语料，而且其中一部分进行了人工的标注，这就为语音识别中的语言模型和声学模型的训练提供了丰富的资源和样本，使得构建通用的大规模语言模型和声学模型成为可能。在硬件方面，GPU 的并行处理能力对语音识别的发展也起到了重要的推动作用，使得我们有能力在可接受的时间范围内对大规模的深度神经网络进行有效的训练，促成了语音搜索和基于语音的人机交互技术的飞速发展。

作为一种简单易用的自然人机交互技术，语音识别在移动终端上的应用研究也越来越热门，语音对话机器人、语音助手、互动工具等技术和系统不断涌现，许多互联网公司纷纷投入人力、物力和财力开展这方面的研究和应用，其目的是通过语音交互的新颖和便利模式抢占市场。目前，国外的应用一直以苹果的 Siri 为龙头，而国内的科大讯飞、云知声、盛大、捷通华声、搜狗语音助手、紫冬口译、百度语音等系统也都采用了最新的基于深度学习的语音识别技术，市面上其他相关的产品也直接或间接地嵌入了类似的技术，在多种场景中得到了实际应用，且达到了较高的准确率，为下一步的语义分析和理解奠定了坚实的基础。

鉴于本书的重点是智能人机交互，因此本章并不过多阐述语音识别、语音合成等机器学习领域的具体方法和技术，主要关注口语化文本的分析与理解过程，阐述人与计算机知识的表示、转移和计算及其在交互过程中的协同作用。

7.3 言语表示与交互模型

要想建立言语交互模型，首先要对言语信息进行统一、规范的表示。语义三角形在言语信息的表示和交互模型两方面都起到了至关重要的作用。本节首先分析言语信息的特点，然后介绍语义三角形的相关知识，之后定义言语表示模型，不仅可用于人机交互过程中的言语表示，还可用于互联网用户在交互过程中的言语表示，在此基础上，将定义基于语义三角形的言语交互模型，刻画交互过程中的知识转移和共享过程。

7.3.1 言语信息的特点

人机交互过程中的言语交互行为与互联网用户之间的言语交互行为一样，都是以言语碎片的形式进行的。它主要分为两部分：语音和口语化文本。比如，系统使用人员（用户）给计算机发出的一条文字命令即为一个言语碎片，而互联网上两个用户聊天过程中的一段对话也可看成一个言语碎片。与书面语言的长文本不同，言语碎片中包含的信息通常为短文本。由于它的语法和语义通常很不规范，单纯应用传统的自然语言理解技术有时不能得到很好的效果。然而，言语碎片中还包含丰富的副语言信息，对交互行为的分析与预测，以及交互意图的理解起着非常重要的作用。言语碎片（言语信息）的特点可以概括为以下几个方面。

（1）言语交互双方的身份信息和关系信息，可由用户ID及这些ID之间的关系网络得到，此部分信息可用于建立用户群体言语交互模型，进而分析用户共同和特有的交互习惯、交互方式、偏好信息，以及群体用户之间的相互依赖关系，并对用户未来的行为进行预测。这里，计算机作为一种特殊的用户存在，具有特殊的ID，也可加入用户之间的网络关系。

（2）言语交互的时间和地点信息，可通过言语碎片发布时间、用户IP地址，以及分析文本的具体内容获得，可形成多变量的时间序列，建立时空数据库，作为人机协同的交互式多尺度可视化分析的基础数据。

（3）言语交互的类型信息，可分为原创、回复和转发三种类型，将影响言语碎片的重要性及其与交互模型之间的关系。对于人机言语交互，可通过交互类型区分计算机在交互过程中的参与程度，比如被动回复、主动发问、主动回复等。

（4）言语交互的情感信息和态度信息。这也是言语碎片区别于一般文本信息的主要特点，可以反映说话人对所述问题所持的态度及其当前的心理状态。这些信息可通过以下三部分内容提取：文本上的情感词语，言语碎片中的打分信息，以及从声音中提取出来的情绪、韵律等信息。由于言语信息通常较短，且规范性差，情感信息在言语计算与意图理解过程中就显得尤为重要。常用的情感表示模型和体系可见第 6 章。

7.3.2　语义三角形

言语交互的核心是语言，而语义三角形是语言学研究发展的结果。1923 年，英国学者奥格登（Ogden）和理查兹（Richards）在语义学重要著作 *The Meaning of Meaning* 中提出了语义三角形的概念和思想，主要贡献是在原有语言学研究的"能指"与"所指"中增加了"思想"项，并将"能指"定义为"符号"[17]。语义三角形的提出完善了索绪尔（Saussure）的"符号二重性"理论，对语言学的发展具有重要的意义，此后大量语义学著作都会使用语义三角形的思想，并基于语义三角形进行拓展与完善。同年，马林诺斯克（Malinowski）在《原始语言中的意义问题》一书中将语言发展定义为三个阶段，其中体现出的符号关系，完全符合语义三角形的思想[18]。1974 年，Peirce 提出了"符号三重性"理论，认为构成一个有效符号的基本成分应该包括代表项、指涉对象和解释项，三者共同构成符号化过程[19]。1991 年，Frege 为在符号涵义和指称之间进行区分，将语义三角形的"思想"改为"意象"[20]。1990 年，卡纳·波尔森（Gunner Persson）从隐喻角度对语言学进行分析，认为语义三角形是一个较为典型的图示隐喻，并对语义三角形进行了分析与完善，将"思想"替换为"概念"，将"所指"替换为"实体"[21]。直至近些年，在语义网研究中，语义三角形仍发挥着巨大作用，Davide Picca 等人为表示言语知识资源，基于语义三角形设计了语义网中使用的语言元模型

(LMM)[22]。

具体地说,语义三角形定义了三个基本要素,分别为"概念""符号"和"实体",如图7.1所示,反映了同一事物的三个不同维度。"概念"是事物的抽象体现,"符号"是事物的表示方式,而"实体"是事物的具体呈现。其中,"概念"和"符号"之间是象征关系,存在直接联系;"概念"和"实体"之间是代指关系,存在直接联系;"符号"和"实体"之间是代表关系,"符号"需要通过"概念"完成与"实体"之间的联系,它们之间是间接联系。例如,大象是一种动物,动物本身的实体形式存在对应于语义三角形中的实体;大象实体在人类大脑中的抽象对应于语义三角形中的概念;"大象""elephant"等不同语言对大象的表示对应于语义三角形中的符号。在语言表达和交互过程中,"大象""elephant"等符号不是与大象实体直接对应的,而是通过大象的抽象概念完成与大象实体之间的对应。当只懂英文的人用英文表达"elephant"时,只懂中文的人是无法理解英文符号"elephant"所象征的概念的。这种情况下,如果只懂英文的人指向一个大象实体或者拿出大象图片,则只懂中文的人就可以将其与大象概念联系起来,进而建立起中文符号"大象"与英文符号"elephant"之间的联系,以及英文符号"elephant"与大象实体之间的对应。

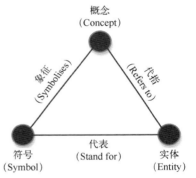

图 7.1 语义三角形模型

言语交互是人与人之间重要的交互方式,已成为人与人之间知识转移的重要通道。言语交互中,人类使用语言作为信息交流工具,但由于语言存在语种、方言等情况,因此不同语种和方言的人群之间无法直接通过语言完成信息的传递,从而造成知识理解的不一致。语义三角形的提出从模型层面解决了这一问题,使得在模型层面相同的事物可以使用不同的表示方式表示,相同的表示方式也可以表示不同的事物,从而极大地促进了语言学的发展,具有重要的里程碑意义。本节将语义三角形的思想从人与人之间的交互扩展到人机交互领域,以此为基础定义言语表示模型和言语交互模型,尝试在模型层面解决人机协同知识传递过程中存在的知识转移一致性问题。

7.3.3 言语表示模型

如何对大量的言语碎片进行统一表示和存储,以支持对不同类型言语信息中的重要特征与语义信息的提取和整合,进而计算和推理用户的交互意图,是一个很有挑战性的问题。我们基于语言学中的言语行为理论,通过分析言语信息的多维度特征,采用复杂事件处理的思想,提出了言语信息表示模型,如图 7.2 所示。此模型从数据层、语义层、意图层三个层次分别对言语信息建模,形成了完整的互联网言语信息表示体系,不仅适合人机交互过程中的言语信息,也适合互联网用户交互过程中的言语信息,同时也支持它们之间的整合和协同计算。

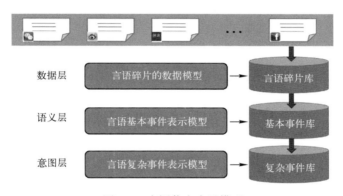

图 7.2　言语信息表示模型

首先,我们把互联网中的言语碎片划分为五大类:新闻类、微博类、论坛类、通信类和交互类。其中人机交互过程中的言语信息属于交互类。言语形式可分为文本、语音、视频三种。除了言语类型和言语形式,我们还定义了语言种类、言语来源、交互类型(包括原创、转发、回复三种)、时间、地点、发送者、接收者、文本内容、语音视频链接、原文链接等关键属性,共同构成了言语碎片的数据模型,以实现言语碎片在数据库中的统一表示和存储。

言语碎片只是言语信息的初步整理和归类,要对其进行分析和计算,刻画用户和计算机之间的言语交互行为,服务于特定的应用场景,就必须从文本内容中提取关键信息,并把多条言语碎片关联起来,发现和推测用户的潜在意图。这里采用复杂事件处理的思想,参考言语行为表征体系及分类标注标准，基于言语行为规律和篇章结构中的三大原则（关联原则、语境原则、互文原则）[23,24]，以及言语韵律特征及其作用，提出了言语事件的表示模型。此模型由言语基本事件表示模型和言语复杂事件表示模型两部分组成，可分别形成基本事件模板库和复杂事件规则库，如图 7.3 所示。基于这些表示模型，我们可对言语碎片库中的信息进行转化，分别构建言语基本事件库和言语复杂事件库。

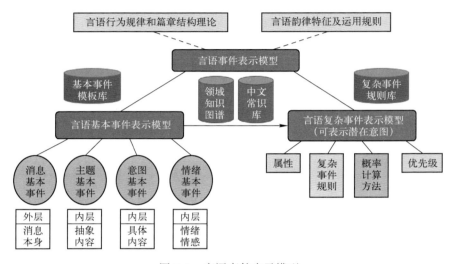

图 7.3　言语事件表示模型

言语基本事件表示模型又称言语基本事件模板，定义了从言语碎片文本中应提取的关键信息，并表示为基本事件的形式，如图 7.4 所示。按照此模型，每条言语碎片均由一个外层事件和多个内层事件表示。外层事件被称为消息基本事件，表示言语消息本身的信息，其前八项都可从言语碎片数据模型中直接获得。可信度是基本事件模板中新定义的属性，表示此条言语碎片在客观层面上的可信程度，由言语来源和发送者共同决定，可通过统计学习和人为设定两种方式获得。内层事件由主题基本事件、意图基本事件、情绪基本事件三类事件组成。其中，主题基本事件表示言语碎片的抽象内容，具有不确定性，即一条言语碎片可属于（谈论）多个主题，每个主题关联一个概率值，这些主题及其概率分布可由适合短文本的主题模型提取；意图基本事件描述言语碎片的具体内容，包括所处的领域、特定意图以及涉及的重要属性，具有不确定性，下文将具体介绍其表示和计算方法；情绪基本事件表示言语碎片的情绪信息,包括离散情绪类别(比如高兴、悲伤等)和连续情绪值(比如 PAD 三维情绪值)两种表示形式,通过这些基本情绪,可进一步计算出言语发送者主观上的自信度以及发布指令的紧迫程度。

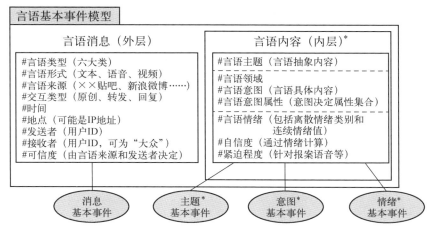

图 7.4　言语基本事件表示模型

为了在意图基本事件中反映特定领域中的概念和实体,我们把意图基本事件表示在领域知识图谱上。这里,我们采用基于语义三角形(概念-实体-符号)领域知识图谱的表示和构建方法,对交互过程中涉及的特定领域的知识进行统一表示和整理。其主要思想是将概念和实体定义在网络的不同层次上。每个概念或实体对应于一个代表词语和一个候选词语集合。而实体之间的关系通过基于概念节点的超边建立。图 7.5 给出了金融审计领域知识图谱示意图。

在领域知识图谱的基础上,我们提出了意图基本事件的表示方法。具体来说,每个意图基本事件均描述一个意图,我们把它定义为领域知识图谱概念层的某个子图,通常由核心概念和属性概念组成:核心概念集合通常被表示为动宾结构,反映了意图的类别,其中动词和宾语两部分可省略其中之一,比如经侦领域中可定义行为意图"推广(平台)",金融审计领域中可定义交互意图"(查询)合同"等;属性概念集合包括与核心概念关联的属性,反映了意图理解过程中所需的必要信息和相关信息。另外,每个意图基本事件还需定义核心概念识别规则,描述核心概念与属性概念之间的关联关系,包括必要属性组合规则和每个属性的重要程度权值。其中,必要属性组合规则

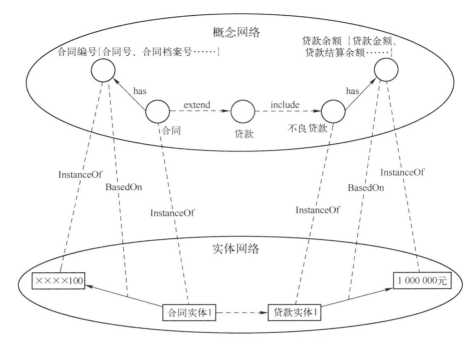

图 7.5　金融审计领域知识图谱示意图

用合取范式表示，比如 $(a_1 \vee a_2) \wedge a_3 \wedge (a_4 \vee a_5)$，一般情况下，属性之间都采用合取关系；而对于特殊的应用场景，可能需要析取关系作为补充。为了简单起见，下文默认都使用合取关系。属性的重要程度权值用映射函数表示，比如 $W(a_1) = 0.6$。以"大肆推广"这一意图基本事件为例，其在经侦领域知识图谱中可由图 7.6 表示。可以看到，常识知识作为知识图谱的有力补充，可与其很好地衔接起来，共同支持意图基本事件的表示和识别。

在言语复杂事件表示模型方面，我们在 Hunsberger 2008 年提出的动态意图结构 DIS[25] 的基础上，提出了多源环境下的潜在意图表示模型 DIS+[26]。其基本思想是用复杂事件表示复杂和潜在的行为意图和交互意图。这里的意图结构和表示模型需要满足以下要求：

（1）既可以表示基本意图，也可以表示组合意图和潜在意图。

（2）意图主体既可以是人，也可以是计算机；既可以是一个个体，也可以是一个群体。

（3）意图是基于知识产生的，所以意图表示需要与知识建立联系。

（4）意图表示需要能够为高效的意图检测过程服务。为保证意图构建可

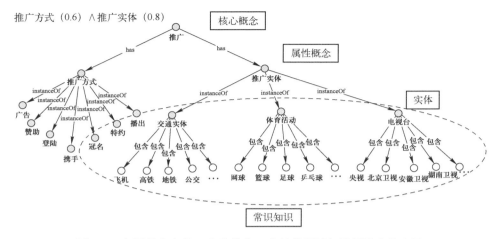

图 7.6 意图基本事件"大肆推广"在经侦领域知识图谱中的表示

记录和可回溯的原则,对于所有的组合意图和潜在意图(包括计算机推理出的确定性组合意图和通过人判断出的潜在意图)都需要对其产生过程进行记录。

(5)为实现潜在意图的推荐和筛选,意图表示需要引入可信度。

(6)意图表示需要能够体现意图的数据来源和领域场景。

DIS 可以表示父意图和子意图之间的从属关系以及子意图之间的依赖关系,同时可以方便地将其转化为一阶逻辑,很适合表示复杂事件形式的潜在意图。在多源数据环境下,DIS 不易表示意图中各数据源和领域之间的关系,缺少在交互式意图推理中所需的量化交互指标。所以,我们对 DIS 结构进行了扩展,设计了 DIS+结构,如图 7.7 所示。

一方面,通过添加 Domain 域,建立了意图与各数据源之间的直接联系。对于计算机产生的基本意图来说,由于意图推测过程的复杂性,意图产生的数据需要记录。数据域由两个值组成:一个是数据域编号,用以记录其所属的数据域;一个是数据键值,用以记录数据具体位置。数据域仅在计算机产生的基本意图中体现,在人产生的基本意图中为空。另一方面,通过在 Sub-Boxes 域中扩展必要项/可选项等属性,对意图的每个子意图增加了权重标识,指导交互式的推理过程,加快了潜在意图的检测过程。这样,每个意图可能包含多个子意图,所有子意图根据其对父意图的重要程度设定权重,所有子意图可信度之和为 1。该标识仅用于意图推测规则的标定过程中,在潜在意图

```
ID/Agt/Group:    #意图标识号/个体编号/群组编号
ExVars:          #自定义意图参数信息
DefVars:         #引用意图参数信息
Domain:          #意图对应的数据源及领域编号
IntentionType:   #意图类型
SubBoxes:        #意图所包含的子意图及必要参数信息
Conds:           #参数解释信息或限制性信息
Expression:      #意图推理规则（用事件处理语言EPL表示）
Uncertainty:     #意图概率计算方法（处理不确定复杂事件）
Priority:        #意图检测优先级
```

图 7.7 言语复杂事件表示模型 DIS+

检测中发挥作用。由于 DIS+并未改变 DIS 结构中的参数定义、意图类别的表示方式和意图间的关联关系，所以 DIS+仍可转化为一阶逻辑的形式，而其中的关键部分就是意图推理规则，为此我们在模型中明确定义了意图推理规则 Expression 域。另外，为了支持不确定复杂事件的检测和推理，我们定义了 Uncertainty 域，表示父意图的发生概率是如何由子意图的发生概率计算的。同时，为了支持复杂事件检测过程的实时性，还定义了 Priority 域，描述该意图在检测过程中的优先级，用于平台中的实时推理规则的调度过程。

7.3.4 言语交互模型

为了对言语交互过程建模，我们将语义三角形扩展到人机交互过程，形成人机协同场景下的语义三角形，用于更清晰地解释人机交互过程以及其中的知识共享与转移过程[27]。由于语义三角形的思想来源于语言学，所以此模型可对言语交互过程进行直接刻画，故放在本节进行介绍。然而，它也适合描述其他需要知识共享和转移的交互通道，甚至在多通道交互过程中，可对整个人机交互过程的协同作用进行建模。

在人机交互场景下，人与计算机均作为交互主体，其知识结构各由一个语义三角形描述，如图 7.8 所示。

语义三角形中三个基本要素的含义可解释如下：

（1）概念可以理解为交互意图和知识，是交互主体思想中的概念抽象，也是交互行为的抽象体现，用 G 表示。例如，领域知识、用户思维方式和操作习惯的抽象都属于概念的范畴。

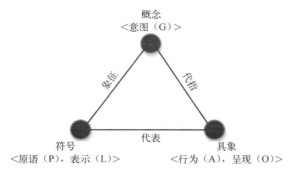

图7.8 语义三角形在人机协同场景下的扩展

（2）符号可以理解为指代交互意图的交互方式与交互指令。符号可细分为两个层次：原语和表示。原语是交互意图在符号中的准确表示，也是交互意图最直接的符号体现，与交互意图一一对应，用 P 表示；表示是用具体符号方式（如言语等）对交互意图的表示形式，用 L 表示，通过符号表示可以提取出符号原语。根据符号表示通道或方式的不同，同一符号原语可以对应于多种不同的符号表示。对于言语交互，以人作为交互主体时，符号原语是人体在发送言语信息之前的生理信号，符号表示是定义好的交互符号表示体系，如短文本中的字符和表情符号等，可用语音和文字两种形式表示；以计算机作为交互主体时，符号原语是与交互方式无关的带有交互意图的计算机指令，符号表示是定义好的指定交互方式下的计算机符号表示语言或规则，可与人的符号表示一致，也可用更简洁的、人更容易理解的方式表达反馈信息。

（3）具象对应于经典语义三角形中的实体，可以理解为交互实体的行为动作与状态变化，相当于交互过程的最终结果。具象可细分为两个层次：行为和呈现。行为是交互意图的具体执行动作，在事实上体现了交互意图的目标，用 A 表示；呈现是具象行为的执行效果展现，用 O 表示。对于言语交互，以人作为交互主体时，具象行为是人体在接收言语信息之后的生理信号，具象呈现是人在理解言语内容之后的具体动作，如在触摸屏上的指点操作动作或根据计算机提示做出的具体动作；以计算机作为交互主体时，具象行为是计算机指令的理解和执行过程，或控制操作部件完成具体动作的过程，具象呈现是计算机对指令执行结果的最终状态呈现，或操作部件完成动作后的最终状态呈现。

人机交互场景中，语义三角形的三条边所代表的含义与标准语义三角形一致，分别为"象征""代指"和"代表"关系。

基于以上关于语义三角形的扩展和理解，我们提出了人机协同知识转移模型，如图7.9所示。此模型将具体领域和交互情境下用户的思维方式、操作习惯及领域知识抽象为概念模型，体现了人机交互过程中知识和意图的转移过程，有效地解决了人机协同中的知识转移一致性问题。

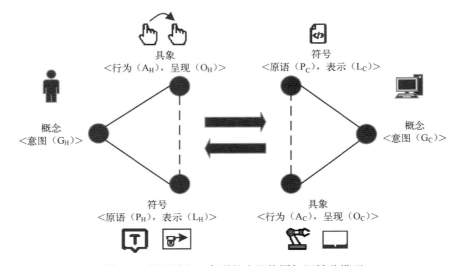

图7.9 基于语义三角形的人机协同知识转移模型

在此模型中，作为交互主体的人和计算机分别用一个语义三角形表示。人机言语交互行为体现为代表交互主体的语义三角形各基本元素之间的相互作用关系。交互意图通过语义三角形的概念（G）体现，具体的交互过程通过语义三角形的符号表示（L）与具象呈现（O）完成。当人直接采用主观表达的方式与计算机交互时，人通过符号表示（L_H）将交互意图传递给计算机。在言语交互过程中，人以文本指令或语音指令形式直接表达出交互意图，而当人用其他通道进行交互时，人是通过具象呈现（O_H）将交互意图传递给计算机的，例如人的指点操作动作，或根据计算机提示放置物体的动作。当计算机采用人机交互符号直接展示方式与人交互时，计算机通过符号表示（L_C）将交互意图传递给人，例如计算机交互指令的直接显示；而当计算机采用指令执行效果或操作部件执行效果与人交互时，计算机通过具象呈现（O_C）将交互意图传递给人，例如触摸屏的显示效果或机械手的执行结果。可见，言语交互过程中可穿插其他通道的人机交互过程，辅助言语交互，以达到更好的交互效果，分别由符号和具象两种形式呈现出来。

这样，人机协同知识转移过程可理解并总结为四个子过程，如图 7.10 所示：①用户交互表达转化过程，即将人的交互意图（G_H）转化为用户界面设定的符号表示（L_H）或具象呈现（O_H）的过程；②计算机交互表达识别过程，即计算机完成对人的符号表示（L_H）或具象呈现（O_H）的识别，并将其转化为计算机概念（G_C）的过程；③计算机交互表达转化过程，即计算机将所需表达的概念意图（G_C）转化为用户界面设定的符号表示（L_C）或具象呈现（O_C）的过程；④用户交互表达识别过程，即人完成对计算机的符号表示（L_C）或具象呈现（O_C）的识别，并将其转化为人的概念（G_H）的过程。整个人机交互过程实际可看作人和计算机之间的知识共享和转移过程，可以由人发起，也可以由计算机发起。由人发起时，按①→②→③→④的顺序完成交互过程；由计算机发起时，则按③→④→①→②的顺序完成交互过程。由人发起的交互过程和由计算机发起的交互过程是周而复始连续发生的，且它们同时存在，可交叉进行。

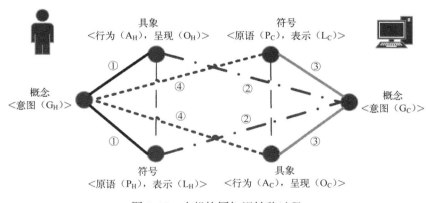

图 7.10 人机协同知识转移过程

可以看出，要实现自然人机交互，尤其是自然言语交互，首先要解决人机协同过程中的知识转移一致性问题，而解决这一问题的基础是人与计算机要具有统一的概念体系。计算机的概念体系是基于特定应用情境下的人的概念体系设计而来的，并以计算机可识别的结构存储和管理，比如前面提到的基于语义三角形的知识图谱。在人与计算机两方的概念体系形成之后，人与计算机均可发起交互操作，以建立或完善概念（G）和符号表示（L）之间的有机联系。以人作为交互发起方时，人在将交互意图通过符号表示（L_H）与具象呈现（O_H）传递给计算机后，通过计算机反馈的符号表示与具象呈现判断计算机识别的交互意图与初始交互意图之间的差异，从而建立或完善人的交互意图（G_H）和符号表示（L_H）之间的联系，修正和优化言语表示方式和方法。同样，计算机也可以通过类似方式建立和完善计算机交互意图（G_C）和符号表示（L_C）之间的联系。这样，通过人与计算机在交互过程中对交互意图（G）和符号表示（L）之间联系的不断完善，渐进式地解决人机协同过程中的知识转移一致性问题，使得人机交互过程更加有效和自然。

言语交互模型的提出旨在描绘自然人机交互场景下人与计算机以言语方式为主进行信息交换的方式与过程，从而进一步指导言语交互过程中用户界面的设计与评估。评估过程不但需要考虑自然人机交互静态特性和动态特性，而且由于计算机的识别能力对自然用户界面的限制，还需要考虑人掌握自然用户界面的难易程度。我们基于言语交互模型，提出了三个用户界面评估要素，分别为交互自然性、交互连续性和交互易学性。

1. 交互自然性评估

交互自然性体现为用户界面符合特定情境下人所熟悉的思维方式和操作习惯。比如使用言语、手势、形体动作等交互方式进行交互，并支持多通道交互和模糊输入。交互自然性一方面要求用户界面尽量符合当前使用情境下已有的经验或思维模式，另一方面要求能够被计算机准确识别并推理出人的交互意图。所以，交互自然性的度量由交互表达差异性和计算机识别差异性两部分组成。交互表达差异性为自然人机交互模型中人的符号表示（L_H）、具象呈现（O_H）与概念（G_H）所代表的理想自然交互表达之间的差异性，体现在图 7.10 中标识为①的连线上，比如人的言语表示、手势表示及指点操作的界面设计是否符合人的思维方式和操作习惯。计算机识别差异性为自然人机交互模型中人的符号表示（L_H）与具象呈现（O_H）映射为计算机概念（G_C）的识别差异性，体现在图 7.10 中标识为②的连线上，比如计算机识别的交互信息与人的言语表示、手势表示及指点操作的一致程度。

在交互自然性评估中，交互表达差异性和计算机识别差异性越小，用户界面的交互自然性就越高。

2. 交互连续性评估

交互连续性体现为由用户界面所带来的人机交互过程是连续的、实时的，而不是离散的、乒乓式的。在自然人机交互模型中，交互过程的实时性由四部分组成：用户自然交互表达转化过程的实时性、计算机自然交互表达识别过程的实时性、计算机自然交互表达转化过程的实时性和用户自然交互表达识别过程的实时性，在图 7.10 中分别体现在①、②、③、④的连线上。具体可解释为人从交互意图产生、交互意图识别到计算机操作状态反馈这一全过程的实时程度，以及人机持续交互的连续程度。

交互过程的时间变化量可定义为以上四部分时间变化量之和。当交互过程的时间变化量小于一个预定义的正实数 ε 时，我们认为用户界面的交互连续性可以得到保证。阈值 ε 的取值可由交互过程中的自然交互通道特性以及交互场景的特定需求决定。

3. 交互易学性评估

交互易学性体现为人掌握自然用户界面的学习难度，要求人可以通过付出较小的学习成本，掌握特定的交互方式。在自然人机交互模型中，自然用户界面的学习成本由两部分组成：人对信息从人到计算机所采用的自然交互方式的学习成本和人对信息从计算机到人所采用的自然交互方式的学习成本。前者为从人的概念（G_H）到自然用户界面中人的符号表示（L_H）和具象呈现（O_H）的学习成本，体现在图 7.10 中标识为①的连线上，比如人对于指定语言方式、指定手势操作和指定指点操作的学习成本。后者为从计算机的符号表示（L_C）和具象呈现（O_C）到人的概念（G_H）的学习成本，体现在图 7.10 中标识为④的连线上，比如人对于计算机指定语言方式、图形图像表示方式和机械手操作呈现的学习成本。

在交互易学性评估中，人对自然交互方式的学习成本越小，用户界面的交互易学性就越高。

7.4 言语交互意图理解

在言语交互过程中，要解决的核心问题就是人与计算机之间意图的相互理解，主要是计算机理解人的意图。尤其是当关注交互过程自然性时，通常允许人使用自然语言进行交互,而不是固定的指令或命令集合。这样,就需要把不规则的文本转换到规范的概念中,以理解人的交互意图。这里的交互过程的应用场景是特定专业领域,所以我们采用上节提到的基于语义三角形的知识图谱来定义意图基本事件(也称为基本意图),而把意图复杂事件(也称为复杂意图)定义为基本意图之间的组合关系。

本节首先介绍言语交互意图理解的基本框架,然后通过意图在知识图谱中的表示,给出言语交互意图的计算过程和具体方法。

7.4.1 言语交互意图理解的基本框架

我们提出了"开发(Exploitation)-探索(Exploration)融合"的言语交互意图理解的基本框架,其流程图如图 7.11 所示。首先,定义若干基本意图和复杂意图。在多轮交互过程中,每个基本意图和复杂意图的发生概率不断更新。对于每一次交互,即用户输入一条言语消息之后,首先进行分词,得到关键词集合。然后,用这些关键词与知识图谱中的概念和实体进行匹配,

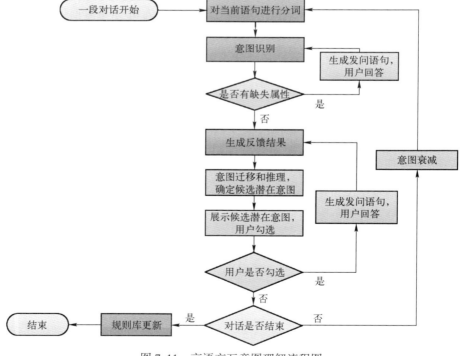

图 7.11 言语交互意图理解流程图

根据匹配结果对当前消息进行**基本意图检测**，更新某些基本意图的概率，同时维护每个意图的属性，作为上下文信息，对不完整的言语信息进行填充。对于无法填充的属性，在意图识别过程中进行发问，直到确定当前言语的基本意图及其属性值，如需要，则生成相应的反馈结果。之后，通过**基本意图迁移**和**复杂意图推理**，更新其他相关和相近的基本意图和复杂意图的概率，确定候选潜在意图，可展示出来让用户勾选，如有疑问，则生成发问语句让用户确认。最后，直到没有新的意图通过迁移和推理获得之后，对所有本轮未涉及意图的概率进行衰减，保持意图的实时性。在理解完成一段对话之后，整理和分析用户的反馈信息，在必要时对规则库进行更新和优化，使得之后的言语交互意图理解更准确。

7.4.2 基于知识图谱的意图表示

在给定基于语义三角形的知识图谱之后，每个基本意图对应于知识图谱中的一个子图，也可称为一个语义社区，包含若干概念和若干实体，以及它们之间的关系。每个复杂意图均表示为基本意图的逻辑组合，用扩展动态意图结构 DIS+描述。

基于知识图谱的基本意图定义可以由领域专家在概念网络中进行人工划分。在无法借助领域专家经验的情况下，可利用社区检测的方法进行自动划分。社区划分的方法有很多种，考虑到概念网络的稀疏性，这里采用二维结构信息熵最小化的方法对概念网络进行语义社区划分。当然，这里的划分结果可能会出现反直观的情况，可用人工的方式对结果进行修正。图 7.12 展示了金融审计领域知识图谱概念网络的一部分，以及其上基本意图划分的一个示例。此概念网络包含五个基本意图，它们之间公用某些概念节点及关系。

下面给出领域知识图谱和意图的形式化定义。我们将领域知识图谱表示为 $G=(V^C,V^E,E)$，其中，V^C 为概念层节点集合，包括核心概念节点和属性概念节点；V^E 为实体层节点集合；E 为这些节点之间的关系。每个节点 v 由一个代表词 x_v^* 和一个候选词集合 X_v 表示。对于每个词 $x \in X_v$，定义它的所属程度 $U(x,v) \in [0,1]$，表示 x 代表 v 对应的概念或实体的可信度（概率）。代表词可看成特殊的候选词，具有最高的可信度，通常规定 $U(x_v^*,v)=1$。假设我们在此知识图谱上定义了 m 个基本意图，分别记为 $I_1^p,\cdots,I_m^p$，每个基本意图对

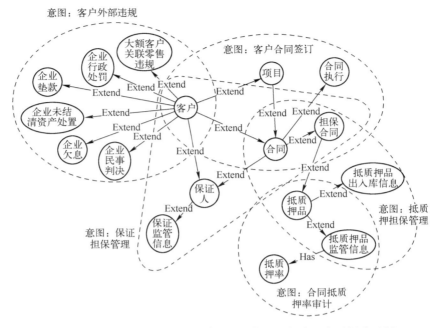

图 7.12　金融审计领域知识图谱概念网络的一部分及意图划分示例

应于 V^c 的一个子集。在这些基本意图的基础上，通过逻辑操作符和时态操作符，又可定义 l 个复杂意图，分别表示为 $I_1^c,\cdots,I_l^c$，它们对应的复杂意图推理规则集合分别为 $R_1,\cdots,R_l$。对于每个规则 $r \in R_k$，由推理规则表达式 Exp_r 和概率计算公式 Unc_r 两部分组成，当基本事件的发生使得表达式 Exp_r 满足时，复杂意图的发生概率可由 Unc_r 计算得到。

在关键词搜索与匹配过程中，每个节点在基本意图中的地位是不同的。与上节意图基本事件的表示模型相似，我们定义 $W(v,I^p)$ 为节点 v 对于基本意图 I^p 的重要程度。这些权值要同时考虑同一个意图内部概念之间的差异性，以及不同意图之间概念的可比性，可由人工确定，也可根据知识图谱中概念之间关系的权值 $w(v_1,v_2)$ 计算得到。这里基于接近中心性理论（Closeness Centrality），给出了一种简单的计算方法：若 $v \notin I^p$，则 $W(v,I^p)=0$；否则，

$$W(v,I^p) = \frac{1}{D}\sum_{v' \in I} w(v,v')$$

其中，

$$D = \sum_{v \in I}\sum_{v' \in I} w(v,v')$$

另外，基本意图之间是否可以迁移，以及具体的迁移概率也可利用语义社区划分过程中的信息计算得到。我们定义 $M(I_i^p, I_j^p)$ 为从基本意图 I_i^p 迁移到基本意图 I_j^p 的概率。这里给出两个可供选择的方法。其中，比较简单的方法是考虑两个意图包含的节点集合之间的关系，类似 Jaccard 相似度，计算它们交集中的元素个数和并集中的元素个数之间的比值，即

$$M(I_i^p, I_j^p) = \frac{|I_i^p \cap I_j^p|}{|I_i^p \cup I_j^p|}$$

另一种复杂的方法是同时考虑网络结构和权值，根据二维结构熵算法自底向上的凝聚过程，基于合并社区 I_i^p 与 I_j^p 的结构熵增量 ΔQ_{ij} 计算出来。具体的，若 I_i^p 与 I_j^p 不相邻，即知识图谱中不存在 I_i^p 中节点与 I_j^p 中节点之间的边，则定义 $M(I_i^p, I_j^p) = 0$；否则，

$$M(I_i^p, I_j^p) = \frac{\Delta Q_{ij}}{\sum_{k \in N(I_i^p)} \Delta Q_{ik}}$$

式中，$N(I_i^p)$ 为与基本意图 I_i^p 相邻的基本意图下标的集合。

7.4.3 言语交互意图的计算过程

基于上述意图的基本定义和关系，我们给出了言语交互意图的计算过程和具体计算方法。首先，言语交互可定义为多轮次的交替过程，表示为人和计算机的两个言语序列，分别为

$$S^{\text{user}} = <(d_1^u, t_1^u), (d_2^u, t_2^u), \cdots, (d_n^u, t_n^u)>$$
$$S^{\text{comp}} = <(d_1^c, t_1^c), (d_2^c, t_2^c), \cdots, (d_n^c, t_n^c)>$$

式中，d_k^u（或 d_k^c）为第 k 个交互轮次中，人（或计算机）的言语内容，表示为词语的序列。在多通道交互的场景下，也可代表某次操作或某个可见的对象。对于中文言语，我们可认为已完成分词操作，所以这里是以词语为单位，而不是以汉字为单位的。另外，当后续的分析和计算方法中不区分词语之间的顺序时，序列可看成多重集，本节即采用这种方式。t_k^u（或 t_k^c）表示言语信息 d_k^u（或 d_k^c）的发生时间，与之后复杂意图的推理有关，可出现在复杂事件推理规则中。由于言语交互过程是交替进行的，因此这些时间变量之间满足下面的关系：

$$\forall k = 1 \cdots n-1, t_k^u \leq t_k^c \leq t_{k+1}^u$$

人的交互意图的发生概率是随交互轮次的进展而不断改变的。我们定义 $\Pr_k(I)$ 为在第 k 个交互轮次之后，意图 I 的发生概率。它的初始值为全 0。同时，在每个交互轮次之后，某些属性概念节点会被赋值，即建立与实体节点之间的联系，我们要记录这些属性值，以支持它们在不同轮次之间以及不同意图之间实现共享，我们称它们为上下文变量集合，记作 Con_k。这些变量的具体表示形式为由属性名和属性值构成的二元关系列表，其中属性名对应于知识图谱中的属性概念节点，构成集合 $\mathrm{Na}(\mathrm{Con}_k)$，属性值对应于知识图谱中的实体节点，构成集合 $\mathrm{Va}(\mathrm{Con}_k)$。另外，我们还定义二分标记函数 $f_k(I)$，其取值为 1 时表示在第 k 个交互轮次中，意图 I 有效且被处理，即其概率值发生了变化，避免因为长期未出现而被衰减。

如流程图所示，在每个交互轮次中，依次进行基本意图检测、基本意图迁移、复杂意图推理和意图衰减四步操作。如果用户可对结果进行判断和筛选，则还可在其中增加候选意图筛选的步骤。具体地，在第 k 个交互轮次，即用户输入完成第 k 个言语信息之后，执行以下操作。

第 1 步　基本意图检测（对每个基本意图 I_i^p 分别操作）

① 将用户输入的文本 d_k^u 和当前记录的上下文信息 Con_{k-1} 中的词语，与 I_i^p 对应的知识图谱的子图中节点的代表词进行匹配，计算检测概率。对于概念节点的匹配，可直接通过词语代表概念的可信程度和概念节点对基本意图的重要程度计算该词语对基本意图的贡献，并进行累加。而对于实体节点的匹配，则需要找到与实体节点连接的所有概念节点，发现其中对基本意图贡献最大的，并通过一定折扣进行累加。以上两部分的贡献值与此基本意图可能出现的最大贡献值的比值即为当前基本意图的发生概率，可表示为

$$P_k^1(I_i^p) = \frac{\sum\limits_{x \in d_k^u \cup \mathrm{Na}(\mathrm{Con}_{k-1})} \sum\limits_{v \in I_i^p} U(x,v) \cdot W(v,I_i^p) + \delta \sum\limits_{x \in \mathrm{Va}(\mathrm{Con}_{k-1})} \sum\limits_{v' \in V^E} \max_{v \in I_i^p \wedge (v,v') \in E} U(x,v') \cdot W(v,I_i^p)}{\sum\limits_{v \in I_i^p} W(v,I_i^p)}$$

式中，δ 为预定义的参数，表示实体匹配相对于概念匹配的重要程度折扣系数。

② 把当前的检测概率与上轮次的发生概率（如果存在）累加，得到：

$$\Pr_k^1(I_i^p) = \Omega(\Pr_{k-1}(I_i^p), P_k^1(I_i^p))$$

式中，Ω 为概率累加函数，可用多种方式定义。这里假定意图的发生在轮次之间是独立的，并且在第 k 轮次发生等价于之前轮次（以一定折扣衰减，见

第 5 步）发生或者当前轮次被检测到，可表示如下：

$$\Omega(p_1,p_2,\cdots,p_n) = 1-(1-p_1)(1-p_2)\cdots(1-p_n)$$

③ 如果累加概率不小于某个预定义的基本意图检测阈值 h_1，即

$$\Pr_k^1(I_i^p) \geqslant h_1$$

则当前基本意图检测成功，如果需要，则针对必要的属性参数进行发问，生成并返回相应结果。同时，令此意图的有效标记 $f_k(I_i^p)=1$。

④ 将必要的属性信息写入上下文变量 Con_k。

⑤ 如果所有基本意图的概率都未超过阈值，则输出提示信息，比如"当前交互信息未能匹配基本意图"。

第 2 步　基本意图迁移（对每个基本意图 I_i^p 分别操作）

① 对第 1 步检测得到的每个与 I_i^p 相邻的基本意图 I_j^p，基于上文提到的迁移概率 $M(I_j^p,I_i^p)$，计算由此引起的 I_i^p 的发生概率，再把这些新得到的发生概率累加，通过一定折扣后，得到由迁移带来的发生概率。这里仍然采用第 1 步中的累加方法，可表示如下：

$$P_k^2(I_i^p) = \alpha \Omega_{j\neq i}(\Pr_k^1(I_j^p) \cdot M(I_j^p,I_i^p))$$

式中，α 为预定义的参数，表示基本意图迁移过程中的折扣系数。

② 将迁移得到的发生概率和第 1 步检测得到的发生概率（如果存在）累加，最终得到本轮次的发生概率：

$$\Pr_k^2(I_i^p) = \Omega(\Pr_k^1(I_i^p), P_k^2(I_i^p))$$

③ 如果累加概率不小于某个预定义的基本意图迁移阈值 h_2，即

$$\Pr_k^2(I_i^p) \geqslant h_2$$

则当前基本意图 I_i^p 成为候选基本意图。

第 3 步　复杂意图推理（对每个复杂意图 I_i^c 分别操作）

① 根据 I_i^c 的复杂事件推理规则集合 R_j 中的每个推理规则，判断当前发生的基本事件是否可匹配其规则表达式。如果匹配，则根据基本事件的发生概率计算复杂事件的发生概率。之后，再把这些新得到的发生概率累加，通过一定折扣后，得到由推理带来的发生概率。这里仍然采用第 1 步中的累加方法，可表示如下：

$$P_k^2(I_i^c) = \beta \Omega_{r\in R_j \wedge \Pr_k^2 \vdash \mathrm{Exp}_r}(\mathrm{Unc}_r(\Pr_k^2))$$

式中，β 为预定义的参数，表示复杂意图推理过程中的折扣系数；符号"⊢"表示与前项的基本事件发生概率对应的基本事件发生情况（0 为基本事件未

发生，大于 0 为基本事件发生）满足后项的复杂事件推理规则。

② 将推理得到的发生概率和上一轮次的发生概率（如果存在）累加，最终得到本轮次的发生概率：

$$\Pr_k^2(I_i^c) = \Omega(\Pr_{k-1}(I_i^c), P_k^2(I_i^c))$$

③ 如果累加概率不小于某个预定义的复杂事件推理阈值 h_3，即

$$\Pr_k^2(I_i^c) \geq h_3$$

则当前复杂意图 I_i^c 成为候选复杂意图。

第 4 步 候选意图筛选（可选步骤）

结合第 2 步和第 3 步生成的候选基本意图和候选复杂意图，通过勾选的方式让用户选择符合实际情况的意图，如选中，则针对必要的属性参数发问，如果需要，则可生成和返回相应结果。同时，令相应的有效标记 $f_k(I_i^p) = 1$ 或 $f_k(I_i^c) = 1$。

如果用户进行了筛选，则相当于未被选择的意图发生概率发生了变化，这时需要返回第 2 步和第 3 步，再次进行基本意图的迁移和复杂意图的推理，直到所有意图的发生概率都不发生变化为止；如果跳过此步，则相当于所有候选意图都被选择，所有意图的发生概率都不发生变化，直接进入下一步。

第 5 步 意图衰减（对每个基本意图或复杂意图 I_i 分别操作）

如果该意图在本轮次由于检测、迁移或推理重新计算并得到了新的概率值，则视为新意图，不需要进行额外的操作。否则，该意图被视为老意图，其发生概率需要进行衰减。具体如下：

如果 $f_k(I_i) = 1$，则

$$\Pr_k(I_i) = \Pr_k^2(I_i)$$

否则，

$$\Pr_k(I_i) = \varepsilon \Pr_{k-1}(I_i)$$

式中，ε 为预定义的参数，表示意图衰减系数。

7.5 实例

本节以金融审计领域审计员与审计系统之间的言语交互为例，展示人机言语交互中的意图理解和计算过程。此过程由以下三个步骤组成：领域知识图谱构建、基本意图（语义社区）划分和交互意图理解与计算。

7.5.1 领域知识图谱构建

针对金融审计需求，基于数据库表，我们构建了一个与合同担保相关的金融审计知识图谱。其中包含核心概念节点数 41 个，属性概念节点数 525 个，边数 55 个。为了展示所有核心概念节点之间的关系，这里采用表格的形式，而非图的形式，如表 7.1 所示。由于这里的属性概念节点之间并不存在属性之间的关系，属性对基本意图的划分并不会产生作用，也不会影响之后的意图理解过程，所以这里省略了属性概念节点。为了突出意图理解过程，这里的名称均为可信度为 1 的代表词，不涉及可信度小于 1 的候选词。

表 7.1 金融审计知识图谱核心概念节点信息及其关系信息

出节点名称	出节点编号	入节点名称	入节点编号	关系类型	权值
保证分类	2	保证	1	组合	6
保证监管	3	保证	1	组合	6
保证人	4	保证	1	聚合	5
保证人	4	客户	25	等价	10
保证人	4	借款人	24	关联	3
贷款发放	6	贷款	5	组合	6
贷款回收	7	贷款	5	组合	6
担保合同	8	客户	25	关联	3
担保合同	8	借款人	24	关联	3
担保品	9	担保合同	8	聚合	5
担保圈模型	10	借款人	24	风控	1
担保圈模型	10	保证人	4	风控	1
担保圈模型	10	信贷合同	16	风控	1
担保圈模型	10	担保合同	8	风控	1
抵质押率指标	11	信贷合同	16	风控	1
抵质押率指标	11	抵质押品	12	风控	1
抵质押品	12	担保品	9	子类	8

续表

出节点名称	出节点编号	入节点名称	入节点编号	关系类型	权值
抵质押品价值	13	信贷合同	16	风控	1
抵质押品价值	13	担保合同	8	风控	1
抵质押品价值	13	抵质押品	12	风控	1
抵质押品监管	14	担保品	9	组合	6
抵质押品监管	14	抵质押品	12	组合	6
多家互保	15	借款人	24	风控	1
多家互保	15	保证人	4	风控	1
多家互保	15	信贷合同	16	风控	1
多家互保	15	担保合同	8	风控	1
信贷合同	16	担保合同	8	关联	3
信贷合同	16	授信明细	33	关联	3
合同罚息利率	17	信贷合同	16	组合	6
合同复利利率	18	信贷合同	16	组合	6
合同复利利率	18	合同执行	22	组合	6
合同还款计划	19	合同执行	22	组合	6
合同提款计划	20	合同执行	22	组合	6
合同正常利率	21	信贷合同	16	组合	6
合同正常利率	21	合同执行	22	组合	6
合同执行	22	信贷合同	16	组合	6
集团成员客户	23	客户	25	子类	8
借款人	24	客户	25	等价	10
客户	25	客户	25	关联	3
客户对外投资	26	客户	25	组合	6
客户风险	27	客户	25	组合	6
客户联系	28	客户	25	组合	6
客户上市	29	客户	25	组合	6
客户投资	30	客户	25	组合	6

续表

出节点名称	出节点编号	入节点名称	入节点编号	关系类型	权值
客户注册	31	客户	25	组合	6
十大客户指标	32	客户	25	风控	1
项目还款计划	35	项目融资	36	组合	6
项目融资	36	项目	34	组合	6
项目所在地	37	项目	34	聚合	5
项目用款计划	38	项目融资	36	组合	6
项目资本金	39	项目	34	风控	1
以贷还贷	40	贷款发放	6	风控	1
以贷还贷	40	贷款	5	风控	1
以贷还贷	40	贷款回收	7	风控	1
中小企业项目	41	项目	34	子类	8

核心概念节点之间的关系包括六大类：等价关系、子类关系、组合关系、聚合关系、关联关系和风控关系。其中风控关系是金融审计领域特有的关系，其他五类关系也可扩展到别的领域。这六类关系对应于不同的节点紧密程度，反映到知识图谱上就是边上的不同权值，分别为10、8、6、5、3、1。

7.5.2 基本意图划分

我们用两种方法进行了基本意图的划分。第一种方法是根据专家领域经验的人工划分方法，可看成正确的基准划分，其结果见表7.2。第二种方法则是基于二维结构信息熵最小化的自动划分方法，其结果见表7.3。

表7.2 金融审计知识图谱上的人工意图划分结果

基本意图编号	节点组成
1	1，2，3
2	4，23，24，25，26，27，28，29，30，31，32
3	5，6，7，40
4	8，9，10，11，12，13，14，15
5	16，17，18，19，20，21，22
6	33
7	34，35，36，37，38，39，41

表 7.3　金融审计知识图谱上的自动意图划分结果

基本意图编号	节点组成
1	1，2，3
2	4，10，15，23，24，25，26，27，28，29，30，31，32
3	5，6，7，40
4	8，9，11，12，13，14
5	16，17，18，19，20，21，22，33
6	34，37，39，41
7	35，36，38

可以看出，两种划分方法都不存在重叠的情况，并且它们之间的划分结果基本一致。其中，意图 1 和意图 3 完全一致，自动划分方法将人工方法的意图 5 和意图 6 合并为一个意图，而将意图 7 拆分为两个意图。除此之外，自动的方法只是对节点 10 和节点 15 划分错误。更具体地，我们用兰德指数对划分结果进行了评估，即

$$\mathrm{RI} = \frac{T}{\binom{n}{2}}$$

式中，n 为节点数；T 为所有节点对中被正确划分的数目，包括人工划分为同一意图的节点对也自动划分为同一意图，或者人工划分为不同意图的节点对也自动划分为不同意图。此值的取值范围为 $[0,1]$，数值越大，表示划分越准确。通过计算，此处的兰德指数 $\mathrm{RI}=0.935$，说明了我们采取的自动划分方法是准确而有效的。

7.5.3　交互意图理解与计算

交互意图的理解包含意图检测、意图迁移、意图推理和人工筛选等步骤。下面以"查询北京分行存在外部违规客户的所有合同"为例，说明交互意图理解与计算过程，如图 7.13 所示。

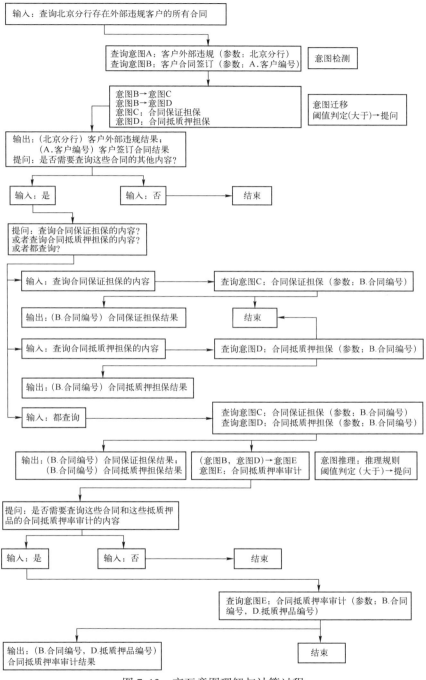

图 7.13 交互意图理解与计算过程

参考文献

[1] HUANG X, ACERO A, HON H W. Spoken language processing: a guide to theory, algorithm, and system development [M]. 2001.

[2] 颜永红. 语言声学与内容理解研究进展 [J]. 应用声学, 2012 (1): 35-41.

[3] HOLMBERG M, GELBART D, HEMMERT W. Automatic speech recognition with an adaptation model motivated by auditory processing [J]. IEEE Transactions on Audio Speech and Language Processing, 2006, 14 (1): 43-49.

[4] S. C. CHIOU, C. P. CHEN. Noise-robust feature extraction based on forward masking [C]//Interspeech, 2009.

[5] KIM C, STERN R M. Feature extraction for robust speech recognition based on maximizing the sharpness of the power distribution and on power flooring [C]//IEEE International Conference on Acoustics Speech & Signal Processing. 2010: 4574-4577.

[6] HILGER F, NEY H. Quantile based histogram equalization for noise robust large vocabulary speech recognition [J]. IEEE Transactions on Audio, Speech and Language Processing, 2006, 14 (3): 845-854.

[7] POVEY D, KINGSBURY B, MANGU L, et al. FMPE: discriminatively trained features for speech recognition [C]//IEEE International Conference on Acoustics, Speech, and Signal Processing. IEEE, 2005.

[8] POVEY D, BURGET L, AGARWAL M, et al. The subspace gaussian mixture model—a structured model for speech recognition [J]. Computer Speech & Language, 2011, 25 (2): 404-439.

[9] DAHL G E, YU D, DENG L, et al. Context-dependent pre-trained deep neural networks for large-vocabulary speech recognition [J]. IEEE Transactions on Audio Speech & Language Processing, 2011, 20 (1): 30-42.

[10] EMAMI A, PAPINENI, SORENSEN J. Large-scale distributed language modeling [C]// IEEE International Conference on Acoustics, Speech and Signal Processing, 2007.

[11] MOHRI M. Speech recognition with weighted finite-state transducers [M]. Handbook on Speech Processing And Speech Communication, Part E: Speech Recognition, 2008: 559-583.

[12] ALLAUZEN C, RILEY M, SCHALKWYK J. A generalized composition algorithm for weighted finite-state transducers [C]//Interspeech, 2009.

[13] 俞栋, 邓力, 俞凯等. 解析深度学习语音识别实践 [M]. 北京: 电子工业出版社, 2016.

[14] 张建华. 基于深度学习的语音识别应用研究 [D]. 北京邮电大学, 2015.

[15] XIONG W, DROPPO J, HUANG X, et al. Achieving human parity in conversational speech recognition [J]. IEEE/ACM Transactions on Audio, Speech, and Language Processing, 2016.

[16] PURWINS H, LI B, VIRTANEN T, et al. Deep learning for audio signal processing [J]. IEEE Journal of Selected Topics in Signal Processing, 2019: 206-219.

[17] ORGDEN C K, RICHARDS I A. The meaning of meaning: a study of the influence of thought and of the science of symbolism [M]. Orlando, Florida: Harcourt Brace Jovanovich Publishers, 1923.

[18] PEIRCE C S. Collected papers of Charles Sanders Peirce [G]. Harvard University Press, 1974.

[19] FREGE G, HERMES H, KAMBARTEL F, et al. Posthumous writings [G]. John Wiley Press, 1991.

[20] PERSSON G. Meanings, models, and metaphors: a study in lexical semantics in English [M]. Coronet Books Inc, 1990.

[21] PICCA D, GLIOZZO A M, GANGEMI A. LMM: an owl-dl metamodel to represent heterogeneous lexical knowledge [C]//International Conference on Language Resources and Evaluation, Marrakech, Morocco. 2008: 2413-2419.

[22] TIAN F, DAI G Z, CHEN Y D, et al. Specification and structure design of 3D interaction tasks [J]. Journal of Software, 2002, 13: 2099-2105.

[23] 虞龙发. 言语行为理论中的语言规则 [J]. 上海师范大学学报 (哲学社会科学版), 2003, 32 (1): 47-50.

[24] 徐赳赳. 现代汉语篇章回指研究 [M]. 北京: 中国社会科学出版社, 2003.

[25] HUNSBERGER L, ORTIZ C L. Dynamic intention structures I: a theory of intention representation [J]. Autonomous Agents and Multi-Agent Systems, 2008, 16 (3): 298-326.

[26] 刘胜航, 朱嘉奇, 邓昌智, 等. 基于人机协同的潜在意图检测模型 [J]. 软件学报, 2016, 27(Suppl.(2)): 82-90.

[27] 刘胜航, 陈辉, 朱嘉奇, 等. 基于语义三角形的自然人机交互模型 [J]. 中国科学: 信息科学 (中文版), 2018, 48 (4): 466-474.

第 8 章
智能仿真与交互

8.1 概述

迄今为止，计算机的发展经历了主机时代、PC 时代和普适时代。无论处在哪个时代，关于人机界面的研究都是一个永恒的主题。图形用户界面（Graphical User Interface，GUI）创造了 PC 的辉煌时代，虚实融合（Mixed Reality，MR）和普适计算（Pervasive Computing/Ubiquitous Computing）是通向人机交互终极目标的两条道路。

虚实融合（MR）的发展经历了从虚实独立（虚拟现实，Virtual Reality，VR）到虚实结合（增强现实，Augmented Reality，AR）的历程。其中虚拟现实是指在计算机软硬件及各种传感器（如高性能计算机、图形图像生成系统，以及特制服装、特制手套、特别眼镜等）的支持下生成一个逼真的、三维的，具有一定的视、听、触、嗅等感知能力的环境，以便用户在这些软硬件设备的支持下，能以简捷、自然的方法与计算机所生成的"虚拟"世界中的对象进行交互作用。它是现代高性能计算机系统、AI、CG、CHI、立体影像、立体声响、模拟仿真等技术综合集成的成果，目的是建立起一个更为和谐的人工环境[1]。增强现实则是借助光电显示技术、交互技术、计算机图形技术和可视化技术产生现实环境中不存在的虚拟对象，并通过传感技术将虚拟对象准确地"放置"在真实环境中，利用显示设备将产生的虚拟对象和真实环境融为一体，呈现给用户一个感官效果真实的新环境，使用户从感官效果上确信虚拟环境是其周围真实环境的有机组成部分。

MR 由现实与虚拟两部分构成，其中虚拟部分关心用户与虚拟世界的联结，涉及两方面的内容：虚拟世界的构建与呈现和人与虚拟世界的交互。由于呈现的虚拟世界是与人类感官直接联结的，因此完美虚拟世界的营造是通过建立与人类感官匹配的自然通道来实现的，通过真实感渲染呈现虚拟世界，营造音响效果，提供触觉、力觉等各种知觉感知和反馈。这样，用户与虚拟世界的交互必须要建立相同的知觉通道，通过对用户的自然行为分析，形成感知、理解、响应、呈现的环路。这是虚拟现实技术的核心内容。混合现实省却了对复杂多变的现实世界进行实时模拟，因为对现实世界的模拟本身是非常困难的，取而代之的是需要建立虚拟世界与现实世界的联结并模拟二者的相互影响。然而，要使虚拟世界与现实世界融为一体，在技术上存在诸多挑战，不仅要感知用户的主体行为，还需要感知一切现实世界中有关联的人、环境甚至事件语义，才能提供恰当的交互和反馈。因此，混合现实涉及广泛的学科，从计算机视觉、计算机图形学、模式识别到光学、电子、材料等多个学科领域。然而，正是由于混合现实与现实世界的紧密联系，才使其具备强大且广泛的实用价值。

人机交互（Human-Computer Interaction，HCI）主要是研究用户与系统之间的信息交换，主要包括用户到系统和系统到用户的信息交换两部分。系统可以是各种各样的机器，也可以是智能电视机、智能手机以及计算机系统和软件。用户可以借助操纵杆、数据服装、眼动跟踪器、位置跟踪器、数据手套、压力笔等各类穿戴设备，用手势、声音、姿势或身体的动作、眼睛甚至脑电波等向系统传递信息；同时，系统通过各类机器、显示器、音箱等输出或显示设备给人提供信息。理想状态下，人机交互将不再依赖机器语言，在没有键盘、鼠标以及触摸屏等中间设备的情况下，实现人机的自由交流，从而实现物理世界和虚拟网络的最终融合。

用户界面（User Interface，UI）是人与机器（计算机）之间传递和交换信息的媒介。人机交互界面设计的目标是通过适当的隐喻，将用户的行为和状态（输入）转变成一种计算机能够理解和操作的表示，把计算机的行为和状态（输出）转换为一种用户能够理解和操作的表达。MR一方面可以感知用户的肌肉运动、姿势、语言和身体跟踪等输入信息；另一方面可以从人类的视觉、听觉、触觉、嗅觉等多个感官通道为用户提供逼真的真实世界的感觉；还可以根据用户的视点变化和不同输入，迅速为用户提供实时的眼、耳、身体所能感到的感觉信息。可见，从交互的观点看，MR是一种新的人机交互界面。

MR发展到现在已经有近30年的历史，然而由于MR往往缺少使用方便、价格便宜的输入设备，在实际使用中缺少新的交互范式，以及MR本质上的形而上学的特征，使得 MR 在显示设备的历史发展中，没有进入主流应用。如今，随着人机交互领域中关键的人、事件、思想和范式的变迁以及心理学指导下的用户模型的不断改进，MR 在人机交互领域已经拥有了相应的交互心理学模型和界面范式，MR 技术正逐渐从科幻走入现实，并引发一场人机交互的革命。随着技术的愈发成熟，其重要性已经不仅仅局限于游戏娱乐领域，还在军事、航天航空、计算机辅助设计、外科手术模拟、科学计算可视化、远程控制以及教育等各个领域改变这个世界。未来，可能有这样一个产品，它接收你跟他人的对话，适时地给你提供建议与提示。如果你每天佩戴它，它会观察你日常的所作所为，学习你为人处事的方法，逐渐理解人与人之间的行为模式，并实时为你提供帮助，就像一个共生体一样和你生活在一起。

MR 的核心是人机交互。MR 未来的发展将走向网络化、智能化、泛在化，深化 MR 和人机交互的基础理论研究，支持云计算、移动互联网、人工智能、大数据技术等新一代计算技术与 MR 的融合将具有重大意义。

8.2　MR 环境中的交互模型

人机交互界面已经从最初的命令行用户界面，发展到现在的图形用户界面（GUI），并不断向脑机接口（Brain-Computer Interface，BCI）、自然用户界面（Natural User Interface，NUI）过渡。人机交互界面的示意图如图 8.1 所示。

在人机交互的过程中，人类可以通过多种方式与系统进行信息交换。在传统 GUI 中，用户通常要借助一定的交互设备来完成交互行为。这些交互设备往往要求用户先学习再使用，如鼠标、键盘等。BCI 将用户的中枢神经和外围神经细胞的脉冲直接反映到相应的机器设备上，通过特定的头戴式输入设备获取用户的意图来完成交互。常用的头戴式交互设备有 EmotivEpoc、BrainLink、MindWave 等。相对于 GUI，BCI 通过控制意图来完成交互，在某种程度上降低了用户使用计算机系统的学习门槛，交互界面更自然。NUI 是基于更加传统的人类本能的交互模式（如听觉、视觉、触觉、人体行为、行为表象）和较高的认知功能（如表达、理解和记忆）。在 NUI 中，用户不需要键盘或鼠标，只需要以最自然的交流方式（如眼动、语言、表情、手势和肢体）在交互环境（移动、桌面、空间环境）中与机器进行互动。有代表性的交互

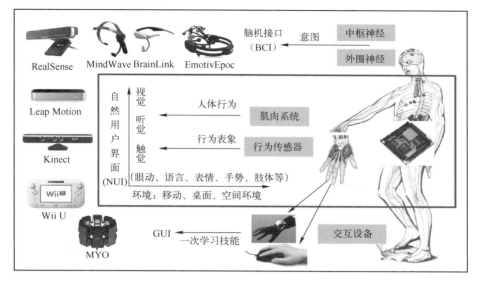

图 8.1　人机交互界面的示意图

设备有 Leap Motion、Kinect、Wii U 以及 MYO 等，用户使用这些交互设备时，学习门槛低，交互方式更自然。MR 人机交互界面是以上多种用户界面的融合，它充分调动人体神经系统、肌肉系统和行为系统来完成更自然的交互。

相对于 GUI 中的 WIMP（Window、Icon、Menu、Pointing Device，即窗口、图标、菜单、定点设备）交互，MR 最重要的交互方式是三维交互，MR 最主要的人机界面形式是三维用户界面（3D User Interface，3DUI）。传统的二维交互界面组件已经不能满足 MR 人机界面需求，MR 人机界面设计需要考虑新的输入组件、输出显示和交互隐喻，其研究的基本问题包含界面范式、交互任务分析、主要交互设备以及如何实现交互任务的交互技术。

8.2.1　MR 的界面范式

随着计算机硬件设备的发展，GUI 中传统的 WIMP 界面暴露出诸多缺陷。安德里斯·范·达姆（Andries Van Dam）针对 WIMP 界面缺陷，提出了 Post-WIMP 的概念，用以提高人机交互的带宽，使交互过程更自然。从 20 世纪 90 年代起，以三维用户界面、混合和增强现实用户界面、多通道用户界面等为代表的 Post-WIMP 界面迅速成了国内外的研究热点。在 Post-WIMP 领域出现的一些新进展，可以作为 MR 人机界面设计的参考。如雅克布（Jacob）在

2006年主持CHI Workshop的基础上，调查了大量风格各异的交互技术，提出了基于现实的交互（Reality-Based Interaction，RBI），并试图把它作为Post-WIMP界面的统一框架来指导界面设计。

雅克布提出的RBI框架包括以下四个概念：

（1）朴素物理学：人类对物理世界的普遍感知，如地心引力、摩擦力、速度、物体存在、缩放比例。

（2）人体感知与技能：身体意识，人类对自己的身体及自己对身体的控制和协调能力的感知。

（3）环境感知与技能：人类对周围环境的感知及在环境中操作和导航的能力。

（4）社会感知与技能：人类对环境中其他人的感知及与其他人交互的能力。

在RBI框架基础上，界面设计者可以挖掘从现实行为到人机交互的隐喻。虽然RBI不是一种统一的交互范式或模型，但它给面向MR的人机界面设计提供了有意义的指导。

8.2.2 MR的交互任务

MR强调沉浸感（Immersion）、交互性（Interaction）和构想性（Imagination），决定其不同于传统二维人机对话方式的交互[1]。三维交互能够增强用户对虚拟环境的感知，提供自然的交互，是MR最重要的交互方式。人们是生存在三维空间中的，在日常生活中围绕着三维世界，习得了许多操纵三维对象和在三维空间运动的技能，并能很好地理解三维空间关系，因此采用三维交互方式能够充分发挥人类这些固有的技能，使MR人机界面更为自然和谐、更为用户所理解。因此，面向虚拟环境的三维交互是MR人机交互研究的重点。

3DUI是MR人机界面最主要的界面形式，三维交互任务在3DUI设计中处于核心地位。Bowman从任务、子任务和交互技术三个层面将通用的三维交互任务分为三类：选择/操纵、导航和系统控制。选择/操纵的基本任务包含选择、定位和旋转。选择任务指的是到达目标的距离、相对目标的方位、目标的尺寸、目标周围的对象密度、要选择目标的数目、目标遮挡；定位任务指的是相对初始位置的距离和相对方位、相对目标位置的距离和方位、平移距离、要求的定位精度；旋转任务指的是相对目标的距离、初始方位、终止方位、旋转量、要求的旋转精度。导航任务主要分为漫游和路径查找任务。其中，漫游是导航的动力构件，是用户控制视点位置和方向的一种低层活动，是最普通和通用的任务，如脚的移动、旋转方向盘、松开制动踏板等；路径查找是导航的认知构件，是与用户运动有关的高层思考、规划和决策，包含空间理解和规划任务，如确定在环境中的当前位置、确定从当前位置到目标位置的路径、建立环境的意念地图等。系统控制任务指的是改变系统交互模式和系统状态的那些系统命令，如请求系统执行一个特定功能、更改交互模式和更改系统状态等。

三维交互的效果在很大程度上依赖于所应用的交互任务，规范任务方法把操作任务简化到它们最本质的性质。这种规范任务的分类方法考虑了任务和实现任务的方法，对 MR 人机界面的设计具有重要指导意义。当然，对于一些复杂的特殊任务，一般的操作任务就没有意义了，需要针对特定的应用进行更详细的交互任务设计。例如，在 MR 医学训练应用中，医学探针相对于内部器官的虚拟三维模型的定位、飞行仿真器中虚拟飞机控制手柄的移动等。

8.2.3 MR 的交互设备

用户如何输入信息以及系统如何显示输出信号对于 MR 人机界面设计来说非常重要。传统计算机的视觉显示器能显示三维图形。MR 需要使用更高级的显示器提供立体观察。另外，很多 MR 还用到非视觉显示器，需要对其他感觉器官展示信息。传统计算机使用文本输入（键盘），2 自由度的鼠标。MR 往往需要为用户提供同时操作的更多自由度，因为用户需要给出位置、方向、手势等三维空间中的行为来完成复杂的交互任务。因此，MR 通常需要使用特定的交互设备。

任何 MR 人机界面必需的组件都是用来向用户提供输出信息的硬件。它们通过人的感知系统向用户的一种或几种感觉器官提供信息，其中的大部分设备主要用来刺激人的视觉、听觉和触觉，在极少数情况下，也可以将信息传给嗅觉或味觉。在 MR 人机界面中，设计、开发和使用不同的交互技术时，必须认真考虑选择显示设备，因为对某一种特定的显示器来说，某些交互技术可能比其他的交互技术更适用。MR 交互输出设备主要包含视觉显示设备、听觉输出设备和触觉/力觉输出设备。

视觉显示设备的属性包含观察区域和可视区域、空间分辨率、显示屏形状、光线传播、刷新率和功效学等。MR 交互视觉显示设备的设计一般包含单眼的静态线索、眼球的运动线索、运动视差、双眼视觉不一致性和立体成像等。MR 的视觉显示设备一般有终端显示器、环屏显示器、工作台显示器、半球形显示器、头盔显示器（HMD）和悬臂式显示器（AMD）等。

MR 听觉输出设备的一个重要作用是通过产生和显示空间三维声音，使参与者可以进行定位（判断声源的位置和方向）。三维声音定位线索包含双耳线索（两耳时差、声强差）、声强、声谱（高频率有用）、动态线索（很弱）、回声（很弱）、头部相关传递功能。声音输出的主要类型有简单音素、图标式音素和自然声音（录制或语音合成）。声音在 MR 人机界面中往往作为第二种反馈形式输出或作为其他感应通道（如触觉）的替代效果。MR 中一般使用耳机和外部扬声器为用户输出立体声、环绕立体声和 3D 音频等。

MR 中触觉/力觉输出设备主要根据触摸线索、肌肉运动知觉线索和运动神经子系统而设计。触觉输出设备可以分为以地面为参考系、以身体为参考系和直接刺激神经产生三种主要类型。常用的触觉/力觉输出设备有数据手套、力反馈鼠标、力反馈操纵杆、力反馈方向盘和力反馈手臂等。这些输出设备能有效增强交互的真实性，但是模拟真实世界触觉感受非常困难，有时候还可能使用户产生恐惧感，而且往往需要制作特定的机械设备。

MR 人机界面设计中的一个同样重要的部分是选取一组合适的输入设备，实现用户和应用任务的通信。就像输出设备一样，当开发 MR 的人机界面时，有很多不同类型的输入设备可供选择，某些设备对于特定的任务比其他设备更合适。MR 中三维交互输入设备可以分为离散输入设备、连续输入设备和直接人体输入设备。离散输入设备根据用户动作一次产生一个事件，生成一个简单的数值（布尔值或一个集合中的元素），常用于改变模式或者开始某个动作，用于离散型的命令界面。典型的离散设备包括键盘、按压手套（Pinch Glove）等。连续输入设备根据用户行为一次生成多个数据（如实数值、坐标值等），包括三维鼠标、跟踪器、力反馈手套、传感器数据手套、内置传感器的手柄 Wii U、基于动作感测的 Kinect、Leap Motion、3D 摄像头 RealSense 等。MR 设备中有很大一部分是直接人体输入设备，包含语音输入、生物电输入和脑电波输入等。当前具有代表性的语音输入产品有智能音箱 Google Home 和语音助手 Amazon Echo 等。Google Home 是配有内置扬声器的语音激活设备,可以在智能家居中通过语音控制家庭设备。Amazon Echo 是一款实时联网的圆筒状设备,可在生活中充当助手,用户用普通语音提出问题时,Amazon Echo 也会用语音作答,还能列出购物清单。生物电输入设备主要通过生物电传感器读取由人的前臂发出的肌肉神经信号而交互,主要用于智能可穿戴设备中。脑电波输入设备通过脑电图 EEG 信号等监视脑电波的活动,代表性产品有 NeuroSky MindWave 意念耳机、能操控无人机的 EmotivInsight、能锻炼专注力的意念头箍 BrainLink 和能模仿表情的 EmotivEpoc 等。这些直接人体输入设备可以作为其他输入通道的补充,是理想的 MR 交互必不可少的部分。

在 MR 人机界面设计中,输入/输出设备的选择需要考虑具体交互技术的需求、输入设备和输出设备之间的相互约束及多通道交互之间的互补等。在实践中,费用往往是最大的因素,还需要考虑是否用给定设备限制交互技术的设计、是否需要为实现交互技术购买先进的设备以及是否需要为交互技术制作新的交互设备等。

8.3 智能仿真交互技术

8.3.1 三维交互技术

1. 交互隐喻

三维交互是 MR 最重要的交互方式,相对于二维交互,MR 三维交互提供了更多的自由度,交互任务更为复杂,交互界面设计有着更大的设计空间,因而需要全新的交互技术。交互隐喻是通过对现实世界存在的一些机制进行比拟或抽象的,并借用到交互过程中,它把输入设备的空间方向/位置信息或离散的按钮状态映射为虚拟空间的操作,完成特定的交互任务,不同的交互隐喻提供了不同的交互方法。根据交互系统对输入的不同隐喻,可以把已有的三维交互方式分为直接映射式和间接映射式两大类。MR 中经典的选择/操作技术如图 8.2 所示。

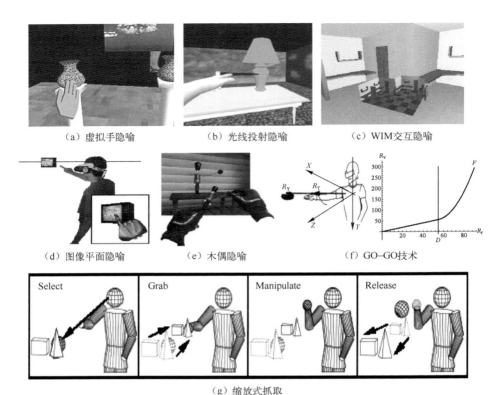

图 8.2 MR 中经典的选择/操作技术

直接映射式输入是指直接映射设备输入的位置/空间信息为虚拟空间的操作动作。主要的隐喻方法有以下几种。

(1) 光线投射（Ray-casting）隐喻。光线投射技术使用虚拟光线投射到要抓取的虚拟对象上。光线的发射方向由用户的手控制。Liang 等人为了解决这种技术对远程小对象的选取，提出了用锥光柱代替圆柱光柱的方法。

(2) 虚拟手隐喻。虚拟手技术是在虚拟环境中构造用户手的虚拟"化身"。虚拟手的位置/方向由用户手控制（通过跟踪器）。由于人手臂工作范围的限制，难以对远距离对象进行操作，为此，Poupyrev 等人基于非线性映射原理提出"GO-GO"技术，来扩大手在虚拟空间的可达范围。其他一些研究者也基于非线性映射思想提出了不同映射方式。

(3) Wloka 等人提出的在视觉上复制 6DOF 输入设备到虚拟环境中的 Virtual Tricoder 隐喻，以及 Bowman 等人提出的组合虚拟手延伸和光线投射的交互方式 HOMER（Hand-centered Object Manipulation Extending Ray-casting）也属于直接映射式交互方法。

间接映射式输入是指把设备输入的信息映射为手势，通过手势控制场景空间的比例，进而在新的比例空间完成交互任务。主要的隐喻方法包括：

（1）WIM（Worlds In Miniature）。Stoakley 等人提出的 WIM 交互隐喻使用双手操作，两只手分别持有带跟踪器的面板和按钮道具，面板道具在虚拟空间被隐喻为整个虚拟场景的缩微复制品，缩微复制品中的物体与场景中的物体是相关的，在缩微空间实现对场景对象的操作。

（2）图像平面。Pierce 等人提出了基于图像平面交互方法，主要思想是构造三维对象的一个二维图像投影平面，基于该图像平面采用与二维鼠标类似的交互。

（3）Voodoo Doll。Pierce 等人的另一项工作是基于木偶隐喻的交互方法，即在虚拟手上动态地创建一个被操作对象的复制品（称为 Doll），并缩放到一个适合操作的比例。用户针对 Doll 操作，场景中的对象随 Doll 改变而改变，当操作完成后，Doll 自动消失。Voodoo Doll 采用双手交互，左手作为右手工作的参考框架（假定用户的右手是"习惯手"，下同）。

（4）Scaled-World Grab。Mine 等人建议用本体感觉来补偿沉浸式虚拟环境中缺乏的触觉反馈，并提出 Scaled-World Grab 交互技术。其思想是在用户抓取虚拟对象时，场景相对于用户的头部自动地缩放比例，当用户释放对象时，则比例自动回退。

此外，基于三维器件（如三维悬浮菜单、三维图标）进行交互的方式并不是一种直接操作技术，因而多用于系统控制类交互任务。

通常的三维交互采用单手输入。双手交互也曾引起广泛的关注，其原因在于双手操作能够充分发挥人们在日常生活中习得的技能，不仅比单手操作省时，而且还能加强用户对交互的理解，因而能有效地增进人机交互效率。

目前，MR 下的双手交互研究主要有以下两类。

（1）具有跟踪器的手持道具类：主要有 Szalavari 等人的 PIP（Personal Interaction Panel）系统、Schmalsteig 介绍的透明 Pad-Pen 系统、Billinghurs 介绍的 3D Palette 系统和 Poupyrev 介绍的 Virtual Notepad 等。这些操作范型都是基于带有跟踪器的 Tablet-Pen 的方式。Tablet 为 Pen 提供了很好的物理约束，可

以在三维环境嵌入二维桌面的交互机制。Virtual Notepad 系统还提供了在沉浸式虚拟环境中写、画和注释文档（采用笔迹识别在虚拟环境中输入文本）的功能。WIM 也是一种手持道具的双手交互范型。

（2）基于手套的双手交互类：主要有 Maps 等人介绍的 PolyShop 系统和前面介绍的 Voodoo Doll 交互方法。Maps 认为，侦测手指间的接触比通过手指关节或者手的运动来识别手势更为可靠，更为重要的是手指接触的方式比手势语言更易于学习，尤其对于频繁使用的命令更为有效。基于这个观点，他们开发了被称为 ChordGloves 或 PinchGloves 的手套。这种手套在手掌和每个手指端部都装有电子接触器，用于侦测手指间的接触。由于这种手套没有关节传感，成本低，因此用于开发使用两个手套的应用更为实际。PolyShop 系统用于仿真和训练，系统提供离散的手势识别（手势由指、掌间的接触组成），用户使用 ChordGloves 选择操作模式，双手在虚拟世界中进行比例变换、旋转或平移对象等操作。Mapes 及其同事在 Multigen 公司延续了这一工作，开发了虚拟场景建模系统 SmartScene。该系统包含一些功能强大的交互技术，如手持 Palettes、双手飞行、双手动态比例世界和 ModelTime 行为等。

2. 手势、姿势交互（基于人体运动跟踪的交互）

在 MR 中，用户身体的运动是典型的输入方式。通过跟踪器或计算机视觉的方法跟踪人体相关部位（如头、手、臂或腿），获得人在物理世界的运动姿态信息作为 MR 系统的输入，这是目前主流的 MR 输入方式。下面将介绍 MR 中涉及这些输入通道的交互技术。

从运动跟踪中捕获到的人体运动的原始数据，通过识别算法解释为姿势（Gesture）。Cerney 等人给出了一个广义姿势的定义：姿势是指人的手、臂、面部或身体的物理运动，用以传达信息或意图的目的。姿势识别不仅包含人的运动跟踪，也包括把运动解释为具有语义意义的命令，一些常用的人体姿势包括手势、臂部姿势、头部姿势和面部表情等。姿势分为动态的和静态的两种。

Cerney 认为，姿势可以根据功能、语言学以及在通信中的角色进行分类。从功能的角度看，姿势分为 3 类：记号姿势、活动姿势和认知姿势。记号姿势通过增强或推动交流来传递有意义的信息；活动姿势包括对物理环境的操作，通常涉及工作的概念；认知姿势包括通过触觉体验或触觉探查来探索环境的过程。记号姿势可以进一步按其在通信中的角色分类为图标姿势、隐喻姿势、指代姿势和节奏性（Beat-Like）姿势。图标姿势是活动、对象或事件的表示；隐喻姿势表示通用的隐喻，而不是直接指向对象或事件；指代姿势是用指点的方式指向人、对象或方向；节奏性姿势是一些用手或头完成小幅度的用力的动作。这些姿势分类对 MR 的交互技术设计具有极大的指导作用。一些已有的 MR 系统也使用了这些姿势：Bergamasco 用活动姿势进行一般对象的操作；Brooks 用活动姿势进行科学可视化的应用等。使用记号姿势的系统有指代式导航、记号语言解释等系统。

手势是人类众多身体姿势中最常用的一种，在 MR 系统中最早使用手势交互的是 Bohm 等人。他们使用符号手势（预定义、含义明确的手势）来触发系统命令的工作。Bolt 于 1992 年把以前的工作扩展到 3D 对象的操作。Cavazza 等人分析了 MR 中的指点手势，定义了扩展指点用于处理一个或多个对象的选择操作，从运动跟踪中捕获人体运动的原始数据。

主要的手势、姿势输入技术按照使用的输入设备可以划分为以下几类。

（1）基于手套的手势识别。从手套设备中获得的原始数据可以采用如隐马尔可夫模型和神经网络等识别算法进行分析。手可以被用作一个按钮、计算器、定位器和拾取设备。掐捏手套可以用来做有限的手形，数据手套也可以通过使用关节角测量提供手形和手势。尽管由于手势识别、数据手套校准的困难以及类似的缺点，致使基于手势的交互在 3D 交互界不怎么受欢迎，但它仍然是一种仅需要用户的手进行输入的强有力方法。

（2）基于视频的识别。手或手指姿势以及肢体或头部的视频图像，可以通过计算机视觉算法来识别出特定的姿势。Jaimes 对多通道中使用视频技术捕捉肢体姿势、手势、面部表情以及视线跟踪进行了全面的综述。

（3）基于表面的识别。显示屏、触摸屏或者其他的表面可以用来识别手势。通常，一个类似笔的设备可以用来在平的表面上产生手势。这里手势是由笔画构成的。

随着人体运动跟踪交互技术的不断发展，MR 中出现了很多基于隔空操作、体感交互的应用和设备。这些应用和设备主要基于三维识别操作技术开发，包括基于光学技术和穿戴传感的手势识别技术以及雷达技术、肌肉电技术、电磁波等。输入技术如图 8.3 所示。

光学作为手势识别的主流方案之一，以国外的体感控制 Leap Motion 为主要代表。Leap Motion 运用双目视觉的手势识别技术，通过双目摄像头采集操

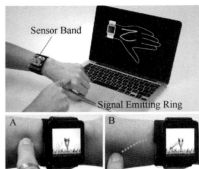

（a）手势控制Leap Motion　　　　（b）皮肤输入SkinTrack

（c）体感输入Kinect

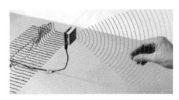
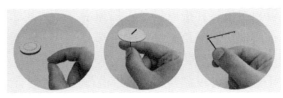

（d）雷达感应输入Soli

图 8.3　输入技术

作者手势动作的左右视觉图像，经过立体视觉算法生成深度图像，再使用手势跟踪算法对人手运动进行跟踪。用户只需要挥动一根手指即可浏览网页、阅读文章、翻看照片、播放音乐，可以在三维空间进行雕刻、浇铸、拉伸、弯曲以及构建 3D 图像等。

　　隔空操作、体感交互不仅仅局限于手、手臂上，身体其他部位（脚、膝盖、腰甚至臀部）的动作也可以作为新的输入方式进行三维交互。微软发布的 Kinect 就是非常经典的体感交互设备。Kinect 主要利用一个普通的 RGB 摄像头和一个检测深度的红外摄像头来识别人体的各种动作，从而实现无接触式操作。在使用 Kinect 进行游戏交互时，用户不需要任何按键，只需要挥动手臂或配合其他身体姿势去控制游戏，例如足球、橄榄球、滑雪、拳击、赛马等。

穿戴式的手势识别的运作原理为：通过手上佩戴的 IMU 传感器获得手势、指关节等运动信息，在计算机中建模得到相关手势，例如谷歌为智能手表打造的全新智能平台 Android Wear。磁力技术的原理与 IMU 传感器的运用原理相类似，通过获取力的大小、方向、距离等信息，计算机对手势进行建模。

雷达技术的主要运作原理是通过持续发射和接收手部反射的电磁信号，测量精细、复杂的动作变化，而后转码分析、识别。Google Project Soli 是雷达技术应用的典型代表。他们设计了四类手指的隔空动作指令：转盘手势、刻度手势、按手势和位移手势，用户可以通过搓一下手指来调手表的时间、通过捏一捏空气来浏览地图、不需要实体按键就可以隔空选音乐调音量等。

应用肌肉电技术的典型产品为由加拿大创业公司 Thalmic Labs 推出的手势臂环——MYO，通过感知手臂上的肌肉运动可识别出近 20 种手势，例如用户可利用手势进行一系列的触屏操控动作。

最具代表性的电磁波方案则是一项由卡耐基梅隆大学（CMU）团队所研发的 SkinTrack 系统。该系统由一个能连续发射高频交流信号的指环和嵌入智能手表的内置传感器的手环组成，能让用户手上的皮肤成为"触摸屏"，手环可以追踪所佩戴指环的运动轨迹，并与皮肤上的拓展触摸屏产生交互感应，通过手指在皮肤上的滑动，提取相位差等建模信息。

3. 手持移动设备交互

以手机、PDA 为代表的移动设备在我们的日常生活中起着越来越重要的作用，已成为我们与人沟通、管理个人事务不可或缺的电子设备。随着电子信息技术的进步，手持移动设备的计算能力、图形显示能力得到持续的增强，同时也集成了相机、GPS、加速度计、陀螺仪、电子罗盘等不同种类的传感器，提升了设备对环境和用户行为的感知能力。人们除关注与这些智能移动设备本身的交互外，也已经注意到了智能手持移动设备的三维交互能力，把它用于虚拟/增强现实和普适计算领域。从 1993 年 Fitzmaurice 开发出 Chameleon 系统以来，在虚拟/增强现实和普适计算领域涌现出二十多个不同的基于手持设备交互的原型系统，它们各有特色，但一个共同的理念就是摆

人工智能：智能人机交互

脱传统的桌面交互，实现用户与环境的交互，其核心就是基于手持移动设备的三维交互的设计思想。

基于手持移动设备的交互隐喻包括信息透镜隐喻和直接指点隐喻。

（1）信息透镜隐喻

信息透镜隐喻是目前使用最多的一种方法，尤其在增强现实领域，其核心思想是实时计算手持设备相对于被观察场景（已标注数字信息）的相对位置（通过位置传感器或者视觉的方法），把已标注的数字信息实时叠加到由相机捕捉到的图像上，其后的操作将基于手持设备上的按钮、笔或触摸装置在2D下操作。信息透镜隐喻发端于 Fitzmaurice 开发 Chameleon 的系统，这个系统引出了空间感知显示器的新概念，即用带有位置跟踪器的手持设备去感知叠加在空间的数字信息。

随着手持移动设备逐渐集成了摄像头并且自身的计算能力和图形能力的逐步增强，信息透镜隐喻也不断发生变化，其中基于内置相机的光学跟踪得到最大的关注。1995 年，索尼公司的 Rekimoto 的 NaviCam 系统，使用安装在手持设备上的内置相机，通过光学跟踪的方法检测颜色标签，在手持显示设备上以透视的风格直接显示上下文敏感信息。值得注意的是，NaviCam 系统并不感知相机的相对位置。Wagner 等人的室内 AR 导航系统，基于标志卡光学定位跟踪技术计算 PDA 相对标志卡的位置，实现室内三维增强现实导航，是第一个自包含的手持移动增强现实系统。Rohs 提出了一套视觉编码，以实现基于增强现实的 Widgets 系统。该系统使用手机内置相机作为透视工具来恢复物理对象的相关信息和功能。把基于标志卡定位的方法加以扩充，利用计算相机和大幅面纸质实物（如地图、海报或图纸）可实现具有更好空间上下文的魔镜技术（Magic Lens）。

Peephole 技术是另一类信息透镜隐喻。Peephole 在用户周围构造出虚拟工作空间，通过机械式传感器感知手持设备在这个虚拟工作空间的位置，进而采用基于笔的双手交互技术与虚拟工作空间的数字内容交互。由于在手持显示器之外没有与数字信息相结合的物理上下文的视觉反馈给用户，因此这个技术只能用于查看和操作数字信息。

一些研究者也对信息透镜隐喻作了各种实验，来对比其性能和可用性等。Rohs 等人设计了使用带有内置相机的手机结合实物地图进行导航的测试任务，对比了使用手机操纵杆、没有实物上下文的 peephole 和魔镜隐喻在目标获取时的操作绩效，并对费茨法则在魔镜隐喻下进行了修正。实验结果表明，相比于操纵杆，peephole 和魔镜隐喻有着更好的性能。Morrison 等人[1]把魔镜技术用于地图导航，提出了 MapLens 技术，并通过一个基于位置的室外游戏，探讨了用户在协同讨论完成游戏任务时使用 MapLens 技术的优势。

信息透镜隐喻主要用于浏览虚实叠加信息，如在一些位置导航、协同游戏（利用手持设备的通信能力和键盘/触摸输入）、广告以及城市管道检查等领域已有一些应用。Schmalstieg 等人开发了一个手持 AR 平台——Studierstube ES，主要面向 Windows CE 移动设备。信息透镜隐喻的优势是，为用户浏览查看叠加在真实空间或物体上的数字信息提供了方便的手段，但由于使用手持移动设备时总有一只手被占用，同时交互的背景来自于相机抓取的场景，因此对进一步操作虚拟信息，如批注、选择、编辑或移动等任务还面临巨大的挑战。

（2）直接指点隐喻

直接指点隐喻是捕捉手持移动设备相对于空间显示器的位置，进而通过手持设备来操纵空间显示器。近年来，随着显示技术的进步，面向公众的大尺寸显示设备被用于各种场合，但与其交互存在一定的问题：传统的使用鼠标键盘的模式要求用户必须在固定位置，这一问题限制了大屏幕作为一种公共交互空间的利用率。而利用手持移动设备机动性强的特点，用户就可以不必在固定位置操纵远距离屏幕，方便多用户、移动使用，将大大提高大屏幕的利用效率。

使用手持设备直接操作大屏幕的一种直接的方法是使用类似远程桌面的方式，把远程屏幕的内容直接绘制到手持显示器上，并使用手持设备的笔或触摸进行控制，但受限于手持移动设备屏幕尺寸和比例限制，这种方法并不能精确地进行交互操作。

为了更精确地操作大屏幕，研究者多采用基于视觉跟踪的方法来定位手持设备与被操作屏幕之间的关系，把设备的运动直接映射为光标的运动，从而实现直接操作（其他操作通过手持设备上的按键或操纵杆来实现）。Miyaoku 提出了 C-Blink 技术[1]，他通过安装在大屏幕上的摄像头采集手机屏幕的色彩（手机屏幕闪现不同的颜色作为初始化）来计算手机相对于大屏幕的 2D 位置，进而实现 Click、Grab 和 Pitch 等交互操作。C-Blink 技术利用了手机屏幕不同的颜色作为定位的基准，但存在一个问题，它需要外置摄像头并且手机屏幕需要时刻面向屏幕，这给交互带来不便。Hachet 等人提出使用手持 PDA 上的相机和标志卡实现大屏幕 MR 交互。他们采用双手交互的方式把标志卡相对相机的运动映射为交互动作，实现了一个 3 自由度交互界面来控制大屏幕 MR 漫游。Hachet 的方法需要额外的实物标志板，并且双手都被占用，这限制了一些交互操作。Ballagas、Rohs 通过采用手机摄像头捕捉在大屏幕上闪现视觉编码标志的方法，来计算手持设备相对大屏幕的坐标，进而实现了包括 Point&Shoot、Sweep 等一系列的交互技术。这项技术由于视觉编码标志在屏幕上的时隐时现，会导致屏幕的混乱，引起交互的不便。此外，Pears 等人也提出了类似的方法实现了手机与大屏幕的注册。

Jiang 等人[2]组合手持相机和鼠标实现了针对大屏幕的空间交互方法，通过相机图像与大屏幕之间的仿射变换，计算光标在大屏幕的位置来实现远距离的大屏幕操作。Wang 等人[3]的 TinyMotion 系统使用手机摄像头，采用简化的运动差分算法实现基于手机的 2 自由度控制，并介绍了使用该技术实现滚卷、缩放、菜单选择、光标移动以及手势/手写等输入任务。TinyMotion 技术也可以用来操作大屏幕，但是需要在跟踪精度上进行改进。完全使用内置摄像头来检测手机本身的运动是一种完美的方法，其他一些学者则采用各种简化的光流法实现手机的姿态估算。

与把手持设备作为直接指点设备不同，Boring 等人[4]提出了直接在手机屏幕上点取手机摄像头拍摄的视频图像来实现远程交互的 Touch Projector 系统。该系统不同于把手持设备直接映射为屏幕光标运动的方法，虽然也使用手机内置相机与远程屏幕定位，但其交互是通过直接在手机屏幕上操作捕获的屏幕视频控制远程屏幕的。基于这一思想，他们开发了包括冻结、缩放等任务在内的跨屏选择/拖动交互技术。Yang 等人[5]把具有触摸功能的手机嵌入桌面鼠标上，开发了 LensMouse。在 LensMouse 提供的交互技术中，把手机触摸屏作为桌面显示器的辅助窗口，用于显示操作主屏幕的工具条/弹出式菜单/对话框等图形界面元素，使用手机屏幕的触摸功能与这些界面控制元素交互，节省了主显示屏幕的空间，并进行了一系列的试验，对设备和交互技术的有效性进行了评估。

典型手持设备如图 8.4 所示。

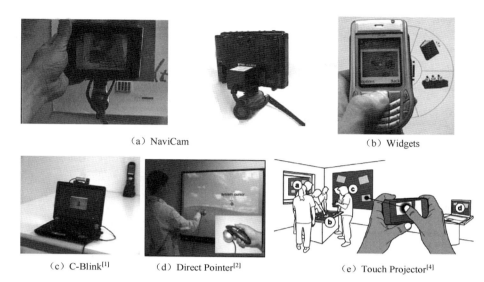

图 8.4 典型手持设备

8.3.2 语音交互技术

语音输入是其他输入通道的一种很好的补充。它是一种很自然的输入方式,能将不同种类的输入技术(多通道交互)结合起来,形成一种更有连贯性和自然性的界面。如果功能适当,尤其是用户的两只手都被占用的时候,语音输入将成为 MR 用户界面中很有价值的工具。语音有许多理想的特点:解放了用户的手;采用一个未被利用的输入通道;允许高效、精确地输入大量文本;完全自然和熟悉的方式。在 MR 用户界面中,语音输入尤其适合非图形的命令交互和系统控制,即用户通过发布语音命令来请求系统执行特定的功能、更改交互模式或者系统状态。此外,语音输入也为 MR 中符号输入提供了一种完整的手段。它主要有三种方式:单字符语音识别、非识别语音输入和完整单词语音识别。虚拟注解(Virtual Annotation)系统[6]是使用非识别语音输入的一个 MR 用户界面范例。

由于语音界面对于用户来说是"不可见的",用户通常不需要对语音界面可执行的功能有一个总的视图,因此为了捕捉用户的真实意图,就需要通过语义和句法过滤实现纠错(使用语义或者句法的预测方法来限制可能的解释)或者使用形式化的对话模式(问答机制)。由于语音界面初始化、选择和发布命令都在一次完成，因此有时可以用其他的输入流（如按键）或者一个特殊的声音命令初始化语音系统。这消除了一个语音开始的歧义，被称为即按即说（Push-to-Talk）系统。

语音交互主要有两种方式：语音识别系统和语音对话系统[7]。在使用语音交互开发 MR 人机界面时，首先要考虑语音界面要执行的交互任务，交互任务将决定语音识别引擎的词汇量大小，即任务和它所运行的范围越复杂，需要的词汇量越多。对于仅有少量功能的应用，采用简单的语音识别系统可能就足够了，高度复杂的应用则需要包含语音对话系统来保证理解语音输入的全部功能。

语音交互的关键是语音识别引擎，一些现有的语音识别软件包括微软 Speech API、IBM ViaVoice、Nuance 和科大讯飞等，它们都达到了很好的性能。如今，随着语音识别技术的逐步开放和开源，语音技术门槛逐渐降低。主要的语音开源交互平台有 CMU-Sphinx、HTK-Cambridge、Julius 和 RWTH ASR[8]等。近年来，Google 眼镜、穿戴式设备、智能家居和车载设备的兴起，将语音识别技术推到应用的前台。自苹果 iPhone 4S 内置 Siri 以来，几乎所有的手机都开始内置语音助手类的应用。目前，具有代表性的语音助手产品有智能音箱 Google Home 和语音助手 Amazon Echo。

在 MR 中，语音识别技术将成为更有效的输入手段，然而语音助手类应用几乎都面临着功能的同质化、用户体验不足、语音识别准确率在复杂条件下离实用化尚有距离的问题[9]。语音识别和自然语言处理还不能彻底帮助用户最快地完成任务。智能语音技术的发展方向是自然语音对话交互，必须同时解决自然语言交互和完成有用交互任务的问题。

8.3.3 多通道交互技术

1. MR 中多通道交互

多通道交互用于图形显示的第一个探索性研究是 Bolt 的 Put-That-There 系统。该系统集成了语音输入和基于 6 自由度（DOF）跟踪器的指点输入，在大的背投影前进行 2D 基本图形元素的创建和编辑。以 Bolt 为基准，众多的研究者开始了对多通道交互的进一步探索。

在 MR 中，由于能够跟踪和捕捉人体运动的 3D 数据，因此为其多通道界面设计提供了更大的空间，同时也带来了设计上的复杂性。手势与语音结合是最为直观的多通道交互方式，因而在 MR 中讨论的也最多。

Lucente 等人[10]使用相机作为输入实现了不同的多通道操作，如选取、拖动和比例操作。La viola 的 MSVT 系统[11]使用全手操作和语音输入作为两个输入通道用于科学数据可视化，他的目标是不仅为科学可视化应用构造自然和直觉的用户界面，而且进一步探讨了多通道输入的组合风格：①互补性；②并发性；③专用化；④通道间的传递。Cohen 等人的 QuickSet 系统是采用无线手持设备的基于 Agent 的协同多通道系统。该系统实时分析连续的语音和笔式/手势多通道输入，通过合一整合用于地图导航。他们与美国海军研究实验室（NRL）合作实现了 QuickSet 的三维版本，并集成到 NRL 的虚拟战场规划平台 Dragon2 中。他们使用一个定制的 6DOF "flight stick" 设备，用于导航、视点控制、选择和数字墨水的勾画，语音和手势的输入由 QuickSet 并行识别和融合。Latoschik 对 MR 环境下的多通道交互进行了深入的研究，提出了多通道 MR 交互的用户界面框架及基于传输网（tANT）的多通道融合、姿势处理框架，并分析了多通道交互中的手势问题。

另外一些研究者以手部手势+语音为主，考虑视线、体感等其他输入通道在 MR 中的应用问题。例如 Koons 等人[12]使用 3D 指点手势、声音和眼动跟踪等交互技术，实现了一个地图交互系统。他们还讨论了并发多通道出现的问题。Oviatt 等人[13]描述了一个 MR 多通道 3D 虚拟航行器辅助维护系统，包括基于肢体跟踪的化身驱动、手势识别（7 个基于 CyberGlove 的手势）和语音输入，实现了时间并发输入通道的融合。Lucente 等人[10]使用语音识别和基于视频的手、体跟踪输入，使用户能在 2D 显示器前操作大的对象。

多通道 MR 交互环境（见图 8.5）是另外一个要讨论的问题。Althoff 等人[14]描述了多通道 MR 交互的体系结构和一些技术问题。他们的系统集成了多种输入设备（包括传统的鼠标、键盘、游戏杆、触摸屏以及空间鼠标、跟踪器和数据手套等），也采用语音输入，使用动态头部和手势输入。Latoschik 从手势处理、多通道整合与分析以及知识表示三个层次给出了多通道虚拟交互的用户界面框架。Touraine 等人[15]的多通道 MR 交互框架支持分布式设备服务，使用专门的服务器用于管理跟踪器、数据手套、语音或手势识别以及触觉设备和多通道融合。多通道融合的结果事件通过网络传递到图形服务器进行绘制更新。Ilmonen 的 FLUID 也提出了类似的思想[16]。输入设备的管理是保障多通道系统实现的一个重要问题，尤其在 MR 环境下，由于使用的设备种类更多，也由此出现了一些设备管理工具，如 MRPN（Virtual Reality Peripheral Network）、OpenTracker[17]等。

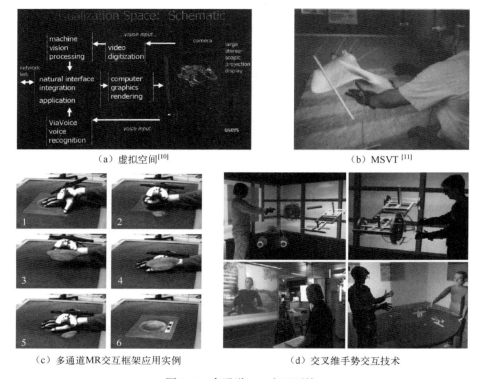

（a）虚拟空间[10]　　　　　　　　　　（b）MSVT [11]

（c）多通道MR交互框架应用实例　　　（d）交叉维手势交互技术

图 8.5　多通道 MR 交互环境

事实上，近年来，在混合现实和增强现实研究领域出现的混合用户界面也可以视为一类多通道界面，系统在这类界面中集成了不同尺寸的显示设备，如大屏幕显示、头盔（HMD）或手持、移动设备作为 MR 系统的输入设备。混合用户界面在交互上使用 2D 和 3D 交互混合的模式。这类系统在输出显示上与多通道交互一样，需要把输出信息分解到不同的设备上或其他知觉通道；在输入上，并不像语音+姿势组合模式那样强调融合，而是强调不同交互技术之间的无缝转换。哥伦比亚大学的 Feiner 在 1991 年就提出了混合用户界面的概念。最近，他所领导的研究小组致力于把这一概念推广到 MR 和混合现实环境中，如小组成员 Benko 等人提出了交叉维手势交互技术：在一个混合沉浸式环境中，用触摸平板显示器和 HMD 作为显示设备构成多显示器混合现实环境，输入设备是带有跟踪器的数据手套，使用集成的 2D 和 3D 手势来支持数据在本地 2D 和 3D 显示之间的无缝转换。在 Benko 的另一项工作中，使用同样的技术并引入 Tablet PC 作为手持 Widget，实现"Magic Lenses"来放大局部场景。

Schmalstieg 等人为解决协同增强现实的交互问题，开发了著名的 Studierstube 系统。最近他及其合作者从多用户、多主机平台、多显示类型、多并发应用和多上下文的角度出发，提出了多维度用户界面的概念[18]，并基于 Studierstube 软件框架开发了几个原型系统进行验证。在他们的多维度用户界面中，所有用户使用的是同一类型的交互设备——带有跟踪器的笔-板设备（Personal Interaction Panel，PIP），显示设备包括 HMD 和视频投影。此外，Butz 等人的 EMMIE 系统[19]是另一个混合界面著名的范例。该系统集成了被跟踪的手持设备、固定显示器和 HMD，使用 3D 鼠标作为输入设备，实现跨显示器的拖动操作。Darken 则从维度一致性的角度研究了虚拟环境下的混合维交互问题。

2. 多通道交互信息融合

多通道系统使用户同时使用不同的通道进行交互。这些交互通常基于语音、姿势或触觉输入。此外，面部表情识别或唇读也用于多通道输入。多通道界面能组合单独通道的优势，或根据环境上下文转换通道。

由于多通道技术融合了多个通道的输入流，因而在 MR 中使用多通道交互技术可以极大地提高系统控制的性能。但在融合过程中需要考虑几个输入通道之间的组合风格[11]：①互补性；②并发性；③专用化；④通道间的传递。

多通道融合主要有以下两种方式。

（1）早期融合。早期融合也称为特征融合。早期融合是基于原始输入数据在信号级进行融合的。这种方式适用于被融合的通道是紧密耦合的，如语音+唇读。

（2）后期融合。后期融合也称为语义融合。后期融合的过程是把输入数据映射为语义解释的过程：首先，从输入通道获取输入信息流，通过初步的预处理，构建统一的数据表示。这些不同通道输入信息流作为 Token（每一个 Token 具有时间戳标记），用于构成交互语义。然后，基于统一表示的 Token 进行数据融合，最后从词法、语法和句法三个层次上进行融合。Token 按时间排列，并送入语义分析模块中。基于框架、神经网络和 Agent 等的推理机制被用于融合过程。后期融合适用于具有不同时间刻度特性的通道间融合。

语音和基于姿势的融合通常采用后期融合的策略。在后期融合中，尽管融合算法的细节有差异，但从策略上看是一致的，即采用属性/值结构合并和递归匹配的策略。Nigay 等人在他们的 PAC-Amodeus 系统中给出了一个成熟的方法。他们介绍了一个可以嵌入到多代理多通道结构中的通用融合引擎。这个引擎采用"融合槽（Melting-Pot）"机制和规则驱动策略，试图融合三类数据：①微时序（Microtemporal：同一时刻产生的输入信息的融合）；②宏时序（Macrotemporal：连续输入信息的融合）；③上下文融合（输入的信息涉及上下文）。但 Johnston 等人[20]指出，没有普遍的和定义明确的多通道融合机制，他们采用基于合一（Unification-Based）的融合方法，多通道的输入被转化成类型特征结构。这些特征结构代表不同通道对语义的相应贡献。合一化操作通过判断这些残缺不全的特征结构是否具有语义上的一致性，将有一致性的特征结构合并，最后形成系统能够理解的完整形式。一些基于统计的方法也用于多通道融合中，如 Kaise 等人[21]为解决沉浸式增强和 MR 的 3D 多通道交互中各个信息源的不可靠问题，提出了使用来自语音、3D 手势、参考代理的符号和统计信息进行多通道融合，以在不同通道间互消歧义（Mutual Disambiguation）。

在国内，中国科学院软件研究所、北京大学、中国科学院计算研究所、中国科学院自动化研究所、清华大学、浙江大学等研究机构和高校在多通道用户界面领域展开了广泛研究，在不同的方面取得了大量进展。这些成果为进一步研究 MR 下的多通道交互技术提供了良好的基础。

8.3.4　面向增强现实的交互

增强现实（AR）是交互式计算机图形学中一个相对较新的研究领域。增强现实强调 3D 虚拟对象与真实世界物体的合成和交互，为解决一些领域的应用问题提供了新的手段和方法，详细的情况请参见 Azuma 在 1997 年[22]和 2001 年[23]对 AR 技术所做的两次综述。

Azuma 认为 AR 具有三个关键属性：①在真实环境中组合真实物体和虚拟对象；②实时交互；③真实物体和虚拟对象互相注册。当前，AR 技术需要解决的基本问题是注册跟踪和交互问题。AR 强调实时交互，因而从交互的观点来看，它是一类新出现的 3D 用户界面（3D UI）。总体来说，与传统 MR 交互和桌面 2D 交互相比，AR 环境下的界面设计需要考虑：与虚拟对象和真实物体无缝交互、面临多个不同类型的显示器和输入设备以及多用户协同工作。

AR 增强了用户对真实世界的感知以及与真实世界的交互。从这个意义上讲，AR 系统的设计就等同于界面设计。AR 技术在医学可视化、设备保养与维修、机器人路径规划、娱乐教育、环境注释（如古迹漫游）和军事等领域有着广阔的应用前景，而 AR 在这些领域的应用就是设计针对领域的 AR 界面。

1. 基于 3D 虚拟交互的 AR 界面

目前，已有的 AR 界面主要使用了基于 3D 虚拟交互和基于 TUI 两种交互隐喻。这类界面使用 6 自由度输入设备跟踪用户的手部运动。跟踪器通常用于虚拟对象的操作或视点控制，虚拟对象由光学或视频的透视头盔展现。这些系统中的交互任务与 MR 中描述的 3D 交互任务相似，如 3D 虚拟对象的选择/操作、系统控制等，使许多为虚拟环境开发的交互技术可以移植到 AR 环境中。这方面工作主要有用于简单浏览叠加信息的，如 Fitzmautic 介绍的 Chameleon 系统以及 Rekimoto 等人的 NaviCam 系统。为了超越简单的信息叠加，Bell 等人[24]把 WIM 技术引入到这类界面中，从而为真实环境提供三维地图。其他的一些研究者也对此进行了研究，如 Kiyokawa 等人的 InfoPoint。增强现实中的三维地图如图 8.6 所示。

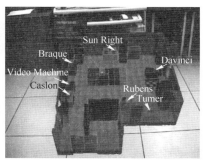

图 8.6　增强现实中的三维地图[24]

把 3D 虚拟交互应用到 AR 界面中是一个重要的研究和开发方向，已经在娱乐、设计和训练等领域中得到成功应用。它们提供了"无缝空间交互",用户能够与叠加到物理环境中任何位置的虚拟对象交互;支持自然、熟悉的交互隐喻,如简单虚拟手。然而,这种交互风格也存在以下几个问题:①3D虚拟交互没有足够的触觉反馈;②通常需要一个头盔显示器;③用户需要为物理对象和虚拟对象使用不同的输入通道(真实的手用于物理对象,专门目的的输入设备用于虚拟对象,用户需要在两者之间切换),这就导致了在自然交互流中的"空间缝隙"。

2. 基于 TUI 的 AR 界面

1991年,Mark Weiser提出了"无处不在的计算"的概念,作为未来人机交互的范式。TUI就是这种全新交互范式的一种尝试。TUI是由Ishii和Ullmer在CHI 1997的会议上提出的。他们把TUI定义为:把数字信息连接到日常物理对象或环境中,以增强物理世界。TUI有以下几个特点:①在实物中嵌入信息和功能;②以实物的形式表示信息;③通过操纵实物操纵数字信息;④空间可重配置。Ishii在MIT领导的TUI研究小组做了大量的工作,并试图通过MCRpd提供统一的交互模型。最近,其他一些研究者开始着手建立TUI的分类体系和交互范式,如Kenneth基于体现(Embodiment)和隐喻两个角度建立了TUI技术的分类体系;Shaer等人试图通过TAC(Token and Constraints)范式来抽象和统一TUI交互,并为TUI软件工具的开发提供描述方法。

TUI一经出现,就迅速应用到AR中。目前,在AR界面中使用TUI技术已成为一个新的研究热点。基于TUI的AR界面主要有三类:实物Widget界面、实物AR界面和转换AR界面。

(1) 实物Widget界面

这类AR界面把GUI界面中的交互元素实物化,设计出专门用于控制虚拟对象的物理工具——Phicons。它不使用HMD显示器,而是使用顶部或背部投影把数字信息注册到工作表面上,同时,Phicons也置于同一工作表面上。Ullmer等人的MetaDesk系统(见图8.7)是这种方式的一个重要范例。此外,Underkoffler等人使用置顶的投影系统也实现了这种界面[25]。

实物Widget界面中,用户与物理实物和虚拟对象交互,使用人手直接操作这一相同的输入通道,这使交互更为容易。但该方法仅在工作表面上叠加虚拟3D对象,而不是在三维空间中的任何位置上叠加虚拟对象,因此交互被限制在2D表面上,进而不能实现空间交互,也就是说,在交互流中存在"空

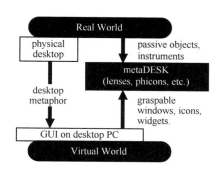 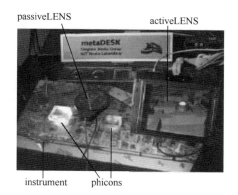

图 8.7　MetaDesk 系统

间缝隙"问题。

（2）实物 AR 界面

Billinghurst 等人在总结了几种原型系统的基础上，提出了实物 AR（TAR）新界面设计隐喻。实物 AR 界面把 AR 显示器和 TUI 控制结合起来，2D 或 3D 虚拟对象被注册到被标记的物理对象上，使用视频透视的 AR 注册技术显示给用户（用户通过装在 HMD 上的相机观察真实世界的环境）。用户与虚拟对象的交互是直接通过操作相应的物理对象来实现的，而不是通过实物 Widget 间接控制的。由于多个用户能够同时与虚拟对象交互，因此它自然实现了协作式界面。

Billinghurst 等人从空间–时间复用[26]的角度讨论了以下几个原型。

空间复用界面类型：空间复用界面是指多个设备，每个设备只具有一个功能。Poupyrev 等人的 Tiles 系统[27]（见图 8.8）是一个 AR 创作界面。Tiles 在物理外观上是一系列具有不同黑白图案的卡片，图案形状表示了特定的语义。Tiles 有三种类型：数据 Tiles、操作 Tiles 和菜单 Tiles。系统基于视频–标记跟踪技术，通过 Tiles 之间的空间位置关系以及 Tiles 所表示的语义（数据、操作或菜单命令）执行交互任务（为防止误操作，需要一定的延时）。通过 Tiles 实现的界面模型定义了一个系统性和通用性的操作集。这是一个简单、通用的 TAR 用户界面范式，可以用来设计广泛的应用。此外，Share Space 系统[28]也是一种空间复用界面。

时间复用界面类型：时间复用是指一个设备在不同的时间点上具有不同的功能。Kato 等人的 VOMAR 系统[29]（见图 8.9）提供给用户类似鼠标的单

图 8.8 空间复用 Tiles 系统[27]

一通用工具——Paddle 来操作所有对象。Paddle 是一个带有跟踪标记的纸片，两只手都能使用它，并能让用户使用静态手势（如靠近关系+延时）和动态手势（如摇动）与虚拟对象交互。Paddle 用虚拟家具布置任务来评估这个系统。

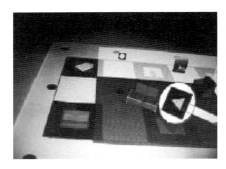 

图 8.9 时间复用 VOMAR 系统[29]

TAR 界面方法所提倡的界面风格在 3D 增强现实和增强表面之间架起了桥梁。首先，作为透明界面，它提供了与虚拟对象和物理对象无缝的双手 3D 交互，并且不需要专门的输入设备。其次，TAR 消除了数字空间和物理空间之间的空间交互缝隙，对虚拟对象的操作可以在空间的任意位置进行。TAR 界面的主要限制有：一是需要使用 HMD；二是为了进行可靠的跟踪，标记必须是可见的。

（3）转换 AR 界面

Billinghurst 等人[30]的 Magic Book（神奇的书）使用手持增强现实显示器（HHD）和视频跟踪技术叠加虚拟模型到真实的书页上（见图 8.10），实现了可以在真实和虚拟之间无缝变换的可转换混合现实界面。Magic Book 界面提供了一种新的界面隐喻，采用了 TAR 界面元素并且支持多用户协同工作，但相对于 MR 来说却限制了身体输入（没有手部跟踪）的方便性。

  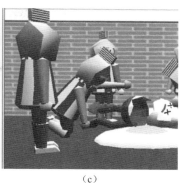

(a)　　　　　　　　　(b)　　　　　　　　　(c)

图 8.10　神奇的书

AR 用户界面还有许多领域值得探索。对于未来在实际应用中开发和利用 AR 来说，开发新的输入/输出设备、跟踪技术和注册技术是至关重要的。此外，设计新的交互技术，以便用户与物理对象和虚拟对象无缝交互，也是未来一个令人感兴趣的研究方向。另一个可能产生丰硕成果的领域是已有的 3D 交互技术和界面设计原理如何应用和调整到 AR 界面中。最后，在 AR 交互的人类因素方面和界面的可用性评估方面也有待开展更多的研究工作。

8.4　问题与展望

8.4.1　存在的问题

目前，虽然有很多可用于 VR 人机界面的交互技术，但这些交互技术的准确性、实时性和稳定性还有待提高，如大规模数据的场景建模技术及动态实时的立体视觉、听觉等生成技术，三维定位、方向跟踪、触觉反馈等传感技术和设备，符合人类认知心理的三维自然交互技术、三维交互软件及系统集成技术等。另外，需要考虑以更舒适的方式获取用户输入，特别是在含有可穿戴设备的 VR 交互中。

在 VR 和增强现实环境中，往往涉及虚拟和真实环境的交叉融合，例如用户使用手在真实环境中进行操作的同时，眼睛需要沉浸在构造的虚拟世界里。

在这种情况下，用户可能需要经常在虚拟环境和真实环境中进行切换，会增加用户的认知负荷，导致沉浸感不强，体验不佳。因此，在进行界面设计时，需要考虑怎样结合虚拟和真实才能创造更加自然的交互。

如何克服新型界面中可能出现的交互难题。例如实物交互界面会局限于实物数量和交互空间的限制，使用有限的实物完成复杂的交互任务，需要对实物的语义进行有效的设计和分配。很多视觉跟踪设备都对用户有距离、角度、运动速度的限制，这在很大程度上给用户增加了交互负担，不够自然。

如何融合多通道交互信息，使得最终的交互充分符合人机交互心理学模型。例如在一个多通道交互中，如何将一个复杂任务的操作分配给用户的语音输入、左右手输入、身体运动输入甚至是脑电波控制，如何使这种分配高度符合人与人之间交互时的分配。另外，未来的交互界面设计还需要考虑如何从多种交互中有效提取用户的情绪信息，使得计算机系统能够像人类一样，具有思考并引导用户的能力，最终实现针对用户更智能、更个性化的交互。

8.4.2 展望

1. MR 人机交互基础研究

研究人类多感官（视、听、触、力、嗅、味）通道对 VR、增强现实等生成环境的感知机理；发展感知装置新原理，为 VR、AR 呈现设备与装置以及人机交互技术的研制与研究提供基础理论支持；支持 VR 环境下人类生理反应机制、认知过程和情绪机制等研究，研究多通道反馈呈现与适应性调节方法，构建生理计算理论；推动 VR 环境下人类交互行为研究和多人协同交互研究，发展符合人类固有运动技能的全身交互技术，探究多通道交互机制，构建自然人机交互理论与方法。

标准与规范建设：推动 VR 在保真度、显示技术、交互设备、交互技术与界面等方面的标准与规范建设，鼓励 VR 软硬件与互联网接入的接口标准化。

2. MR 人机交互共性关键技术

加快自然人机交互核心技术研发及产品化：提升轻量级、微小型化、低功耗智能交互硬件设备的设计研发水平，研发能精确、实时快速感知人类运动行为、语音以及生理状态的智能感知设备，为智能化、网络化 VR 提供智能感知终端，实现对人的行为及状态的真实感知；突破个体手眼分离条件下的语言、手势、姿态以及眼动等多通道交互技术，实现交互意图理解，为移动开放空间中的个人 VR 类应用提供自然交互技术；研究面向有限空间范围的多人、多通道交互技术，为群体类 VR 应用提供支撑平台；研究语言、姿势、动作、表情、眼动等行为与生理变化之间的关联关系，形成 VR 临场感评测工具，为提升人在复杂环境中的工作绩效、专业技能人员培训效率以及运动、认知或精神方面受损的患者治疗与康复水平提供共性支持，也为评价 VR 系统本身的评测提供工具。

参考文献

[1] PEARS N, JACKSON D C. Smart phone interaction with registered display [J]. Pervasive computing, April-june 2009.

[2] JIANG H, OFEK E, MORAVEJI N, et al. Direct Pointer: Direct Manipulation for Large-Display Interaction using Handheld Cameras [C]//Proceedings on Human Factors in Computing System, April 22-27, 2006: Montréal, Québec, Canada.

[3] WANG J, ZHAI S, CANNY J. Camera phone based motion sensing: interaction techniques, applications and performance study [C]//Proc. UIST 2006, ACM Press (2006), 101-110.

[4] BORING S, BAUR D, BUTZ A, et al. Touch Projector: Mobile Interaction through Video [C]//CHI 2010: Public Displays April 10-15, 2010, Atlanta, GA, USA.

[5] YANG X D, MAK E, MCCALLUM D, et. al. LensMouse: Augmenting the Mouse with an Interactive Touch Display [C]//CHI 2010: Displays Where You Least Expect Them April 10-15, 2010, Atlanta, GA, USA.

[6] BILLINGHURST M. Put that where? Voice and gesture at the graphics interface [J]. ACM SIGGRAPH Computer Graphics 1998 v32 (4): 60-63.

[7] MCTEAR M F. Spoken dialogue technology: enabling the conversational interface [J]. ACM Computing Surveys, 34 (1): 90-169, Mar 2002.

[8] COHEN P R, DALRYMPLE M, MORAN D B, et al. Synergistic use of direct manipulation and natural language [C]//ACM SIGCHI Bulletin. ACM, 1989, 20 (SI): 227-233.

[9] HAUPTMANN A G. Speech and gestures for graphic image manipulation [C]//ACM SIGCHI Bulletin. ACM, 1989, 20 (SI): 241-245.

[10] LUCENTE M., ZWART G J, GEORGE A. Visualization Space: A testbed for deviceless multimodal user interfaces [C]//Proc. AAAI Spring Symp., AAAI Press, 1998, 87-92.

[11] LAVIOLA J. MSVT: A virtual reality-based multimodal scientific visualization tool [C]//

Proc. IASTED Int. Conf. on Computer Graphics and Imaging, 2000, 1-7.

[12] KOONS B. "Integrating Simultaneous Input from Speech, Gaze, and Hand Gestures", Intelligent Multimedia Interfaces, M. T. Maybury (Ed), MIT Press, pp. 257-276, 1993.

[13] OVIATT S L, COHEN P R, WU L, et al. Designing the user interface for multimodal speech and gesture applications: State-of-the-art systems and research directions for 2000 and beyond [J]. Human-Computer Interaction in the New Millennium, Addison-Wesley, 2002.

[14] ALTHOFF F, MCGLAUN G, SCHULLER B, et al. Using multimodal interaction to navigate in arbitrary virtualMRml worlds [C]//Proceedings of PUI 2001.

[15] TOURAINE D, BOURDOT P, BELLIK Y, et al. A framework to manage multimodal fusion of events for advanced interactions within virtual environments [C]//Proceedings of the workshop on Virtual environments [C]//2002: 159-168.

[16] ILMONEN T, KONTKANEN J. Software architecture for multimodal user input-FLUID [C]//ERCIM Workshop on User Interfaces for All. Springer Berlin Heidelberg, 2002: 319-338.

[17] REITMAYR G, SCHMALSTIEG D. An open software architecture for virtual reality interaction [C]//Proc. of Virtual Reality Software & Technology 2001 (MRST'01), Banff, Alberta (Canada), November 2001.

[18] SCHMALSTIEG D, FUHRMANN A, HESINA G. Bridging multiple user interface dimensions with augmented reality [C]//IEEE/ACM ISAR 2000: 20-29.

[19] BUTZ A, HOLLERER T, FEINER S, et al. Enveloping Users and Computers in a Collaborative 3D Augmented Reality [C]//Proc. IWAR'99 (Int. Workshop on Augmented Reality) 1999: 35-44.

[20] JOHNSTON M, COHEN P R, MCGEE D, et al. Unification-based multimodal integration [C]//Proceedings of the 35th Annual Meeting of the Association far Computational Linguistics, 1997.

[21] KAISER E, OLWAL A, MCGEE D, et al. Mutual Dissambiguation of 3D Multimodal Interaction in Augmented and Virtual Reality [C]//Proceedings of the Fifth International Conference on Multimodal Interfaces (ICMI 2003). Vancouver, BC. Canada. November 5-7, 2003: 12-19.

[22] AZUMA R. A Survey of Augmented Reality [J]. Presence: Teleoperators and Virtual Environments. 1997, 6 (4): 355-385.

[23] AZUMA R, BAILLOT Y, BEHRINGER R, et al. Recent Advances in Augmented Reality [J]. IEEE Computer Graphics and Aplications, 2001, 21 (6): 34-47.

[24] BELL B, HÖLLERER T, FEINER S. An Annotated Situation-Awareness Aid for

Augmented Reality [C]//Proc. UIST'02. 2002: 213-216.

[25] UNDERKOFFLER J, ISHII H. Illuminating Light: A Casual Optics Workbench (video) [C]//Extended Abstracts of Conference on Human Factors in Computing Systems (CHI'99), Pittsburgh, Pennsylvania USA, ACM Press, 1999: 5-6.

[26] FITZMAURICE G, BUXTON W. An Empirical Evaluation of Graspable User Interfaces: towards specialized, space-multiplexed input [C]//Proceedings of the ACM Conference on Human Factors in Computing Systems (CHI'97), New York: ACM, 1997: 43-50.

[27] POUPYREV I. Tiles: A Mixed Reality Authoring Interface [C]//Proc. Interact 2001, IOS Press, Netherlands, 2001: 334-341

[28] BILLINGHURST M, POUPYREV I, KATO H, et al. Mixing Realities in Shared Space: An Augmented Reality Interface for Collaborative Computing [C]//Proceedings of the IEEE International Conference on Multimedia and Expo (ICME2000), July 30th - August 2, New York.

[29] KATO H, BILLINGHURST M, POUPYREV I, et al. Tangible Augmented Reality for Human Computer Interaction [C]//Proceedings of Nicograph 2001, Nagoya, Japan.

[30] BILLINGHURST M, KATO H, POUPYREV I. The MagicBook: A Transitional AR Interface [J]. Computers and Graphics, November 2001: 745-753.

第 9 章

交互式机器学习

9.1 概述

机器学习能够从大量原始数据中挖掘和识别其隐含的概念、模式和规律，并辅助人们对未来做出合理的预测，是当今大数据时代的一项关键技术和方法，将对经济、健康、教育等各领域产生巨大和深远影响。然而，构建和训练一个高效的机器学习系统通常需要用户对源数据和常用数据模型有较为深入的理解并具备一定的编程实现能力。这些要求无疑提高了入门门槛，使得传统的机器学习系统很难在各个领域得以广泛推广。

通常来说，创建一个机器学习系统的过程是从标记数据开始的。该步骤一般由领域专家，即系统的最终用户完成。机器学习专家会配合领域专家找到能够尽可能体现数据特性的特征，进而利用标记的数据，设计和实现机器学习算法，调整特征和参数来达到较好的效果。通常需要经历多轮类似的迭代过程才能最终取得理想的效果，每一轮迭代都将对模型的参数有较大的影响。同时，这个迭代过程主要由机器学习专家来主导。他们会根据领域专家对结果的反馈以及自己对机器学习算法的理解来主动调整模型。这种冗长、异步的迭代过程以及较高的技术门槛极大程度地限制了领域专家对系统构建过程的参与度，进而使得机器学习很难被广泛应用在各个领域。

针对这些问题和挑战，近年来，学术界提出了"交互式机器学习"的概念，并迅速发展为一个热门研究方向，也取得了较广泛的应用。最近的几次人工智能顶级会议（包括 NIPS-16、IJCAI-16、AAAI-17 等）以及人机交互顶级会议（CHI-16）都设置了相关的 Workshop 组织参会人员探讨该方向的最新进展。相对于传统的机器学习，交互式机器学习使得系统的目标用户（领域专家）直接交互式地参与模型的构建和训练，尽可能降低或摆脱对于机器学习专家的依赖。从模型迭代更新的角度看，交互式机器学习具有快速

（Rapid，模型在得到用户反馈后马上做出更新）、集中（Focused，模型只有特定的方面得到更新）及少量递增（Incremental，每次的更新幅度较小）的特点。这些特点使得用户可以交互式地检查自身的行为对于训练模型产生的影响，进而不断调整后续的输入直到获得满意的结果。如图 9.1 所示，领域专家可以根据模型的结果快速给出反馈，模型可以接收反馈并迅速对自身做出调整。即便用户没有机器学习的经验，这种快速、低成本的实验周期也可以使得用户有能力通过调整输入和检查输出来调整模型以达到预期效果。

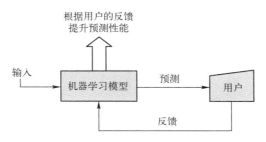

图 9.1　交互式机器学习工作流程

接下来我们通过一个具体的案例来介绍交互式机器学习的工作过程。交互式机器学习（Interactive Machine Learning）这个概念最早是 Fails 在 2003 年提出的，并在 Crayons 系统[1]中得以展示。Crayons 的用户可以是没有机器学习背景的普通人群。他们通过向系统提供纠正式的反馈来训练一个区分图片中前景和背景的像素分类器。该分类器可以被用在基于相机的应用中，比如对目标兴趣点（物体）的跟踪。具体来说，用户利用笔刷工具来标记一张图片上的前景和背景，每次标记后，系统都会首先实时更新，然后展现当前的分类结果；用户检查当前的结果，接下来既可以对系统的错误进行纠正，也可以用笔刷工具添加更多标注。基于 Crayons 的用户实验表明：系统的实时反馈使得用户可以迅速找到当前系统分类有问题的区域，进而在该区域添加新的训练数据以便对错误分类进行有效纠正。如图 9.2 所示，用户通过笔刷工具向系统提供标记为前景/背景的像素点，系统通过不同颜色向用户展现当前的前景/背景分割结果。可以看出，用户的输入主要集中在前一迭代过程中分类器出现问题的图片区域。经过第一次迭代，用户在分类有问题的区域（手的边缘位置）提供了更多数据。当被问到如何和系统交互时，绝大部分用户提到主要集中在纠正系统的错误上面。这项工作表明，即使没有机器学习背景，用户也可以通过不断检查系统输出、调整后续输入来训练构建准确度较高的机器学习系统。

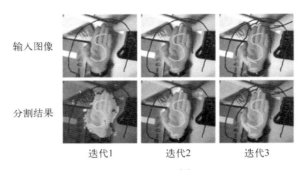

图 9.2　用户与 Crayons 系统[1]的迭代交互过程

图 9.3 对比了传统的机器学习和交互式机器学习的构建过程[2]。在机器学习的过程中，人们给学习系统提供信息并检查系统的输出，进而在后续的迭代周期做出调整。在交互式机器学习中，这些迭代相对于传统的机器学习构建过程更加快速和集中。交互式机器学习是一个跨领域的研究方向，包括

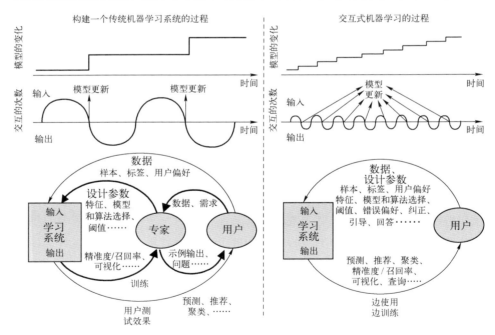

图 9.3　传统机器学习和交互式机器学习构建过程的对比[2]

机器学习算法、交互技术、可视化设计、心理建模等。近些年，算法层面的进展大大驱动了这个方向的进步。与此同时，越来越多的研究人员已经意识到实现人机间高效交互的重要性。

在本章的后续部分，我们首先介绍交互式机器学习界面范式，系统是如何通过界面使用户与机器学习模型进行交互从而优化算法的；其次介绍交互式机器学习在相关领域的应用（推荐系统、信息检索、情境感知系统），这些较为成熟的应用已经和我们的日常生活息息相关；之后通过回顾几个经典的学术案例，总结它们如何利用丰富的交互设计来实现人与机器有效沟通理解并实现高效学习；最后会总结交互式机器学习领域现存的开放性问题和未来的研究机遇。

9.2　交互式机器学习系统框架

交互式机器学习允许终端用户（领域专家）加入机器学习模型的构建或更新中来，而不仅仅是机器学习专家构建一个模型让用户来使用。那么如何才能设计这样的一个交互式机器学习系统呢？在本节，我们将介绍交互式机器学习系统框架。该框架是从当前主流系统中抽象出来的，展示了该类系统的基本模式。总体来讲，图 9.4 展示了用户与交互式机器学习系统的基本交互流程。系统通过可视化向用户展示当前的模型及相应的结果（如分类结果、聚类结果、预测结果等），同时用户通过可视操作对系统进行反馈，系统接收到用户反馈信息后，自动更新优化机器学习模型，并将增新后的模型和数据进一步展示给用户，此过程可迭代至用户对模型满意为止。

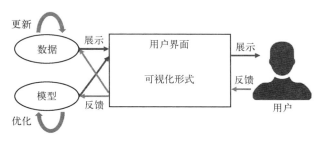

图 9.4　用户与交互式机器学习系统的基本交互流程

可视化是交互式机器学习模型界面中的一个最重要的因素。通常，在界面设计过程中，我们将机器学习算法与交互式可视化相结合，以便用户可以通过界面来直接与模型和数据交互。这样，用户就可以通过交互式可视界面引导计算并与模型和数据进行交互。

图 9.5 展示了一个交互式机器学习系统的框架。该框架将经典的机器学习过程（A~C）与可视化用户界面（D）和用户反馈/交互（E）相结合。用户可以通过可视化用户界面（D）与机器学习过程中的各个阶段交互，用户界面充当用户和机器学习组件之间的中介或"窗口"，用户可以通过界面给出反馈，交互式机器学习系统将利用用户的反馈去优化机器学习过程中的步骤（图中虚线箭头所示），将更新后的模型或新预测的数据发送回可视化用户界面并呈现给用户（实线箭头）。图中的灰色框表示执行特定交互自动化方法的示例。该框架表明，一个好的交互式机器学习系统，需要结合机器学习和可视分析的多学科视角，以便为最终用户提供可用且可访问的接口。例如，数据操作、可视化技术和人机交互（图 9.5 中的 A、D 和 E）是在可视化部分需要解决的问题，而机器学习算法的配置和优化（图 9.5 中的 B 和 C）是机器学习部分需要研究的东西。

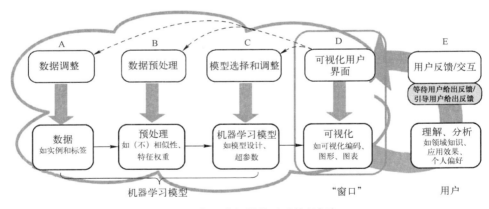

图 9.5　交互式机器学习系统的框架

值得一提的是，交互式机器学习系统中的用户界面向用户可能不仅仅展示机器学习模型所预测的数据，还可能是模型的当前结构或者是当前数据的预处理方法。同时，用户界面接收的用户反馈也不仅仅只是用来更新训练数据，还可能用来更新模型的结构或者数据的预处理方法。不过通常来说，常见的交互式机器学习系统主要围绕向用户展示所预测的数据以及接收用户反馈来更新训练数据，通过数据来优化机器学习模型。除此之外，也较多地看到一些交互式机器学习系统向用户展示背后的模型（如可视化出当前的决策树），允许用户通过界面来调整模型的结构。相对而言，较少的系统是通过向用户展示数据预处理过程，接收用户反馈来调整数据预处理过程来实现交互式机器学习。

下面我们将针对每个阶段展开说明。

（1）数据调整

在传统的机器学习中，数据通常是预先收集好的，被视为固定或不可变的一个环节，但交互式机器学习支持数据的删除、重标注、丰富等调整，这在许多应用中是必不可少的。例如，在机器学习中的典型主动学习场景中，用户可能希望在训练分类器时逐步向数据添加标签，以便注入领域知识并提高分类器的质量。另一个例子是测试数据上的"假设情景"，用户可能希望更改或删除一些数据点，并查看或测试某些数据假设的效果。在进行数据调整之后，机器学习用更新后的数据再次进行训练，迭代地将训练结果传播给用户。

有很多统计和机器学习的技术可以用于数据的展示和更新。比如，当数据集很大时，系统可以选择采用抽样技术（如向量量化或层次聚类）来导出用于展示给用户的代表性数据预测结果的子集。类似的方法也可用于有效标记，如通过向某些代表数据添加标签从而自动地为所有相似的数据添加统一的标签。

（2）数据预处理

许多机器学习过程都包含由先验领域专家来对数据进行选择和调整的预处理步骤。这些预处理步骤超出了机器学习的核心范围（训练–验证–测试）。这些步骤中的方法选择或参数设定是十分灵活的。例如，在某些情况下，这些预处理的操作可能不会受到交叉验证（有时交叉验证并不能验证预处理过程中采取的操作的有效性）。数据调整部分（A部分）的交互关注对数据（可能是单个数据）的更改，而数据预处理部分（B部分）的交互将对特征的处理方法应用于更大的观察集合（整个数据集）。典型的数据准备活动包括数据转换，例如标准化、缩放、傅里叶变换或小波变换、加权、过滤以及特征选择。在这方面，我们经常观察到人类与机器学习方法中使用的"默认"度量之间的"对于相似性的判断"中的差距。用户通常关注数据中的特定特征或数据子集，这就需要对特征分配不同的权重，或定义更复杂的相似性函数。

机器学习提供了多种措施和方法来帮助对数据预处理的过程进行展示。例如，特征权重可以通过相关的可视化形式展示给用户。其他方面，比如损失函数、惩罚项等也可以通过设计一些友好的可视化形式展示给用户。此外，诸如相关性（如 Pearson 相关性）或因素分析之类的其他方法，可以帮助用户理解数据内的特征依赖性。

（3）模型选择和调整

这一步骤可以通过可视化的形式让用户通过界面在各种机器学习算法候选池中进行选择，或者对模型的一些可以改变的结构通过可视化的方式展示给用户，并让用户进行调整。比如给用户几个可能的模型方案或者模型的调整方案，用户通过一些交互形式进行选择之后，系统会迅速进行重构和优化，并将新的结果展示给用户，用户根据更新后的结果再次对模型进行选择或调整。这部分的交互关注通过调整模型参数来改变给定的机器学习模型。虽然一个具体内部模型的参数通常是自动优化的，但其他高层次的参数，例如模型的设计或形式（选择什么模型或组合什么模型），以及元参数或超参数可以由用户进行调整。模型构建中的交互可导致机器学习模型发生更改，从而影响其形式、约束、质量和准确性。用户既可以调整模型的结构参数，比如通过界面来修改神经网络中的节点数，也可以调整更细致的约束，例如在降维算法中定义固定的目标维数、修改聚类算法的目标类别数、更改聚类算法中的相似度度量方式等。在一些应用中，我们还期望能够通过交互来调整机器学习结果的质量和准确度（如通过与分类器的混淆矩阵进行交互）。

模型选择可以进行自动或半自动的支持，例如使用 Akaike 或 Bayes 信息标准、交叉验证、bootstrap 等进行预先的筛选后，再展示给用户。这些技术根据复杂性评估模型的质量和泛化误差，对不同的机器学习模型进行比较和排序，从而方便用户进行选择。模型的调整也可以通过类似的方法，预先过滤一些可行的调整方案，然后交由用户进行选择，从而降低用户的选择负担，提升模型优化的效率。

（4）可视化用户界面

机器学习阶段（A、B、C）的各部分——数据、参数、模型和结果都可以在用户界面中通过可视化呈现给分用户。一方面，可以结合应用场景来可视化数据，比如可视化预测的类别、聚类的结果等；另一方面，也可以使用已知的可视化技术对机器学习组件进行可视化，比如对决策树的结构进行可视化。允许用户直接与视觉对象进行交互，使机器学习对用户来说变得更加友好。在这些可视化交互中，简单的探索性交互（如对可视化图表进行旋转、缩放）通常不会反馈到机器学习组件中，而是帮助分析人员观察和理解可视化。前面讨论到的几种交互情况，可视化界面中的相关组件接收到用户反馈后，将新的改变"传递"到机器学习更新中，从而触发重新运行一遍机器学习过程，如图9.5中的虚线箭头所示。这就是交互式机器学习系统中界面的最大作用。它将用户对可视化组件的直观交互映射到机器学习更新中的相应部分。

可以利用一些方法来检测和突出显示特定的信息，例如展示类别的分类、数据的相关性，预测结果中异常值或模型输出的序列。这些方法模仿人类的感知，旨在如何使用户更容易理解界面中所展示的信息。类似的，可以采用不同的可视化技术（如散点图、平行坐标或矩阵）来提供数据和机器学习结果的不同视角。总之，"有趣的"可视化形式是提高交互有效性的重要措施。

（5）用户反馈/交互

这一步骤涉及整个交互和迭代过程，包括所有上述每一个部分（A~D）。可视化用户界面（D）不仅作为"窗口"，促进对机器学习结果的解释和评估过程，而且使用户可以理解和接受"交互"的执行，也就是用户可以看到通过交互，机器学习算法变成了什么样子。在理想的交互式机器学习系统中，用户可积极参与到反馈过程中，帮助快速迭代优化机器学习模型。

用户反馈既可以在图形化界面中通过操作按钮或拖曳界面元素实现，也可以通过多通道的新型交互方式来实现，比如语音、手势等。

9.3 领域应用

在这一节，我们介绍交互式机器学习在相关领域的经典应用，讨论它们如何帮助用户完成与领域相关的任务，以及各个场景下典型交互循环的设计，同时也讨论一些需要共同面对的交互问题。

9.3.1 推荐系统

交互式机器学习在现实世界中被广泛应用于推荐系统中，比如淘宝的商品推荐、网易云音乐的音乐推荐、今日头条的新闻推荐等。它的目的是选择并推荐对用户最有意义的东西，其中的"意义"在不同场景下有不同的体现：商品推荐中，"意义"体现在用户乐意购买推荐的商品；新闻推荐中，"意义"体现在用户对推荐的内容感兴趣。传统的推荐系统通常对用户静态建模，比如根据用户的个人背景信息（年龄、性别、职业等），在使用的过程中模型并不会动态更新。比如 Grundy 系统[3]会通过用户首次使用的时候收集用户的背景和兴趣信息，进而为用户推荐相关书籍。这种静态建模推荐不涉及模型的迭代更新，因而并不属于交互式机器学习的范畴。

随着交互式机器学习的发展，今天的大部分推荐系统会在用户使用的过程中，收集用户的反馈，进而动态更新对用户的建模，最终完成尽可能精准且个性化的推荐。推荐系统允许（通常鼓励）用户对于不同条目设置偏好（如喜欢，不喜欢）。这些偏好会被结合到学习系统中用来提高后续推荐的准确度。如果一个推荐系统在引入新的偏好数据后，开始为用户推荐不相关的内容，则用户可以尝试更改偏好来改进关键系统的结果。在交互式机器学习的循环迭代中，系统基于用户对内容的反馈，构建并训练模型描述用户兴趣，筛选与兴趣模型相似度高的内容作为后续推荐对象。

在该应用场景下，具体的模型和推荐的过程对用户来说是不透明的，这种不透明性使得推荐系统往往应用在低风险的任务中。针对这一特点，很多工作专门研究推荐系统的信任机制。另外，用户模型在时间轴上的特性也是这个领域研究的热点问题，比如如何保持用户模型的更新，模型应该具备哪些方面的记忆等。用户的兴趣在一些领域变化迅速，而在另一些领域可以保持更久，这就使得一些系统保持多个用户模型来对用户短期和长期的兴趣同时建模。针对推荐系统更详尽的概述，请参考文献[4,5]。

9.3.2 信息检索

信息检索是一个涵盖很广的领域，主要目的是帮助人们在大量且结构杂乱的信息池（如互联网）中组织和获取相关的、结构化的信息。其中一个很重要的方向就是搜索引擎。传统的搜索是基于关键字和备选内容的静态的一致性比对。该过程不涉及交互式的迭代学习循环。当交互式机器学习应用在搜索引擎中时，系统会根据用户对于系统返回内容的反馈调整搜索结果（如重新对结果排序和筛选[6]，或通过自动改善或扩展关键词重新获取相应搜索结果[7,8])。在该过程中,用户的反馈既可以是显式(Explicit)的,也可以是隐式(Implicit)的。显式反馈是指用户特意向系统提供相关的反馈信息(如对文件的评价[9])。这种类型的反馈通常被认为是累赘的[10],使得很多研究工作集中在如何隐式获取用户对于搜索结果的反馈上(如针对鼠标点击和停留时间[6,11])。

除了搜索引擎,交互式机器学习在信息检索领域的应用还体现在文档分类上,比如垃圾邮件过滤。绝大部分邮件系统支持基于自定义规则的邮件过滤,去除来自特定发送者或者包含某些文字的邮件。这种模式并不属于交互式机器学习,因为规则是事先确定的而且不能够自动动态更新。涉及交互式机器学习的邮件过滤通常会根据用户显式或隐式的行为动态更新内部的分类器。比如,MailCat系统[12]会观察用户手动清理邮件的过程而不断更新内部的分类器,用于之后的自动分类。系统的分类通过一个排序的列表展现给用户,用户可以选择使用、忽略或向系统提供额外的反馈。此外,交互式机器学习的思想也被较广泛地应用在文件聚类和文件标注的系统中。

9.3.3 情境感知系统

情境感知计算指的是感知用户的上下文环境(既包括所处的外部环境,又包括内部状态),并针对内外部环境做出合理调整和应对。绝大部分情境感知系统依赖于定义一系列静态的规则(if-then),当一些条件满足的时候会激发相应的动作。比如根据用户所在的位置推荐附近的旅行信息[13]或提供相关的提醒和消息[14]。为了在更多样的情境下满足用户更高的个性化需求,研究人员开始探索如何利用交互式机器学习使得系统终端用户更多地参与到创建、使用和调整个性化感知情景模型中。

aCAPpella系统[15]通过让用户交互式地向系统展示具体的情境实例来定义用户感兴趣的情境和期望系统在该情境下的行为。用户可以通过记录某一具体情境下的传感器数据(比如在"开会"的情境下记录声音、图像或者其他传感器信息)向系统个性化定义该情境。aCAPpella系统会自动利用这些实例建立一个模型,当未来在遇到的模型中包含该情境时,会自动激发相应的行动。在系统使用过程中,用户可以随时提供新的实例或者检查更改旧的实例来引导系统按期望行动。与上述案例类似,Subtle系统[16]同样允许终端用户交互式地通过具体实例定义情境。与此同时,Subtle支持利用滑动窗口来保持系统内部模型的更新。

除了在上述比较成熟的领域应用，研究人员也将交互式机器学习应用在更新颖的场景中。这些新的应用将极大地拓展人们利用机器学习的能力。在接下来的内容里将讨论交互式机器学习（尤其是交互层面）最新的代表性研究工作，目的是介绍这个研究方向的概况和现状，而并非涵盖对所有相关工作领域的调查研究。

9.4 实例

这一节，我们对一些经典的交互式机器学习系统进行分析，通过实例来学习交互式机器学习系统是如何设计和实现的。

本节的主要目的是从界面设计和交互设计的层面，通过实例分析总结和归纳如何在交互式机器学习的场景下，实现人和机器之间高效的沟通和理解，在提供良好用户体验的同时实现机器有效的学习。根据上述的交互式机器学习的工作流程，具体有以下几个关键问题：

- 用户如何"教"机器？除了传统机器学习中标记训练样本的方法，还有没有其他的方法让机器同步自己的理解？
- 机器如何反馈？除了对未标记样本的预测，还能将什么信息呈现给用户？
- 交互模式：何时发生以及谁来主导交互？

下面通过几个典型实例来讨论交互式机器学习中如何设计更丰富、更高效的交互。在这些实例中，界面和交互方式的新颖性体现在收集用户输入和提供系统输出的新方法。新的输入方法可以使用户更方便、更全面地控制学习系统，不仅仅局限在提供标记数据，还可以让用户在选择特征、评估特征权重、调整成本矩阵或模型参数的层面参与机器学习系统的构建和训练过程。同样，输出形式也采取更多样的方法帮助用户理解模型以及背后的学习过程。比如，输出可以是对未标注数据的预测结果，还可以告诉用户系统做出这些预测的不确定性等。

9.4.1 Crayons[1]：交互式的构造用于图像分割的像素分类器

本章9.1节提到，Fails 在介绍 Crayons 系统的时候最早地提出了"交互式机器学习"的概念。鉴于前面已经介绍了 Crayons 系统的工作流程，因此这里直接总结该系统对于三大交互问题的解决方案。

用户输入：标记数据（利用笔刷工具标记）。

系统反馈：当前分类结果（利用不同颜色对前景/背景进行可视化展示）。

交互模式：用户输入（纠正）-系统反馈循环，直到得到满意结果。

Crayons 系统作为交互式机器学习先驱性的一项工作，实现了"标记数据-分类反馈"的快速循环迭代，支持普通用户在没有机器学习专家的帮助下能够交互式地构建和训练图片分割器。

9.4.2　CueFlik[17]：交互式的构造图片分类器

用户通过使用 CueFlik 系统交互式地创建可重复使用的图片分类器（如将图片分类为风景图片、人物图片等）。用户首先创建一个标签（比如"风景"），然后添加标记数据（正/负样本均可），系统根据用户输入训练模型，并将当前的分类结果展现给用户。用户可以继续添加新数据或删除已添加的标记数据，检查系统反馈，直至满意的结果。

基于 CueFlik 系统，研究人员对不同的系统反馈方法和交互模式做了对比实验，发现极端反馈可以帮助用户更快、更好地构建图片分类器[17]。后续实验[18]发现，当系统通过主动学习找到高价值的实例（通常是系统认为分类不确定性较高的实例）并鼓励用户优先标注此类实例时，最终得到的分类器效果更好。这些结果说明了系统反馈形式的重要性，同时也表明了合理分配用户/机器工作任务的重要性。当主动学习被结合到 CueFlik 系统中时，除了用户通过添加/纠正标记数据发起交互。机器也可以通过询问用户对于某些高价值实例的标注来发起交互。该系统可以被称作主动混合接口（Mixed-Initiative Interface）。此类交互模式突破了简单"标记数据-分类反馈"的循环。

后续的研究工作[19]通过在 CueFlik 系统中集成历史操作记录面板，允许用户撤销操作/重复操作，并实时显示系统分类结果。实验发现，在相同时间内，用户可以构建出更准确的分类器。通过对用户采访，研究人员发现，能够支持检查和撤销历史操作的界面更符合用户的预期。正如一位用户在反馈中提道："不能对以往操作做更改的界面就像在没有退格键的键盘上打字一样。"这个实验表明了交互式机器学习的用户乐意并期待使用能够支持自己尝试不同输入/修改历史操作的界面。

用户输入：标记数据（针对某一标签提供正/负样本），撤销/重复历史操作（Undo/Redo）。

系统反馈：当前分类结果（该研究工作对比了标准反馈和极端反馈，见图 9.6），对应每一步历史操作的分类结果。实验表明，极端反馈可以显著提高最终得到的分类器的准确性。

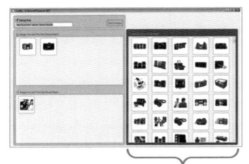 

（a）标准反馈（向用户展现当前系统选择的所有的与某一主题相关的图片并按相关性排序）　　（b）极端反馈（向用户展现当前系统最为确定的与某一主题相关的和最无关的图片）

图 9.6　CueFlik 对比了两种系统反馈[17]

交互模式：用户输入（纠正）-系统反馈循环，同时引入主动学习（Active Learning）的概念，鼓励用户优先对系统推荐的数据点进行标记。

9.4.3　ManiMatrix[20]：通过调整混淆矩阵训练个性化分类器

用户在某些情况下需要改进分类器的决策边界，尤其是当不同的分类错误对应不同代价的时候，比如把重要邮件误判为垃圾邮件的代价要远高于把垃圾邮件误判为重要邮件。然而，调整分类器的决策边界即便对机器学习专家来说也是一个非常复杂的过程，往往涉及多轮参数调整、重训练以及重评估的迭代过程。它的难点还在于模型内部参数之间往往存在着依赖关系，从而导致由参数数值到系统行为之间的映射非常复杂。ManiMatrix 系统通过支持用户交互式地操作当前分类的混淆矩阵来制定对于决策边界的偏好。具体来说，ManiMatrix 系统首先显示当前分类的混淆矩阵，并支持用户对每一类错误的数目进行直接操作（增加或降低）。针对用户的每个操作，系统实时做出可视化的反馈：用下三角图标表示数目减少，用上三角图标表示数目增加，如

图 9.7 所示。ManiMatrix 系统利用用户在混淆矩阵指出的偏好，通过贝叶斯决策理论计算用户期望的决策边界，从而使得不同错误类型的总代价最小。同时，该系统实时地将当前的混淆矩阵展现给用户，同时用颜色变化将每一步操作后的变化体现出来。研究人员开展了针对机器学习新手的用户实验。结果表明，用户可以快速高效地通过该系统按照预期调整决策边界。

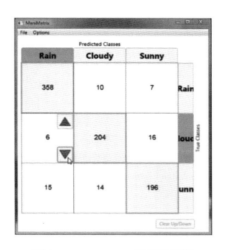

图 9.7　ManiMatrix 系统界面图

用户输入：直接调整（增加或减少）混淆矩阵中各类错误的数目。

系统反馈：当前混淆矩阵及相对前一混淆矩阵的各类错误变化情况（可通过颜色来体现）。

交互模式：用户输入-系统反馈循环。

值得注意的是，该系统的输入与前面讨论的各系统有明显差别：用户并不是通过标记数据来"教"机器的，而是通过直接对模型的学习目标进行操作来告诉机器最终期望达到的效果。

9.4.4　EnsembleMatrix：通过交互式地调整子分类器的权重构造集成分类器

集成分类器由多个与其工作在相同映射空间的子分类器组合而成。它的分类结果通常是各子分类器结果的某种融合，比如通过给各子分类器设置不同的权重进而投票决定最终结果。这样的组合往往比每个单独子分类器的结果更好[21]。创建集成分类器通常涉及在模型空间尝试和实验不同的特征、参数以及算法。即便对于机器学习专家，整个过程效率通常比较低，最终结果也难以保证是全局最优的。如图 9.8 所示，EnsembleMatrix 系统[22]将当前集成分类器（左）及各子分类器（右下）对应的混淆矩阵可视化，用户可以通过简单的交互控件（右上）尝试不同的线性组合方案。EnsembleMatrix 系统支持用户交互式地创建、评估以及探索不同的组合方案，从而得到准确的集成分类器。该系统将当前集成分类器及各子分类器的性能通过混淆矩阵的方式实时展现给用户。用户可以通过一个简单的 2D 插值部件交互式地调整各子分类器在集成分类器中所占的比重，进而对不同的组合对应的分类效果进行评估。用户实验表明，在一些公开数据集上，普通用户利用该系统在一小时内就能构造出与已发表的集成分类器相当的结果。

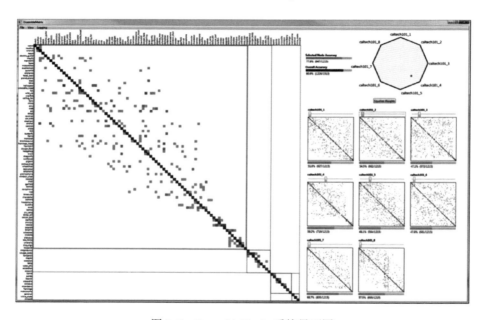

图 9.8　EnsembleMatrix 系统界面图

用户输入：通过简单交互组件调整各个子分类器在集成分类器中的比重。
系统反馈：集成分类器和各个子分类器的性能（混淆矩阵），各子分类器当前的权重。

交互模式：用户输入-系统反馈循环。

与前一实例类似，用户在该系统中并非通过标记数据的形式向机器传达信息，而是直接对一个模型子模块之间的关系进行操作。与之对应的是，系统的反馈也不仅仅局限于最终的性能，同时也包含各个子模块的性能及子模块之间的关系。

9.4.5　MindMiner[23]：交互式机器学习用于聚类分析中的距离度量学习

MindMiner 系统的主界面如图 9.9 所示。

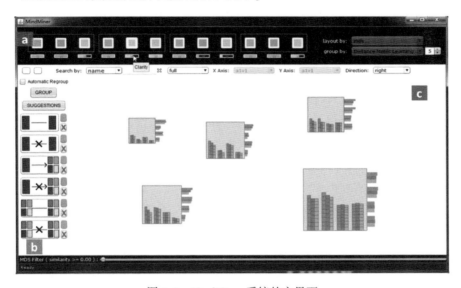

图 9.9　MindMiner 系统的主界面

MindMiner 系统的主界面分为三部分：主动投票面板（上）支持用户为每个特征指定一个重要系数，同时，系统可视化显示当前各特征在度量函数里的重要程度；约束管理面板（左下）显示用户添加过的约束，用户可以检查每一条约束对聚类结果的影响，修改/删除已添加的约束，发现约束中的冲突情况等；可视化操作面板（右下）支持用户添加新约束，检查聚类结果，查看主动学习提供的推荐等。

聚类分析是将数据分到不同的类的一个过程，使得同一类的对象有很大的相似性，不同类的对象有很大的相异性。它是探索式数据挖掘中的一类常见任务。然而，绝大部分的聚类算法在应用于真实场景中时都面临一大挑战：聚类算法要求有一个定量的距离度量函数用于计算实例间的距离，而通常这种距离度量函数是基于领域专家（或目标用户）的一些主观领域知识，甚至有的是不太容易解释出来的。为了解决这个问题，MindMiner系统[23,24]交互式地挖掘用户的主观知识并迭代学习合适的距离度量函数。具体来说，用户可以通过两种方法教机器：①通过给每一个特征指定一个重要系数（如很重要、不重要或不确定）；②通过给系统提供一些成对的实例并指明它们的关系（如A和B类似，C和D不类似）。系统学习后，会将最新的距离量度函数应用到聚类算法中，并向用户展现当前的聚类结果。同时，MindMiner系统也结合了主动学习的思想，会主动标记一些系统认为关系模糊的实例，并鼓励用户优先指定这些实例间的关系。实验表明，两种输入模式相结合要比其中任何一种单独的输入模式效率更高。同时，研究人员发现，用户往往倾向于添加正面标记（如A和B类似），而忽略添加负面标记（如C和D不类似）。

用户输入：指定实例间的相似度，指定特征的重要程度。

系统反馈：当前聚类结果，当前距离度量函数中各个特征的重要程度，用户提供的约束是否被满足。

交互模式：混合主导交互。

值得一提的是，MindMiner系统重点解决了交互式机器学习系统实用性的问题。它结合了约束管理界面，支持用户修改或删除之前添加的约束，检查每一条约束对聚类产生的影响，支持撤销操作/重复操作。更重要的是，MindMiner系统没有简单地假设用户不会犯错误，因此当用户添加的约束出现冲突时（比如用户添加了两条约束：A和B类似，A和B不类似），系统会给用户一个提醒，并鼓励用户重新检查相关的约束进而解决冲突。该系统是第一个支持用户发现并解决主观知识冲突点的交互式机器学习系统。

9.4.6 SmartEye[25]：交互式地对用户构图偏好进行建模

构图是影响照片质量的一大因素，如今已经有很多构图推荐算法来帮助用户构图。构图同时也是一个主观性十分强的任务，由于审美的不同，不同的人对构图有着不同的喜好，现有的算法均没有考虑用户偏好的问题。为了解决这个问题，SmartEye系统设计了一个用户构图偏好学习算法来帮助构图推荐算法学习用户的偏好。具体来说，用户拿着手机单击拍照按钮，系统会基于构图推荐算法给出多种构图推荐。用户可以选择一张最喜欢的保存，从这一自然的"拍照-保存"过程中，系统可以逐渐学习用户的构图偏好。具体实现过程为，系统引入一个偏好学习算法来调整构图推荐模型的输出，用户每保存一次喜欢的照片，偏好学习模型都会提取该照片与构图相关的特征，并将该照片作为正样本，其他照片作为负样本来更新基于逻辑回归的用户偏好模型，每一次保存照片之后，模型都会快速进行更新，更新后的新模型用来支持下一次的拍照，这样随着用户使用得越多，系统就会推荐给用户越来越满足自己喜好的构图。

SmartEye 系统的交互式学习示意图如图 9.10 所示。针对同一个场景，SmartEye 系统会给出几种不同的构图推荐供用户选择，用户每选择一次，系统就会从中学习到一些知识，从而快速更新系统背后的构图偏好模型，随着用户的使用，系统会逐渐学习到用户的构图偏好。

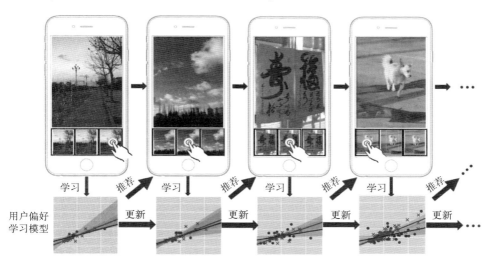

图 9.10　SmartEye 系统的交互式学习示意图

用户输入：用户对当前推荐构图的态度（喜欢/不喜欢）。

系统反馈：在下一次推荐过程中展示学习用户偏好之后的推荐结果。

交互模式：用户输入-系统反馈循环。

值得一提的是，SmartEye 系统提供了隐式交互的方式，通过将打标签融入拍照应用场景中的必需步骤（从多个构图候选中保存自己最满意的一张），用户可能并没有意识到自己在参与一个机器学习算法的更新和训练，减轻了用户的负担。

9.4.7　ReGroup[26]：交互式地为用户推荐相关的群组成员

　　ReGroup 系统是一个辅助用户创建群组的工具。一般来说，用户想要拉一个讨论组或者群组，被邀请进群的人都会有一些共同特点，比如在同一家公司或者有一些共同好友等。ReGroup 系统可以在用户向群组中拉人的过程中，不断学习群组内成员的特征相似之处，并以此推荐最可能的候选群成员。

　　举一个例子，Sally 想给华盛顿大学的一些朋友做一个小规模的线下报告，并决定用 ReGroup 系统来创建一个关于这个报告的私人群组。首先，Sally 想到一个她认识的朋友会对这个报告感兴趣，然后她通过名字进行搜索（通过一个搜索框，见图 9.11）。她通过单击屏幕上的添加按钮把这个朋友添加到了群组。ReGroup 系统从这个例子中进行学习，尝试帮助 Sally 找到其他朋友来加到群组中。ReGroup 系统重新组织朋友列表，以便将更可能拉入到群组中的朋友排序到顶部显示。Sally 现在看到了其他几个对这场报告感兴趣的朋友，并将他们同时也添加到她的群里。通过这些新加入群组的用户，Regroup 系统了解了更多关于正在创建的群组信息，并重新整理 Sally 的朋友列表，以帮助她找到更多的需要添加到群里的朋友。

图 9.11　ReGroup 系统使用交互式机器学习帮助用户在在线社交网络中创建自定义的群组

当 ReGroup 系统了解到 Sally 正在创建的群组时，它还显示了可以用作过滤器的相关特征。例如，考虑到目前已经选中的好友，Regroup 系统认为 Sally 可能希望往群里拉进来住在华盛顿州的其他人，这些人往往与她有几个共同的好友，并且在华盛顿大学工作。虽然并非每个 Sally 想拉进群组的好友都在华盛顿大学工作（例如有些是学生），但她假定这些好友都可能住在华盛顿。她单击了"当前状态：华盛顿"过滤器后，ReGroup 系统将不住在华盛顿的人从推荐列表中删除。这有助于减少 Sally 在选择好友时必须考虑的人数，更方便 Sally 创建一个群聊。

Sally 继续以这种方式与 Regroup 系统进行交互。当然她也可以自己创建一些条件过滤器，直到把所有想拉进来的好友都拉进群组。

用户输入：已拉入群里的用户、选用/弃用的约束条件。

系统反馈：剩下的好友中可能被拉进群的概率，以及从已加入群组的好友中学到的约束条件。

交互模式：用户输入–系统反馈循环，混合主导交互。

该系统不但可以根据用户输入学习到一些知识，并且会将学到的知识反馈给用户，让用户从中进行选择，丰富了交互的形式，实现模型更有效的更新和迭代。

9.4.8 小结

在这一节我们回顾了几个交互式机器学习的典型实例，重点讨论了这些系统中关于丰富用户和机器交互的界面设计。从上述实例中可以看出，从用户到机器的信息流已经远远超越了传统机器学习里面的数据标注，还包括交互式地设定各特征的重要性、指定具体实例之间的相似关系、调整决策边界、调整集成分类器中各子模块的比重等。与此对应的是，系统的反馈也不仅仅局限于对未标记数据的预测的可视化呈现，同时也包括对用户具体的操作或输入所带来影响的反馈、对算法内部参数的呈现以及对用户数据包含的冲突提醒等。从交互模式的角度，最常见的是用户标记–系统反馈的循环，但引入主动学习机制进而构建混合主动界面来帮助用户更快速地找到更有价值的数据是该方向一个发展趋势。

9.5 讨论与展望

交互式机器学习是一种能够让终端用户深入参与机器学习系统构建的技术，在大数据的时代具有巨大的潜力。同时，该方向的研究工作仅在近些年刚刚开始展开，还有很多研究机会和开放问题值得探索。本节讨论关于交互式机器学习中的交互设计的开放性的挑战和机遇。

从本章所讨论的各个研究实例可以看出，交互式机器学习已经被很多领域应用来解决各自不同的问题，比如信息检索中的搜索、推荐系统中的过滤等。然而，不同的领域通常会用不同的术语来命名交互式机器学习系统（比如相关反馈、演示编程、调试机器学习）。术语的不同阻碍了人们对于这一共同问题的统一认识，并极有可能导致重复的工作。因此，一个重要的研究机会就是如何从具体的研究工作中剥离出与领域无关的工作流程和系统模块，进而采用共同的描述语言统一认识，加速这一领域的研究和发展。

除了建立通用的语言描述，归纳和总结交互式机器学习界面设计的原则和指导方针也是一项重要的研究机会。它可以指导我们设计未来的交互式机器学习系统，正如那些设计传统界面和交互的原则一样。比如，Schneiderman 提出的黄金法则[25]指出用户应该是系统的控制者，系统在每次交互的时候都应给用户提供详细的反馈。然而，并不是所有的原则都可以适用于这个新领域。比如，研究表明，如果用户可以准确地了解系统的工作机制并能够预测系统的下一步工作，交互就会更高效。然而大多数机器学习系统都无法做到这一点，因为让普通用户了解系统背后的学习算法是非常困难的。因此，如何调整我们现有的界面设计原则使其能够应用在交互式机器学习系统的设计中是一个很重要的研究方向。

另外一个重要的问题是关于制定合理评估交互式机器学习系统的标准。由于交互式机器学习中同时涉及人机交互和机器学习算法，且两者往往紧密交织，因此传统的界面设计评估方法和算法评估方法都很难应用在这个领域。比如，当一个系统工作效果不理想时，很难确定原因是交互设计不好、算法不好或交互和算法的组合不好。因此，制定合理的评估标准是一项亟待解决的工作。

交互式机器学习中的交互周期相对于传统的机器学习具有更快速、更集中、较小增量的特点。这些特点更加凸显了交互式机器学习中人和机器间高效交互的重要性。本章通过案例研究的形式，在介绍交互式机器学习领域发展概况的同时，着重围绕用户输入、系统反馈以及交互模式三大问题，讨论如何丰富该类系统中的交互设计，实现人与机器有效沟通理解并实现高效学习。除了展现交互式机器学习领域研究工作的重要性和未来的发展潜力，本章的最后也指出了该领域目前存在的挑战和机遇，包括建立统一描述语言、归纳界面交互设计原则以及制定合理评估标准等。我们相信，了解并试图解决这些挑战会促进该领域的长远快速发展。

参考文献

[1] FAILS J A, OLSEN J D R. Interactive machine learning [C]//Proceedings of the 8th international conference on Intelligent user interfaces, 2003: 39-45.

[2] AMERSHI S, CAKMAK M, KNOX W B, et al. Power to the people: The role of humans in interactive machine learning [J]. AI Magazine, 2014, 35 (4): 105-120.

[3] LESH N, RICH C, SIDNER C L. Using plan recognition in human-computer collaboration [J]. In UM99 User Modeling. Vienna: Springer, 1999: 23-32.

[4] ADOMAVICIUS G, TUZHILIN A. Toward the next generation of recommender systems: A survey of the state-of-the-art and possible extensions [J]. IEEE Transactions on Knowledge & Data Engineering, 2005 (6): 734-749.

[5] KONSTAN J A, RIEDL J. Recommender systems: from algorithms to user experience [J]. User modeling and user-adapted interaction, 2012, 22 (1-2): 101-123.

[6] STAMOU S, NTOULAS A. Search personalization through query and page topical analysis [J]. User Modeling and User-Adapted Interaction, 2009, 19 (1-2): 5-33.

[7] SHEN X, TAN B, ZHAI C. Implicit user modeling for personalized search [C]//Proceedings of the 14th ACM international conference on Information and knowledge management, 2005: 824-831.

[8] RUVINI J D. Adapting to the user's internet search strategy [C]//International Conference on User Modeling, 2003: 55-64.

[9] HARMAN D. Relevance feedback and other query modification techniques [M]//Information retrieval: data structure and algorithms. Englewood Cliff: Prentice-Hall, 1992.

[10] GAUCH S, SPERETTA M, CHANDRAMOULI A, et al. User profiles for personalized information access [J]. The adaptive web, 2007: 54-89.

[11] WHITE R W. Implicit feedback for interactive information retrieval [D]. Scotland, UK: University of Glasgow, 2004.

[12] SEGAL R B, KEPHART J O. MailCat: An Intelligent Assistant for Organizing E-Mail [J]. AAAI/IAAI, 1999: 925-926.

[13] ABOWD G, ATKESON C G, HONG J, et al. Cyberguide: A mobile context-aware tour guide [J]. Wireless networks, 1997, 3 (5): 421-433.

[14] MUÑOZ M A, GONZALEZ V M, RODRÍGUEZ M, et al. Supporting context - aware collabo-ration in a hospital: an ethnographic informed design [C]//International Conference on Collaboration and Technology, 2003: 330-344.

[15] DEY A K, HAMID R, BECKMANN C, et al. Acappella: programming by demonstration of context-aware applications [C]//Proceedings of the SIGCHI conference on Human factors in computing systems, 2004: 33-40.

[16] FOGARTY J, HUDSON S E. Toolkit support for developing and deploying sensor-based statistical models of human situations [C]//Proceedings of the SIGCHI Conference on Human Factors in Computing Systems, 2007: 135-144.

[17] FOGARTY J, TAN D, KAPOOR A, et al. Cueflik: interactive concept learning in image search [C]//Proceedings of the sigchi conference on human factors in computing systems, 2008: 29-38.

[18] AMERSHI S, FOGARTY J, KAPOOR A, et al. Overview based example selection in end user interactive concept learning [C]//Proceedings of the 22nd annual ACM symposium on User interface software and technology, 2009: 247-256.

[19] AMERSHI S, FOGARTY J, KAPOOR A, et al. Examining multiple potential models in end-user interactive concept learning [C]//Proceedings of the SIGCHI Conference on Human Factors in Computing Systems, 2010: 1357-1360.

[20] KAPOOR A, LEE B, TAN D, et al. Interactive optimization for steering machine classification[C]//Proceedings of the SIGCHI Conference on Human Factors in Computing Systems, 2010: 1343-1352.

[21] FREUND Y, SCHAPIRE R E. A decision-theoretic generalization of on-line learning and an application to boosting [C]//Journal of computer and system sciences, 1997, 55 (1): 119-139.

[22] TALBOT J, LEE B, KAPOOR A, et al. EnsembleMatrix: interactive visualization to support machine learning with multiple classifiers [C]//Proceedings of the SIGCHI Conference on Human Factors in Computing Systems, 2009: 1283-1292.

[23] FAN X, LIU Y, CAO N, et al. Mindminer: A mixed-initiative interface for interactive dis-

tance metric learning [C]//IFIP Conference on Human-Computer Interaction, 2015: 611-628.

[24] SHNEIDERMAN B, PLAISANT C. Designing the user interface: strategies for effective human-computer interaction [M]. Pearson Education India, 2010.

[25] MA S, WEI Z, TIAN F, et al. SmartEye: Assisting Instant Photo Taking via Integrating User Preference with Deep View Proposal Network [C]//Proceedings of the 2019 CHI Conference on Human Factors in Computing Systems, 2019: 471.

[26] AMERSHI S, FOGARTY J, WELD D. Regroup: Interactive machine learning for on-demand group creation in social networks [C]//Proceedings of the SIGCHI Conference on Human Factors in Computing Systems, 2012: 21-30.

反侵权盗版声明

电子工业出版社依法对本作品享有专有出版权。任何未经权利人书面许可，复制、销售或通过信息网络传播本作品的行为；歪曲、篡改、剽窃本作品的行为，均违反《中华人民共和国著作权法》，其行为人应承担相应的民事责任和行政责任，构成犯罪的，将被依法追究刑事责任。

为了维护市场秩序，保护权利人的合法权益，本社将依法查处和打击侵权盗版的单位和个人。欢迎社会各界人士积极举报侵权盗版行为，本社将奖励举报有功人员，并保证举报人的信息不被泄露。

举报电话：（010）88254396；（010）88258888
传　　真：（010）88254397
E-mail：dbqq@phei.com.cn
通信地址：北京市海淀区万寿路173信箱
　　　　　电子工业出版社总编办公室
邮　　编：100036